おける元素物質の状態)

10族	11族	12族	13族	14族	1...

10族	11族	12族	13族	14族	15族	16族	17族	18族
								2 He $1s^2$
			5 B $2s^22p^1$	6 C $2s^22p^2$	7 N $2s^22p^3$	8 O $2s^22p^4$	9 F $2s^22p^5$	10 Ne $2s^22p^6$
			13 Al $3s^23p^1$	14 Si $3s^23p^2$	15 P $3s^23p^3$	16 S $3s^23p^4$	17 Cl $3s^23p^5$	18 Ar $3s^23p^6$
28 Ni $3d^8$ $4s^2$	29 Cu $3d^9$ $4s^2$	30 Zn $(3d^{10})$ $4s^2$	31 Ga $(3d^{10})$ $4s^24p^1$	32 Ge $(3d^{10})$ $4s^24p^2$	33 As $(3d^{10})$ $4s^24p^3$	34 Se $(3d^{10})$ $4s^24p^4$	35 Br $(3d^{10})$ $4s^24p^5$	36 Kr $(3d^{10})$ $4s^24p^6$
46 Pd $4d^{10}$	47 Ag $(4d^{10})$ $5s^1$	48 Cd $(4d^{10})$ $5s^2$	49 In $(4d^{10})$ $5s^25p^1$	50 Sn $(4d^{10})$ $5s^25p^2$	51 Sb $(4d^{10})$ $5s^25p^3$	52 Te $(4d^{10})$ $5s^25p^4$	53 I $(4d^{10})$ $5s^25p^5$	54 Xe $(4d^{10})$ $5s^25p^6$
78 Pt $(4f^{14})$ $5d^9$ $6s^1$	79 Au $(4f^{14})$ $5d^{10}$ $6s^1$	80 Hg $(4f^{14})$ $(5d^{10})$ $6s^2$	81 Tl $(4f^{14})$ $(5d^{10})$ $6s^26p^1$	82 Pb $(4f^{14})$ $(5d^{10})$ $6s^26p^2$	83 Bi $(4f^{14})$ $(5d^{10})$ $6s^26p^3$	84 Po $(4f^{14})$ $(5d^{10})$ $6s^26p^4$	85 At $(4f^{14})$ $(5d^{10})$ $6s^26p^5$	86 Rn $(4f^{14})$ $(5d^{10})$ $6s^26p^6$
110 Ds $(5f^{14})$ $6d^9$ $7s^1$	111 Rg $(5f^{14})$ $6d^{10}$ $7s^1$	112 Cn $(5f^{14})$ $(6d^{10})$ $7s^2$	113 元素名未定 $(5f^{14})$ $(6d^{10})$ $7s^27p^1$	114 Fl $(5f^{14})$ $(6d^{10})$ $7s^27p^2$	115 元素名未定 $(5f^{14})$ $(6d^{10})$ $7s^27p^3$	116 Lv $(5f^{14})$ $(6d^{10})$ $7s^27p^4$	117 元素名未定 $(5f^{14})$ $(6d^{10})$ $7s^27p^5$	118 元素名未定 $(5f^{14})$ $(6d^{10})$ $7s^27p^6$

| 63 Eu $4f^7$ $6s^2$ | 64 Gd $4f^7$ $5d^1$ $6s^2$ | 65 Tb $4f^8$ $5d^1$ $6s^2$ | 66 Dy $4f^{10}$ $6s^2$ | 67 Ho $4f^{11}$ $6s^2$ | 68 Er $4f^{12}$ $6s^2$ | 69 Tm $4f^{13}$ $6s^2$ | 70 Yb $4f^{14}$ $6s^2$ | 71 Lu $4f^{14}$ $5d^1$ $6s^2$ |
| 95 Am $5f^7$ $7s^2$ | 96 Cm $5f^7$ $6d^1$ $7s^2$ | 97 Bk $5f^7$ $6d^2$ $7s^2$ | 98 Cf $5f^9$ $6d^1$ $7s^2$ | 99 Es $5f^{11}$ $7s^2$ | 100 Fm $5f^{12}$ $7s^2$ | 101 Md $5f^{13}$ $7s^2$ | 102 No $5f^{14}$ $7s^2$ | 103 Lr $5f^{14}$ $7s^27p^1$ |

式な英語名が発表された. 元素番号 114 と 116 の元素については, 2011 年 12 月 4 日
: 元素記号 Fl)」および「リバモリウム (livermorium : 元素記号 Lv)」と命名する案

金属-非金属転移の物理

米沢富美子［著］

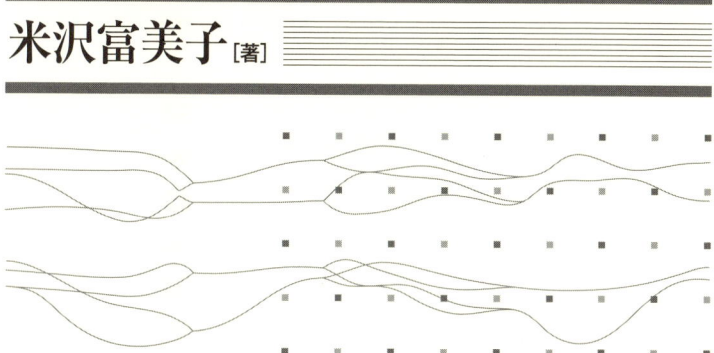

朝倉書店

まえがき

　温度や圧力といった環境条件や，構成要素の成分比などを変えたとき，原子構造は不変のままで，物質が金属から非金属へと変わったり，逆に非金属から金属へと変わったりすることがある．そういう変化を，「金属–非金属転移」と呼ぶ．転移の原因となる機構（メカニズム）は複数あり，いくつかの範疇に分類できる．

　転移機構のうちのいくつかを議論の対象とする本はこれまでにもあったが，できれば主な機構を一堂に集め，まとめて論じたい．それが年来の夢であった．その夢の実現が本書である．

　かくして一堂に集めたのが，第3章のパイエルス転移，第4章と第5章のブロッホ–ウィルソン転移（タイプⅠとタイプⅡ），第6章のアンダーソン転移，第7章のモット転移である．

　集めたものを如何に料理するか．最も肝要な点だ．本書では，「エネルギー帯（エネルギーバンド）」という切り口でものを測り，上記のさまざまな転移機構を同じ基盤で論ずる．エネルギー帯については，第2章のバンド理論のところで紹介する．

　本書を読んでいただく場合には，第1章の導入と第2章の基礎知識を修得した後は，第3章から第7章までは，それぞれかなり独立に読むことができる．特に第3章のパイエルス転移は，それ以降の章との独立性が高いので，第3章自体を目的に本書に対峙していただいてもいいし，第3章を飛ばして第4章以降を読んでいただいてもいい．

　第3章は他の章と比べて数学的な側面が強いが，決して難解なものではなく，ステップバイステップに読み進めていただければ，苦労なく理解できるように書いた．パイエルス転移の理論に関する式の導出などについては，第3章と付

録 C および付録 D にほぼ完全に網羅されているので，他の参考書がなくても「パイエルス転移の全容」を本書で学ぶことができる．

第 4 章と第 5 章は，エネルギー帯による解析が真骨頂を発揮する場面である．第 6 章では不規則性による局在，第 7 章では電子相関による金属–非金属転移と，二人の大物にからむ物語が展開する．

付録 B のパーコレーションは，マクロな金属–非金属転移の機構であるが，いろいろな分野で有用な概念である．

全ての章で，伝統的な理論や方法論のみでなく，最先端の研究に関する情報にも触れて，今後の動向がつかめるように努めた．

最後に少し自画自賛すると，本書に記されていることのある部分は，世界中のどの教科書を探しても決して見つからない．切り口や料理の仕方が目新しいだけでなく，内容としても独創的なものが含まれているからである．特に第 5 章の，タイプ II のブロッホ–ウィルソン転移は，われわれの研究グループが発見した新しい転移機構なのだ．その発見も本書に書くことができたのは，筆者としてはこの上もなくうれしい．

本書は，量子力学のごく初歩的な知識があれば理解できる．理工系の大学生や大学院生向けの教科書として，また広い分野の研究者向けの入門書として，コンパクトながら総合的な内容を提供するものである．

本書で使用した物理学用語や数学用語，さらには外国人名の日本語表記などに関しては，『岩波理化学辞典第 5 版』と『岩波数学辞典第 4 版』に準拠した．これらの辞典は電子化されていて検索が容易であるため，可能なかぎり念入りに確認した．

本書の執筆において，辻和彦氏には原稿を丁寧に読み，行き届いたコメントをしていただいた．また大谷寛明氏にも，原稿をチェックしてもらった．この場を借りて，お二人に心から感謝したい．

本書は，構想から完成まで長い時間をかけ，限りなく贅沢な執筆の過程だった．朝倉書店の編集部の方々には，ほんとうに忍耐強く待っていただいた．お礼の気持は言葉に尽くせない．

 2012 年初秋

米沢富美子

目　　次

1. 金属と非金属 ………………………………………………………… 1
   1.1 電気伝導度を通してミクロな世界を探る …………………… 1
   1.2 電気伝導度と比抵抗の大きさ ………………………………… 3
   1.3 自由電子の存在 ………………………………………………… 6
      1.3.1 金属とは何か ……………………………………………… 6
      1.3.2 どのような物質が金属か ………………………………… 8
      1.3.3 金属の性質 ………………………………………………… 11

2. 金属電子論とバンド理論 …………………………………………… 12
   2.1 ドルーデの金属電子論 ………………………………………… 12
      2.1.1 自由電子数の計算 ………………………………………… 12
      2.1.2 直流伝導度 ………………………………………………… 13
      2.1.3 ホール定数 ………………………………………………… 15
      2.1.4 交流伝導度 ………………………………………………… 18
   2.2 フェルミ気体 …………………………………………………… 20
      2.2.1 フェルミ–ディラック分布 ……………………………… 20
      2.2.2 ボルツマン方程式 ………………………………………… 24
      2.2.3 金属の条件 ………………………………………………… 26
   2.3 バンド理論 ……………………………………………………… 27
      2.3.1 ブロッホ電子 ……………………………………………… 27
      2.3.2 エネルギー帯 ……………………………………………… 31
      2.3.3 有効質量 …………………………………………………… 34

目次

- 2.4 金属の電気抵抗の温度依存性 35
  - 2.4.1 温度依存性の算定 35
  - 2.4.2 金属と非金属の区別 38
  - 2.4.3 融解点での電気抵抗のとび 38
- 2.5 金属–非金属転移 40

3. パイエルス転移（周期の変化による金属–非金属転移） 44
- 3.1 結晶の周期が変わったらどうなるか 44
  - 3.1.1 周期が2倍になったらどうなるか 44
  - 3.1.2 周期が3倍の場合とその他の周期の場合 48
- 3.2 密度応答関数 50
  - 3.2.1 密度応答関数の導出 51
  - 3.2.2 絶対零度における密度応答関数 53
  - 3.2.3 有限温度の効果 55
- 3.3 秩序パラメーター 57
  - 3.3.1 絶対零度における1次元系の全エネルギー 58
  - 3.3.2 絶対零度におけるギャップの大きさ 60
  - 3.3.3 ギャップ方程式 62
- 3.4 具体的な物質におけるパイエルス転移 67
  - 3.4.1 パイエルス絶縁体 67
  - 3.4.2 電荷密度波 71
  - 3.4.3 整合性 74
  - 3.4.4 TTF-TCNQ における伝導 75
  - 3.4.5 高圧下での有機物質の金属化 78

4. ブロッホ–ウィルソン転移 ── タイプI
（バンド交差による金属–非金属転移 ── その1） 82
- 4.1 バンド交差の原理 ── その1 82
  - 4.1.1 孤立原子と有限個原子分子 82
  - 4.1.2 強束縛近似 ── 一般式の導出 87

- 4.1.3 1次元結晶と3次元結晶 89
- 4.1.4 バンドの広がりと重なり（交差）— 準位差（$\Delta\varepsilon_{\mu+1,\mu}$）とバンド幅（$W$）— 95
- 4.1.5 いくつかの元素金属のエネルギーバンド 99
- 4.1.6 ブロッホ–ウィルソン転移 — タイプ I とタイプ II 102
- 4.2 タイプ I のブロッホ–ウィルソン転移 106
  - 4.2.1 黒　リ　ン 107
  - 4.2.2 ヨ　ウ　素 115
  - 4.2.3 臭　　　素 122
  - 4.2.4 水　　　銀 127

5. ブロッホ–ウィルソン転移 — タイプ II
   （バンド交差による金属–非金属転移 — その 2）............... 134
   - 5.1 バンド交差の原理 — その 2 134
     - 5.1.1 準位差：ほぼ一定の場合と変化する場合 134
     - 5.1.2 エネルギー準位差の起源 135
     - 5.1.3 準位差が原子間距離に依存する 137
   - 5.2 タイプ II のブロッホ–ウィルソン転移 140
     - 5.2.1 14 族の物質 140
     - 5.2.2 膨張したセレン 142
     - 5.2.3 高温高圧下のセレン 151

6. アンダーソン転移（不規則なポテンシャルによる金属–非金属転移）.. 161
   - 6.1 アンダーソン局在 162
     - 6.1.1 不規則系における拡散の不在 162
     - 6.1.2 強結合表示 164
     - 6.1.3 アンダーソンの理論 166
   - 6.2 スケーリング理論 173
     - 6.2.1 サウレス数 173
     - 6.2.2 繰り込み群の方法 175

6.3　移動度端 ························· 178
　　6.3.1　金属–非金属転移 ················ 178
　　6.3.2　臨界指数 ···················· 181
　6.4　アンダーソン局在の概念 ················ 183

7. モット転移（電子相関による金属–非金属転移） ········ 185
　7.1　バンドが部分的にしか詰まっていない系 ········· 185
　7.2　ハバード理論 ······················ 189
　7.3　強相関電子系 ····················· 193
　　7.3.1　$(x_e, 2\mathcal{V}/\mathcal{I})$ 面上および $(x_h, 2\mathcal{V}/\mathcal{I})$ 面上の相図 ······ 193
　　7.3.2　(x_h, T) 面上の相図 ················ 195
　　7.3.3　モット絶縁体–金属転移を起こす条件 ········ 195
　7.4　モット転移とアンダーソン局在 ············· 197
　7.5　高温高圧における流体 ················· 201

おわりに ····························· 205
付　　録 ····························· 208
　A.　逆格子空間 ······················· 208
　B.　パーコレーション機構による金属–非金属転移 ······ 211
　C.　絶対零度における密度応答関数の計算 ·········· 217
　D.　パイエルス転移の議論で使う積分 ············ 222
　E.　1次元および3次元結晶の基本ベクトルなど ······· 231
　F.　強束縛近似における電子エネルギー ··········· 237
文　　献 ····························· 242
索　　引 ····························· 247

1

金属と非金属

1.1 電気伝導度を通してミクロな世界を探る

　物理学では，物理的性質の「マクロな測定」の結果から「ミクロな世界」を「間接的」に探る，という手続きをとることが多い．「マクロ」は「巨視的」,「ミクロ」は「微視的」と呼ぶこともある．これらの言葉に対して厳格な定義はないが，物理学においては，われわれの五感で感知できるものをマクロとし，視覚や触覚で直接的に感知できない小さなものをミクロとする．ミクロな世界をどこにとるかについては，以下で述べるように研究の焦点によって違ってくる．
　物理学のなかでも物性物理学と分類される分野では，探るべきミクロな世界の「役者」または「素材」として，原子（または分子）と電子のみを考え，原子どうし，原子と電子の間，電子どうしの相互作用の下に展開されるシナリオを検証していく（付表 1 に与えられるような元素原子が対象である）．そこでは，原子は分割不可能な要素として扱われ，原子の下部構造である核子（原子核の構成要素である陽子と中性子）や，さらにその下部構造である素粒子（核子の構成要素であるクォークなど）の詳細には立ち入らない．核子の詳細は原子物理学の対象であり，素粒子の詳細は素粒子物理学の対象である．
　物性物理学は凝縮系物理学（condensed matter physics）とも呼ばれる．原子や分子が凝縮した液体と固体が主な対象である．多くの場合，凝縮系に関する議論において原子や分子の下部構造に立ち入らないのは，当面の目的に対してそれが不必要であるばかりでなく，無意味でもあるからだ．バードウォッチングで活躍するのは双眼鏡であって，顕微鏡の出番はないことと似ている．

上でマクロな測定といったのは，実験装置などの助けを借りてわれわれが「直接的」に測れるもので，本質的には，物差しで長さを測る，重量計で質量を測る，時計で時間を測る，といった測定の仲間である．

測定技術は，科学技術の進歩に伴って日進月歩に近い発展を遂げている部分もあるし，時代を越えてコンセプトが不変の部分もある．しかしさすがに，物差しを当てたり，ストップウォッチを押したり，の類よりは，はるかに精度の高い測定が，今日では可能になっている．具体的な例として，電磁波（低周波からX線，γ線に及ぶあらゆる波長域のもの）や粒子線（電子線，中性子線など）を物質に当てて，物質との相互作用の結果を調べる方法などが挙げられる．測定技術の向上のお蔭で，現在では，長さ，質量，時間の測定精度はそれぞれ，10^{-12}，10^{-8}，10^{-14} 程度にまで至った．

測定や実験は，広い温度範囲（絶対零度付近からセ氏数千度に及ぶ），広い圧力範囲（真空と呼ばれる非常に低い圧力から数十ギガパスカルに及ぶ）で行われている．

マクロに測定される物性には，次のものが含まれる．

1) 力学的物性
2) 熱的物性
3) 電気的物性
4) 磁気的物性
5) 光学的物性

上記の項目3の電気的物性には，電気伝導度，比電気抵抗，およびこれらの量の温度依存性や，ホール定数，熱電能などが含まれる．半導体の電気的性質（エネルギーギャップ，キャリア移動度，キャリア有効質量など）も，電気的性質の範疇に入る．これらのなかで，電気伝導度（あるいは，その逆数である比電気抵抗）は最も身近な物性のひとつである．本書では，この電気伝導度およびそれに関連した物理量を中心に話を進めていく．すなわち，電気伝導度の振る舞いから，ミクロな世界の物語を究明するのが，本書の目的である．特に，外的条件の変化に伴って電気伝導度が大きく変わる現象を切り口とし，その現象を引き起こすミクロな機構（メカニズム）を論ずる．

電気伝導度（electric conductivity）は，専門分野や状況によって呼び名が異

なる．電気伝導率，電導率，導電率，または単に，伝導度，伝導率などともいう．本書では，「電気伝導度」あるいは「伝導度」と呼ぶことにする．

電気伝導度は以下のように定義される．導体中の定常電流の密度を（向きも含めて）i とし，電場を E として，局所的なオームの法則

$$i = \sigma E \tag{1.1}$$

に現れる定数 σ を，電気伝導度とする．σ は等方性物質ではスカラー量であるが，異方性物質ではテンソルである．

電流密度 i とは，電流に垂直な単位面積あたりの電流のことである．一般に，d 次元系の「面積」は，長さの $(d-1)$ 乗の次元になる．したがって，d 次元系における電流密度 i の次元は，電流の次元を長さの $(d-1)$ 乗で割ったもので，[電流][長さ]$^{-(d-1)}$ と書ける．一方，電場の次元は [電圧][長さ]$^{-1}$ である．その結果，d 次元系の伝導度の次元は，抵抗（電気抵抗）の次元の逆数に長さの次元の $(2-d)$ 乗をかけたもの，すなわち [抵抗]$^{-1}$[長さ]$^{2-d}$ となる．これは，$e^2/(\hbar L^{d-2})$ の次元と同じである．ここで，L は長さの次元を表し，e は素電荷である．$\hbar$ は，プランク定数 h を使って $\hbar \equiv h/2\pi$ で与えられる．d 次元系での伝導度 σ の単位として，SI 単位の S/m^{d-2} を使う．

なお，素電荷 e やプランク定数 h などの基礎物理定数は，付表 2.1 に与えられている．また，電気のコンダクタンスの単位 S（ジーメンス）や電気抵抗の単位 Ω（オーム）などの計量単位は，付表 2.2(a) と (b) にまとめられている．

比電気抵抗 (specific electrical resistance, electric resistivity) ρ は，単に「比抵抗」と呼ぶことが多い．前述のように，比抵抗は伝導度の逆数で，

$$\rho = \sigma^{-1} \tag{1.2}$$

と書ける．ρ も，等方性物質ではスカラー量で，異方性物質ではテンソルである．d 次元系における比抵抗 ρ の単位として，SI 単位の Ω m^{d-2} を使う．

1.2　電気伝導度と比抵抗の大きさ

代表的な物質の電気伝導度および比抵抗が，図 1.1 に示されている．特に注

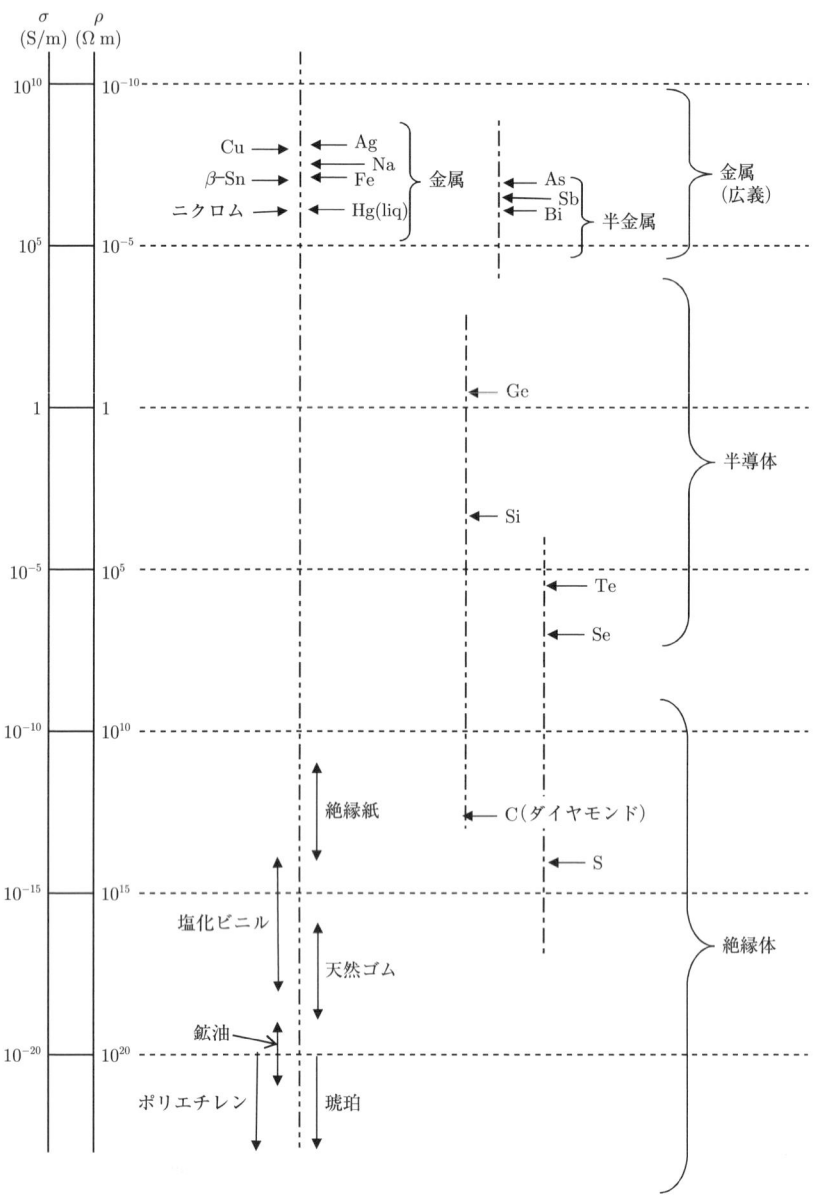

図 1.1 代表的な金属,半金属,半導体,絶縁体の電気伝導度（σ）と比電気抵抗（ρ）

をつけたもの以外は，20°C，1標準気圧（以下では，単に「1気圧」あるいは「常圧」と呼ぶ）の下での測定値である．図中，最も伝導度の高い銀（$\sigma \approx 6 \times 10^7$ S/m）から，伝導度の低い琥珀（$\sigma \approx 10^{-20}$ S/m およびそれ以下）まで，σ や ρ の値の範囲は，20 数桁に及んでいる．銅の伝導度は銀よりわずかながら低いが，送電線には銀でなく銅を中心とした材料が使われるのは，いうまでもなくコストの問題である．

　伝導度 σ でみて 10^6 S/m 程度以上の値をとる一群の物質は，いわゆる「良導体」あるいは「金属」の仲間である．ニクロム（$Ni_{80}Cr_{20}$）は，比抵抗が大きい（伝導度が低い）ために電熱用発熱材料として広く使われるのであるが，電気伝導度は 10^6 S/m 強で，比抵抗は銀の数十倍にすぎず，この図のスケールでは十分に銀と同じ金属の「仲間」に属している．

　水銀は，1気圧の下，室温（通常は，15°C から 25°C あたりの温度をいい，「常温」と呼ぶこともある）で液体状態にある唯一の元素金属である．1気圧のときの水銀の融点は，-38.8421°C だから，われわれが固体状態の水銀を目にすることは普通はない．サンクトペテルブルグのある寒い冬の朝，水銀が凍るのを見た人がいるという話が液体金属の業界に伝わっているが，緯度のわりには温暖な彼の地の1月の平均気温が -8°C であることを考えれば，格別に厳しい寒冬であったと想像される．

　というわけで，常温常圧の水銀は液体状態であるけれど，電気的性質や光学的性質など，次節で述べる金属の特徴はすべて保持している．

　金属のグループからは 20 桁ほども隔たった低い伝導度域にあるのが，「絶縁体」のグループである．絶縁体という言葉は，熱や電気を伝えにくい物質の総称として使われる．絶縁紙はその仲間で，電気機器やケーブルの絶縁用に広く利用される．伝導度は $\sigma \approx 10^{-11} \sim 10^{-14}$ S/m で，中心にある電線（前述の銅にアルミニウムや鉄を加えたもの）を，十分に絶縁できる．電力ケーブルや通信ケーブルには，絶縁紙で絶縁された電線を幾本か撚り合わせて，その上を保護被覆したものを使うが，被覆用絶縁物としては，天然ゴム（$\sigma \approx 10^{-16} \sim 10^{-19}$ S/m），塩化ビニル（$\sigma \approx 10^{-14} \sim 10^{-18}$ S/m），ポリエチレン（$\sigma \approx 10^{-20}$ S/m 以下）などの，より伝導度の低いもの（比抵抗の高いもの）が用いられる．

　鉱油は，電気の絶縁や発生熱の冷却の目的で，コンデンサー，変圧器，ケー

ブルなどに用いられるが，鉱油の伝導度は $\sigma \approx 10^{-19} \sim 10^{-21}$ S/m で，これも十分に低い．

図 1.1 には，伝導度の大きさが鉄とニクロムの間にくる「半金属」の仲間も示されている．ヒ素，アンチモン，ビスマスなど，薬剤や工業材料として広く使用されている物質が，この仲間に含まれる．半金属は本質的には金属の範疇に入るものであるが，普通の金属との違いは，量子力学を使ったバンド理論によって説明される（2.3 節参照）．

金属と絶縁体との中間の伝導度をもつ「半導体」も，図に描きこまれている．不純物を含まない真性半導体の電子構造は，定性的には絶縁体と同じである．これについても，詳しいことは 2.3 節で論ずる．

1.3　自由電子の存在

図 1.1 でみたように，金属および半金属では，伝導度 σ が高く，10^6 S/m あたりかそれ以上の値をとっている．この高い伝導度は何に由来するものなのか，これらの物質はどのような性質をもっているのか，を本節で考える．これは，「そもそも金属とは何か」という設問に通じるものである．

1.3.1　金属とは何か

マクロ（巨視的）にみると，金属とは電気の良導体として位置づけられる．例えば，図 1.2(a) の回路では，スイッチ S を閉じると回路に電流が流れて，電球が点る．一方，図 1.2(b) では，電池と直列に物質 A がつながれている．A が金属の場合には，スイッチ S を閉じるとやはり回路に電流が流れて，電球が点る．ところが物質 A が絶縁体の場合には，スイッチ S を閉じても回路に電流が流れることはなく，電球は点らない．図 1.1 からわかるように，絶縁体の伝導度は厳密にはゼロではない．したがって，図 1.2(b) の回路に流れる電流も厳密にはゼロではないのだが，あまりにも小さくて電球を点すには至らないのである．

ミクロ（微視的）な見地から金属を記述するための第一歩は，凝縮系（固体と液体）における原子の結合の様子をみることであろう．中性の孤立原子が集

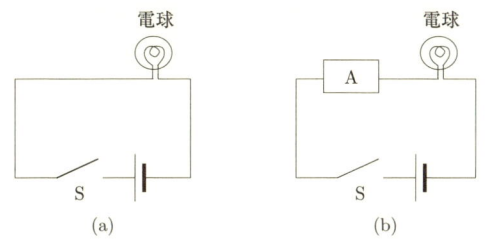

図 1.2 電流が流れる

(a) スイッチ S を ON にすると，電球が点る．(b) 物質 A が金属なら，スイッチ S を ON にしたとき電球が点るが，物質 A が絶縁体なら，スイッチ S を ON にしても電球は点らない．絶縁体の場合も，電流は厳密にはゼロではないのだが，金属に比べて 20 数桁も小さいため，電球を点すに足る電力にはならない．

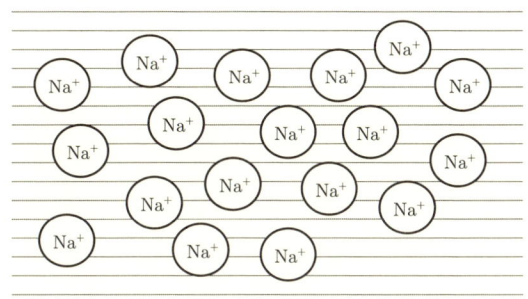

図 1.3 金属結合の概念図（Na を例にとって）

Na 原子から電子が飛び出して，Na^+ イオンが残る．飛び出した電子は系全体に広がる．横線の部分は電子が広がっていることを模式的に表したもの．実際には，局所電子密度は場所によって異なる．

まって凝縮系が実現するためには，エネルギー的に得をする機構がなければならない．図 1.3 には，金属結合の概念図が，典型的な金属のひとつであるナトリウムの凝縮系を例にとって描かれている．価電子（Na の場合は s 電子 1 個）が各 Na 原子の束縛から離れて系全体を動きまわれる伝導電子になっている．これらの電子の波動関数が広がるために生じる量子力学的な運動エネルギーの減少が，結合によるエネルギー低下の主な原因である．定量的には電子相関の効果なども考慮しなければならない．金属結合に関与する価電子は一般に s 電子，p 電子であるが，マンガンなどの遷移金属では d 電子も結合に寄与する．

図 1.3 のような結合状態にある金属が，図 1.2 の回路の A の部分に置かれると，電子が流れて電流が生じる．流れているのは電子であって，Na^+ イオンで

はない．こうして「動ける電子が存在する」ことこそが，金属の最も基本的な特徴である．動ける電子は「自由電子」と名づけられている．

空港などで金属探知機が設置されているが，この金属探知機の仕組みも，電磁誘導の原理を用いて，「物質の中に動ける電子が存在するか否か」を判断するものである．空港の搭乗口では四角い門をくぐることになっているが，その門は回路になっていて，電流が流れている．その電流から門を貫く磁場が発生する．その磁場のなかを物質が通ると，その物質が感じる磁束が変化し，物質内に起電力が生じる．物質が金属ならば「動ける電子」が存在するので，この起電力によって金属内に渦電流が生まれる．この渦電流も磁場を発生するが，この磁場はもとの磁場を弱める方向に働く．したがって，磁場の変化を測定することによって，動ける電子の存在が確認でき，金属が門をくぐったことを見つけられるのである．

ちなみに，イオンが動いて電流に寄与する物質もないわけではなく，超イオン伝導体（superionic conductor）がその例である．イオン結合性の高い化合物で，融点よりかなり低い温度領域の固体でも，液体や電解質溶液に近い値の，高いイオン伝導度をもつものを超イオン伝導体と呼ぶ．この場合のイオン伝導度は，一般に 10^{-1} S/m 程度かそれ以上である．典型的な金属の伝導度（10^6 S/m 以上）と比べるとずっと低いが，絶縁体と比べると10桁以上高い．超イオン伝導体としては，銀や銅のハライドおよびカルコゲナイド（α-AgI，α-CuI，RbAg$_4$I$_5$，α-Ag$_2$S）など，さまざまな物質が見出されており，電池などで使われている．

1.3.2　どのような物質が金属か

金属には，単体のものと複数の元素が混合したものとがある．

単体が金属のものを元素金属とよぶ．これらの元素は，化合物を作る際に陽イオンになる傾向がある．付表1の元素周期表で，ホウ素からアスタチンに引いた太い実線の左下にある元素が金属元素で，常温常圧で金属になる．ただし境界線付近の元素には，単体が金属性を示す同素体と非金属性を示す同素体とがあり，化合物を作る際にも，陽イオン，陰イオンのいずれにもなりうるなど，両方の性質を示すものが多い．1，2，12，13族の元素金属は典型元素金属，3

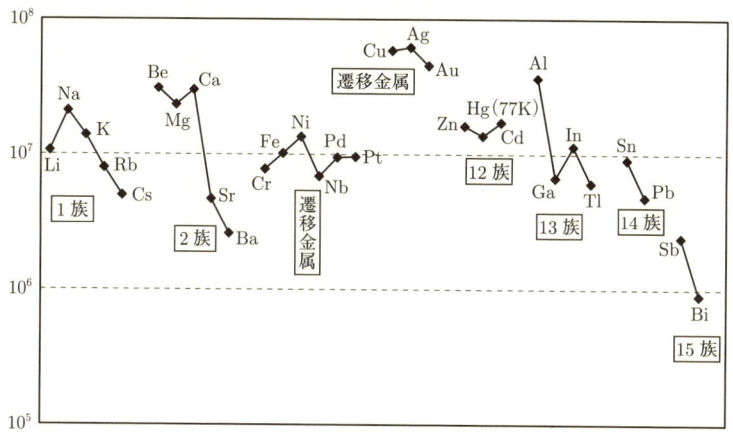

図 1.4　元素金属の電気伝導度 (S/m)
水銀 (Hg：77 K における測定値) 以外は，常温常圧における測定値．

～11 族の元素金属は遷移金属と呼ばれる．元素金属の伝導度 σ (10^6 S/m) が，表 1.1 の第 1 列と図 1.4 に示されている．伝導度はほぼ 10^6 S/m 以上であり，11 族の銀，銅，金が最も高い．

単体でない混合物のなかで金属的伝導度をもつものの代表は合金で，2 種以上の金属が混合したものや，単体で金属であるもののほかに炭素やシリコンなどの非金属の元素を含む混合体がある．

構成元素として非金属な元素しか含んでいないものでも，全体が金属になることがある．ポリアジル $(SN)_x$ などの導電性高分子や TTF-TCNQ (テトラチアフルバレンとテトラシアノキノジメタンの錯体) などの有機導体がその例である (詳細は第 3 章)．ポリアジル (無機物) は硫黄と窒素が交互に連なったジグザグ鎖が集まって結晶になったもので，ジグザグ鎖上に π 電子が広く非局在化して伝導に寄与する．その結果，鎖状方向には 4×10^5 S/m の伝導度，鎖と垂直な方向には 10^3 S/m の伝導度をもつ．

ポリアセチレン $(CH)_x$ は，半導体的伝導性を示す高分子半導体であるが，ドナーやアクセプターの添加によって伝導度が著しく増加し，金属的伝導性をもつようになる．

表 1.1 元素金属の電気伝導度,自由電子の数密度,平均自由行程,フェルミ温度 T_F

	元素名	σ (10^6 S/m)	z	d (10^3 kg/m^3)	A	n (10^{28}個/m^3)	r_s/a_0	$\ell/2R_\mathrm{atom}$	T_F (10^4 K)
1族	Li	10.7	1	0.53	6.94	4.60	3.27	30.3	5.45
	Na	21.0	1	0.97	22.99	2.54	3.99	72.5	3.67
	K	13.9	1	0.86	39.09	1.32	4.96	59.6	2.38
	Rb	8.0	1	1.53	85.47	1.08	5.31	36.7	2.07
	Cs	5.0	1	1.87	132.91	0.85	5.75	24.9	1.76
2族	Be	30.8	2	1.86	9.01	24.86	1.86	39.4	16.78
	Mg	23.3	2	1.74	24.31	8.62	2.65	42.5	8.28
	Ca	29.9	2	1.55	40.08	4.66	3.26	66.9	5.49
	Sr	4.7	2	2.61	87.62	3.59	3.56	11.5	4.62
	Ba	2.6	2	3.51	137.33	3.08	3.74	6.7	4.17
遷移金属	Cr	7.8	2	7.19	52.00	16.65	2.13	11.4	12.85
	Mn	0.7	2	7.21	54.95	15.80	2.17	1.0	12.41
	Fe	10.2	2	7.86	55.85	16.95	2.12	14.8	13.00
	Ni	13.5	2	8.85	58.69	18.16	2.07	19.2	13.61
	Nb	6.9	1	8.56	92.91	5.55	3.07	18.4	6.17
	Pd	9.5	2	12.03	160.40	9.03	2.61	17.0	8.54
	Pt	9.6	2	21.40	195.10	13.21	2.30	15.2	11.01
	Cu	58.8	1	8.93	63.55	8.46	2.67	135.9	8.18
	Ag	62.1	1	10.50	107.87	5.86	3.02	162.2	6.40
	Au	45.5	1	19.31	196.97	5.90	3.01	118.5	6.43
12族	Zn	16.2	2	7.14	65.37	13.15	2.31	25.6	10.98
	Cd	13.7	2	8.65	112.41	9.27	2.59	24.4	8.69
	Hg (77 K)	17.2	2	15.10	209.59	8.68	2.65	31.3	8.32
	Hg (液体)	1.0	2	13.50	209.59	7.76	2.75	1.9	7.72
13族	Al	36.5	3	2.70	26.98	18.08	2.07	45.4	13.57
	Ga	6.7	3	5.93	69.72	15.37	2.19	8.8	12.18
	In	11.4	3	7.28	114.82	11.45	2.41	16.5	10.01
	Tl	6.1	3	11.85	204.38	10.47	2.49	9.1	9.43
14族	Sn	9.1	4	7.29	118.71	14.79	2.22	11.0	11.87
	Pb	4.8	4	11.34	207.21	13.18	2.30	6.0	10.99
15族	Sb	2.4	5	6.69	121.76	16.54	2.14	2.6	12.79
	Bi	0.9	5	9.80	208.98	14.12	2.25	1.0	11.51

温度の記入のあるもの以外は,20°C における値.σ:電気伝導度,z:原子1個から供給される価電子の数,d:物質の密度,A:原子量(元素のモル質量を g·mol^{-1} で割って得られる数値.SI 単位の式に使うときは注意が必要),n:電子の数密度,r_s:電子1個に割り当てられる体積と同じ体積をもった球の半径,a_0:ボーア半径,ℓ:電子の平均自由行程,R_atom:原子体積 V_atom をもつ球の半径.比抵抗 ρ と密度 d のデータは,『新版物理定数表』(1997,朝倉書店)から採用.電気伝導度は,$\sigma = \rho^{-1}$ の関係から計算.

1.3.3 金属の性質

金属は一般に次のような性質をもっている．
1) 電気伝導度 σ が高い
2) 熱伝導度 κ が高い
3) 金属光沢がある
4) 展性（可鍛性）をもつ
5) 延性をもつ
6) 弾力性がある
7) 硬度が高い
8) 金属疲労に対する抵抗力がある

これらの性質はすべて，自由電子が存在することに因っている．電気も熱も自由電子が運ぶ．金属光沢は，可視光線が自由電子のプラズマ振動から弾かれるために生ずる（詳細は 2.1.4 小節で述べる）．

圧力や打撃などの応力が弾性限界を超えた大きさで働いても固体が破壊されずに変形し，力をとり除いてもその変形が完全にはもとに戻らないで残ってしまう性質を塑性という．特に，金属などを引き伸ばして針金にできる性質を延性といい，叩いて箔に広げられる性質を展性という．金，銀，スズなどは，金属の中でも最も展性が大きい．金では，1 cm^3 のサイコロ大のものを 100 m^2 程度にまで広げることができる．でき上がった箔の厚さは単純に計算して 10 nm ほどで，原子層でいうとわずか数十層にすぎない．破壊されずに変形できるのは，自由電子がうまく動いて変形後も原子たちをつなぎ合わせ直して支えているからである．工業用語の可鍛性も，物理的には展性と同じものである．

弾力性，硬度，疲労に対する抵抗力などにおいても，塑性の場合同様，自由電子が大きな役割を演じている．

2

金属電子論とバンド理論

2.1 ドルーデの金属電子論

　金属の諸性質を，金属内電子の運動状態から説明する理論を，金属電子論という．図 1.3 で模式的に表現されているように，価電子が自由に動ける電子になっていると仮定したのが物質中の自由電子の概念で，19 世紀の終わりにローレンツ (H. A. Lorentz) によって導入されたものである．ローレンツは，自由電子が気体のように振る舞うとして（電子気体モデル），金属電子論の基礎を築いた．

　1900 年にドルーデ (P. K. L. Drude) は，自由電子に気体分子運動論を適用して，金属の電気伝導度を表す式を求めた．プランク (M. K. E. L. Planck) の量子仮説が出されたのと同じ年だから，量子論はまだ確立されていなかった．当然ながらドルーデの理論では，自由電子は古典的に扱われているのであるが，それにもかかわらず，電子が絡んだ金属の物性をいくつか，きれいに説明することができた．今日でもドルーデ理論は，簡単なモデルによる金属の物性の理解に使われる[1]．

2.1.1 自由電子数の計算

　自由電子モデルでは，自由電子数が鍵になる．系の中の自由電子数を N_e とし，系の体積を V とすると単位体積あたりの自由電子数密度 n は，$n = N_\mathrm{e}/V$ で与えられる．原子ごとに z 個の価電子が供給されるとすると，アボガドロ数 N_A と原子量 A とを使って，n は次式のように表される．

$$n = N_\text{A} \frac{d}{A \times 10^{-3}} z \tag{2.1}$$

ここで，d は単位体積あたりの質量を kg で表した数値（密度）である．(2.1) 式の右辺の分母に $(\times 10^{-3})$ が現れるのは，原子量が一般に cgs 単位で記述されているために，SI 単位にもどす目的で加えられたものである．この式を使って計算した電子数密度 n が，代表的な金属元素について表 1.1 の 5 列目に与えられている．表 1.1 には

$$\frac{V}{N_\text{e}} = \frac{1}{n} \equiv \frac{4\pi r_\text{s}^3}{3} \quad \text{あるいは，} \quad r_\text{s} \equiv \left(\frac{3}{4\pi n}\right)^{1/3} \tag{2.2}$$

で定義される r_s も書き込まれている．系の全体積 V を N_e 個の電子で等しく配分したときに，各電子に割り当てられる体積 V/N_e と同じ体積をもつ球の半径が r_s に当たる．この半径は，電子数密度 n 同様に，自由電子の多寡を表す量として用いられる．

一方，原子の多寡を測るためには，原子体積 V_atom あるいは半径 R_atom を使う．系の中の $N(\equiv N_\text{e}/z)$ 個のそれぞれの原子（イオン）に均等に体積を割り当てるとすると，割り当てられた体積 $V_\text{atom} = V/N$ と同体積をもつ球の半径 R_atom は，$R_\text{atom} \equiv ((3/4\pi)V_\text{atom})^{1/3}$ で与えられる．なお，表中の a_0 はボーア半径である．

2.1.2 直流伝導度

図 2.1 に，ドルーデモデルの概念図が与えられている．言葉で説明すると次のようになる．

1)　電子（図では e）の運動は，イオン（図では黒丸）との衝突によって

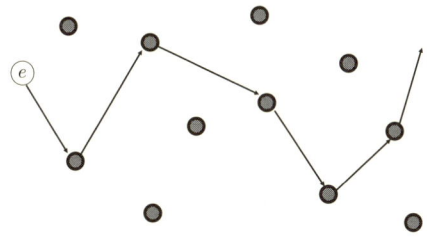

図 2.1　ドルーデ理論における電子の散乱の概念図

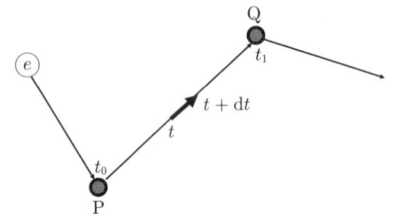

図 2.2 ドルーデ理論で伝導度を計算するための図

散乱を受けるが,衝突と衝突との間は,外場の影響だけを受けて自由に進行する

2) 自由に進行するのは,平均として時間 τ のあいだだけ
3) 衝突は瞬間的に起こる
4) 電子がまわりと熱平衡になるのは衝突を通じてのみ,すなわち衝突後は,まわりの環境に合わせた速度で,ランダムな方向に飛び出す

なお散乱の原因は,イオンに限定する必要はなく,結晶中の不純物,空格子点,格子欠陥,転位,格子振動,電子–電子相互作用などが候補になる.

ドルーデ理論で直流伝導度 σ を計算するために,静電場 $\boldsymbol{E}$ がかかっている場合を考えよう.図 2.2 からわかるように,運動方程式 $m d\boldsymbol{v}/dt = -e\boldsymbol{E}$ から,電子の速度 $\boldsymbol{v}$

$$\boldsymbol{v} = \boldsymbol{v}_0 - \frac{e\boldsymbol{E}}{m}t \tag{2.3}$$

が導かれる.ここで,m は電子の質量である.右辺の第 1 項 $\boldsymbol{v}_0$ は,時間 t_0 に P 点にある散乱中心に散乱された直後の電子の速度である.その後,散乱を受けずに時間 t まで進むあいだに,電場 $\boldsymbol{E}$ によって加速された速度が第 2 項である.電子は衝突後,ランダムな方向に飛び出すので,第 1 項の平均はゼロになる.電子が衝突を受けずに自由に飛べる時間(図 2.2 では t_1 までの時間)の平均を τ と書くと,電子の平均速度 $\langle\boldsymbol{v}\rangle$ は

$$\langle\boldsymbol{v}\rangle = -\frac{e\boldsymbol{E}}{m}\tau \tag{2.4}$$

の形に求まる.τ を緩和時間と呼ぶ.τ の逆数 $1/\tau$ は,散乱確率(単位時間あたりの衝突回数)を与える.

(2.4) 式は,別の観点からも導くことができる.質量 m の電子が速度 $\boldsymbol{v}$ で

動いているとき，その速度に比例する粘性抵抗 $-(m/\tau)\boldsymbol{v}$ と，電場 $\boldsymbol{E}$ による力 $-e\boldsymbol{E}$ とが働いているときの運動方程式

$$m\frac{\mathrm{d}\boldsymbol{v}}{\mathrm{d}t} = -e\boldsymbol{E} - \frac{m}{\tau}\boldsymbol{v} \tag{2.5}$$

を，右辺の 2 つの力がつりあっているという条件 ($\dot{\boldsymbol{v}} = 0$) の下で解くと，$\boldsymbol{v} = -e\tau\boldsymbol{E}/m$ 得られる．電子はすべてこの速度で動いているとすると $\langle\boldsymbol{v}\rangle = \boldsymbol{v}$ となり，結果は (2.4) 式と等しくなる．

電流密度 $\boldsymbol{i}$ は，e と，電子の平均速度 $\langle\boldsymbol{v}\rangle$ とを使って，次の形で与えられる．

$$\boldsymbol{i} = -ne\langle\boldsymbol{v}\rangle \tag{2.6}$$

(2.4) 式を (2.6) 式に代入し，(1.1) 式の電気伝導度 σ の定義を使うと，

$$\sigma = \frac{ne^2\tau}{m} \tag{2.7}$$

の関係が得られる．

(2.7) 式は，マクロに観測できる物理量 σ とミクロな物理量 τ とを結びつける関係式になっている．そしてこの 2 つの量を結びつけている係数は，電子の電荷 e や質量 m という一般的な定数を除いては，自由電子数 n だけに依存している．金属電子論の特徴は，個々の金属に関する情報が電子数 n を通してのみ，物理量に反映されることである．

2.1.3 ホール定数

「空間的に一様な磁場」や「空間的に一様で時間的に振動する電場」などの外場 $\boldsymbol{F}(t)$ が存在する場合の，電子の動きを考えよう．電子 1 個あたりの運動量を $\boldsymbol{p}(t)$ と書くと，$\boldsymbol{p}(t) = m\langle\boldsymbol{v}\rangle$ の関係になる．ある時間 t における電子あたりの運動量 $\boldsymbol{p}(t)$ が与えられたら，無限小時間 $\mathrm{d}t$ 後の運動量 $\boldsymbol{p}(t+\mathrm{d}t)$ は次のように計算できる．いま考えている電子が，t から $t+\mathrm{d}t$ のあいだに衝突を起こす確率は，$\mathrm{d}t/\tau$ である．したがって，この時間のあいだに衝突しない確率は，$(1-\mathrm{d}t/\tau)$ になる．この間，電子は原子からの衝突なしに，$\boldsymbol{F}(t)$ に加速されて進行する．したがって，加速された結果の運動量は，$\boldsymbol{p}(t) + \boldsymbol{F}(t)\mathrm{d}t + O(\mathrm{d}t)^2$ になる．

この時間内に衝突する電子の効果を無視すると，

$$\boldsymbol{p}(t+\mathrm{d}t) = \left(1 - \frac{\mathrm{d}t}{\tau}\right)[\boldsymbol{p}(t) + \boldsymbol{F}\mathrm{d}t + O(\mathrm{d}t)^2] \tag{2.8}$$

が得られる．$O(\mathrm{d}t)^2$ の項を無視し，差分を微分に置き換えると，運動方程式

$$\frac{\mathrm{d}\boldsymbol{p}(t)}{\mathrm{d}t} = -\frac{\boldsymbol{p}(t)}{\tau} + \boldsymbol{F}(t) \tag{2.9}$$

が求められる．

この結果を，空間的に一様な磁場がある場合のホール定数の計算に応用しよう．電流の流れている板に垂直に磁場をかけると，電流と磁場にともに直行する方向に電場を生じて起電力が現れる．この現象を，発見者（E. H. Hall）の名に因んでホール効果と呼ぶ．起電力は，ホール電場と呼ばれる．電流のキャリアの運動が磁場によるローレンツ力で曲げられることが原因である．直交座標系で考え，電流を i_x，磁束密度を B_z，ホール電場を E_y とすると

$$E_y = R i_x B_z \tag{2.10}$$

という関係が成り立つ．この比例定数 R をホール定数という．

自由電子モデルのホール定数は以下のように計算できる．磁束密度 $\boldsymbol{B}$ の下で，荷電 q のキャリアに働くローレンツ力 $\boldsymbol{F}$ は

$$\boldsymbol{F} = q\boldsymbol{E} + q\boldsymbol{v} \times \boldsymbol{B} \tag{2.11}$$

と表せる．この式を，運動方程式 (2.9) 式に代入し，電子については $q = -e$，$\boldsymbol{v} = \boldsymbol{p}/m$，$\dot{\boldsymbol{p}} = 0$（定常電流の条件）の関係があること，および $\boldsymbol{B}$ は z 成分のみ，$\boldsymbol{i}$ は x 成分と y 成分のみであることを考慮すると，

$$R_{\mathrm{FE}} = \frac{1}{n(-e)} = -\frac{1}{ne} \tag{2.12}$$

が得られる．自由電子（free electron）モデルによる値であることを示すために，R_{FE} と表した．

表 1.1 で求められた電子数密度 n を使って，いくつかの金属元素について，理論値 R_{FE} を計算した結果が，表 2.1 に与えられている．この表には，実験値 R_{ex} および理論値と実験値の比 $R_{\mathrm{FE}}/R_{\mathrm{ex}}$ も示されている．1 族の金属については，ドルーデ理論は非常によい結果を導いている．11 族に対しては，1 族

2.1 ドルーデの金属電子論

表 2.1 代表的な元素金属のホール定数（実験値とドルーデ理論による値を比較）

	元素名	R_H（実験値）($10^{-10}\,\mathrm{m^3/\Omega}$)	R_H（理論値）($10^{-10}\,\mathrm{m^3/\Omega}$)	$\dfrac{R_\mathrm{H}\,（理論値）}{R_\mathrm{H}\,（実験値）}$
1族	Li	−1.70	−1.36	0.8
	Na	−2.50	−2.46	1.0
	K	−4.20	−4.73	1.1
	Cs	−7.80	−7.35	0.9
2族	Be	——	——	——
	Mg	−0.94	−0.73	0.8
遷移金属	Mn	−0.93	−0.40	0.4
	Pd	−0.68	−0.69	1.0
	Pt	−0.24	−0.47	2.0
11族	Cu	−0.55	−0.74	1.3
	Ag	−0.84	−1.07	1.3
	Au	−0.72	−1.06	1.5
12族	Zn	——	——	——
	Cd	——	——	——
13族	Al	−0.30	−0.35	1.2
	In	−0.07	−0.55	7.9
14族	Sn	−0.04	−0.42	10.5
	Pb	——	——	——

表 2.2 自由電子によるプラズマ振動のカットオフ波長 λ_p（理論値と実験値）

元素	λ_p の理論値 ($10^2\,\mathrm{nm}$)	λ_p の実験値 ($10^2\,\mathrm{nm}$)
Li	1.6	2.0
Na	2.1	2.1
K	2.9	3.1
Rb	3.2	3.6
Cs	3.6	4.4

この値より短い波長をもつ電磁波に対して金属は透明になる一方，この値より長い波長をもつ電磁波は全反射される（金属光沢の原因）．

ほどよい一致ではないが，まずまずの値を与えている．その他の金属元素は理論値と実験値の比は，1 から外れる．表 2.1 の該当欄に横棒が書かれている金属は，実験値が正になり，理論値 R_FE（負の値）は符号まで違っている．

これらの結果から，ドルーデの自由電子モデルが，1 族の金属（アルカリ金

属)に対しては非常に良い近似になっていること，および，11 族の金属に対しては かなり良い近似になっていることがわかる．これらの金属では，各原子から s 電子 1 個だけが自由電子に寄与しており，自由電子が飛び出した後のイオンに含まれる殻電子と s 電子との相互作用も比較的小さいので，自由電子モデルが実際の状況をよく記述していると考えられる．

2.1.4 交 流 伝 導 度
次に，空間的に一様で時間的に変動する電場

$$\boldsymbol{E}(t) = \Re(\boldsymbol{E}(\omega)\mathrm{e}^{-\mathrm{i}\omega t}) \tag{2.13}$$

がある場合を考えよう．ここで，$\Re$ は実数部分を意味し，ω は電場の振動の角振動数である．このとき，運動方程式 (2.9) 式は

$$\frac{\mathrm{d}\boldsymbol{p}(t)}{\mathrm{d}t} = -\frac{\boldsymbol{p}(t)}{\tau} - e\boldsymbol{E}(t) \tag{2.14}$$

となる．ここで，次の形の定常解を探すことにする．

$$\boldsymbol{p}(t) = \Re(\boldsymbol{p}(\omega)\mathrm{e}^{-\mathrm{i}\omega t}) \tag{2.15}$$

電流と速度（あるいは，運動量）の関係 $\boldsymbol{i}(t) = -ne\boldsymbol{v}(t)\,(= -ne\boldsymbol{p}(t)/m)$ を使うと，交流伝導度 $\sigma(\omega)$ が得られる．

$$\boldsymbol{i}(\omega) = \sigma(\omega)\boldsymbol{E}(\omega) \tag{2.16}$$

$$\sigma(\omega) \equiv \frac{\sigma_0}{1 - \mathrm{i}\omega\tau} \tag{2.17}$$

$$\sigma_0 \equiv \frac{ne^2\tau}{m} \tag{2.18}$$

(2.18) 式の σ_0 は，静電場の下での自由電子モデルの伝導度（直流伝導度）(2.7) 式に相当する．交流伝導度の式 (2.17) は，$\omega \to 0$ のとき，$\sigma(\omega) \to \sigma_0$ となる．

マクスウェル方程式のうち，アンペール–マクスウェルの法則とファラデーの電磁誘導の法則は，それぞれ次のように書ける．

$$\mathrm{rot}\boldsymbol{H} = \boldsymbol{i} + \frac{\partial \boldsymbol{D}}{\partial t} \tag{2.19}$$

$$\mathrm{rot}\boldsymbol{E} = -\frac{\partial \boldsymbol{B}}{\partial t} \tag{2.20}$$

ここで, H は磁場である. 磁束密度 B は, 真空の透磁率 μ_0 を使って $B = \mu_0 H$ で与えられ, 電束密度 D は, 真空の誘電率 ϵ_0 を使って $D = \epsilon_0 E$ で与えられる.

上記のアンペール–マクスウェルの方程式 (2.19) 式とファラデーの電磁誘導の式 (2.20) とを運動方程式 (2.14) 式と連立させると, 電場 E に対する波動方程式

$$-\nabla^2 E = \omega^2 \epsilon(\omega) E \tag{2.21}$$

が得られる. ここで,

$$\epsilon(\omega) \equiv 1 + \frac{\mathrm{i}\sigma}{\omega \epsilon_0} \tag{2.22}$$

は, 複素誘電率である. 角振動数が十分に大きくて, $\omega\tau \gg 1$ が成り立つときには, $\sigma(\omega) \to -(\sigma_0/\mathrm{i}\omega\tau)$ と近似できるので, 複素誘電率は

$$\epsilon(\omega) = 1 - \frac{\omega_\mathrm{p}^2}{\omega^2} \tag{2.23}$$

$$\omega_\mathrm{p}^2 \equiv \frac{ne^2}{m\epsilon_0} \tag{2.24}$$

と書くことができる. ω_p をプラズマ角振動数と呼ぶ. 金属元素については, 表 1.1 で計算された電子数密度 n を使って算定すると, $\omega\tau \gg 1$ が危なげなく満たされていることがわかる.

自由電子との相互作用の結果, 金属中の電磁波は角振動数の大きさ次第で異なる振る舞いをすることが, (2.23) 式から示唆されている. 角振動数の代わりに, 電磁波の波長 $\lambda = 2\pi c/\omega$ を, プラズマ振動の波長 $\lambda_\mathrm{p} \equiv 2\pi c/\omega_\mathrm{p}$ と比較して論ずることもできる. すなわち,

1) $\lambda > \lambda_\mathrm{p}$ の場合 ($\omega < \omega_\mathrm{p}$ に相当)

複素誘電率は $\epsilon(\omega) < 0$ で, 負の実数になる. その結果, 波動方程式 ((2.21) 式) の解は減衰し, 金属中の電磁波の伝達は起こらない. この領域の波長をもつ電磁波は, 金属の中に浸透することができず, 表面で反射される.

2) $\lambda < \lambda_\mathrm{p}$ の場合 ($\omega > \omega_\mathrm{p}$ に相当)

複素誘電率は $\epsilon(\omega) > 0$ で, 正の実数になる. その結果, 波動方程式 ((2.21) 式) の解は振動し, 電磁波は金属中を伝達する. この領域の波長

をもつ電磁波に対して，金属は透明になる．

このように，λ_p は電磁波に対するカットオフを与える波長であることがわかる．そのため，λ_p は，カットオフ波長と呼ばれている．

1族の金属元素に対するカットオフ波長 λ_p の計算値が，実験値と並べて表2.2 に示されている．1族の金属元素は，表2.1 でみたように，ホール定数に関してドルーデ理論がよい結果を与えている．ドルーデ理論は，1族の金属のカットオフ波長に関しても，十分によい理論になっていることが，表2.2 からわかる．

可視光線の波長は 380～780 nm なので，表2.2 で明らかなように1族の金属のカットオフ波長 λ_p は，計算値も実験値もいずれも可視光線の波長より短い．このことから，1族の金属元素は可視光線を弾き返し，その結果として金属光沢が生ずるのである．λ_p より波長の短い紫外線に対しては，これらの金属は透明になる．

こうして，金属の諸性質を説明する上で，自由電子の存在が決定的な役割を果たしていることがわかった．2.1.2 小節でみたように，ドルーデ理論は現実に起こっていることを極度に単純化している．それにもかかわらず，ホール定数や電磁波のカットオフ波長を見事に算定できるのは，非常に顕著なことである．ローレンツは，「これほどすばらしい結果を与える理論は，間違いなく真実の重要な側面をとらえているはずだ」と述べている．

2.2 フェルミ気体

2.2.1 フェルミ–ディラック分布

電子はフェルミ粒子なので，1つの電子状態には1個の電子しか入れないというパウリの原理に支配されている．その結果，同じ状態を占められるのは上向きと下向きのスピンをもつ2つの電子に限られる．

パウリ原理を電子の統計的集団に適用すれば，フェルミ統計に従うことが導ける．フェルミ統計に従う粒子の多体系を1体近似で扱う場合，エネルギー ε の状態を絶対温度 T で占めている粒子数はフェルミ–ディラック分布（フェルミ分布）

$$f(\varepsilon) = \frac{1}{e^{(\varepsilon-\zeta)/k_B T} + 1} \tag{2.25}$$

で与えられる．k_B は，ボルツマン定数である．ζ は $f(\varepsilon)$ をすべての状態について加え合わせた和が総電子数 n に等しいという条件から決まるパラメーターで，温度依存性をもつことになる．ζ はフェルミエネルギーとも呼び，ε_F と書くこともある．

フェルミ統計に従い，粒子間の相互作用が無視できる粒子の集団をフェルミ気体という．金属内の価電子は，近似的には電子間相互作用が無視できる自由電子として振る舞うので，価電子の集まりは近似としてフェルミ気体とみなすことができる．

自由電子のエネルギーは，1電子シュレーディンガー方程式

$$-\frac{\hbar^2}{2m}\nabla^2 \psi_{\boldsymbol{k}}^0(\boldsymbol{r}) = \varepsilon(\boldsymbol{k})\psi_{\boldsymbol{k}}^0(\boldsymbol{r}) \tag{2.26}$$

で決められる．ここで，$\varepsilon(\boldsymbol{k}) = \varepsilon(k) = \hbar^2 k^2/2m$ はこのシュレーディンガー方程式の固有値で，$\psi_{\boldsymbol{k}}^0(\boldsymbol{r})$ は固有関数である．k は波数ベクトル $\boldsymbol{k}$ の絶対値で，$k \equiv |\boldsymbol{k}|$ と書ける．フェルミ分布関数 (2.25) 式は，この関係を通して，波数ベクトル $\boldsymbol{k}$ に依存する．固有関数 $\psi_{\boldsymbol{k}}^0(\boldsymbol{r})$ は平面波になり，$\psi_{\boldsymbol{k}}^0(\boldsymbol{r}) = e^{i\boldsymbol{k}\cdot\boldsymbol{r}}$ と表せる．運動量演算子 $\boldsymbol{p} = (\hbar/i)\nabla$ は，(2.26) 式と同じ固有関数をもち，固有値は $\boldsymbol{p} = \hbar\boldsymbol{k}$ となる．速度（群速度）は，$\boldsymbol{v} = (1/\hbar)\partial\varepsilon/\partial\boldsymbol{k}$ になる．

系が十分に大きいときは，波数ベクトルがとりうる値の刻み（値間の差）は小さい．$\mathcal{F}(\boldsymbol{k})$ を $\boldsymbol{k}$ の任意の関数とすると，$\boldsymbol{k}$ に対する和は積分で置き換えることができる．

$$\lim_{V\to\infty} \frac{1}{V}\sum_{\boldsymbol{k}} \mathcal{F}(\boldsymbol{k}) = \int \frac{d\boldsymbol{k}}{(2\pi)^3}\mathcal{F}(\boldsymbol{k}) \tag{2.27}$$

任意の関数 $\mathcal{F}(\boldsymbol{k})$ が，$\varepsilon = \varepsilon(\boldsymbol{k})$ を通してのみ $\boldsymbol{k}$ に依存する場合には，$\mathcal{F}(\boldsymbol{k}) = \mathcal{F}(\varepsilon(\boldsymbol{k}))$ と書くことができ，(2.27) 式の積分はスピンの自由度も考慮して，

$$2\int \frac{d\boldsymbol{k}}{(2\pi)^3}\mathcal{F}(\boldsymbol{k}) = \int \frac{d\varepsilon}{(2\pi)^3} D(\varepsilon)\mathcal{F}(\varepsilon) \tag{2.28}$$

の形に表すこともできる．$D(\varepsilon)$ は状態密度である．自由電子の場合には，

$$D(\varepsilon) = \frac{(2m)^{3/2}}{2\pi^2\hbar^3}\sqrt{\varepsilon} \tag{2.29}$$

となる．

分布関数 (2.25) 式の和が電子の総数に等しいという条件は，k に対する積分で置き換えて，

$$n = 2 \int \frac{d\bm{k}}{(2\pi)^3} f(\varepsilon(\bm{k})) \tag{2.30}$$

と書ける．右辺の 2 はスピン自由度を考慮したものである．

絶対零度ではフェルミ分布が

$$f(\varepsilon) = \begin{cases} 1 & (\varepsilon < \zeta \text{のとき}) \\ 0 & (\varepsilon > \zeta \text{のとき}) \end{cases} \tag{2.31}$$

となるので，電子に関連する物理量の計算は簡単になる．電子は空いている状態を，エネルギーの低いほうから順につめていく．スピン上向きと下向きの両方が可能なので，1 つの状態に 2 つの電子が入る．(2.30) 式から

$$\text{フェルミ波数} \quad k_F = (3\pi^2 n)^{1/3} = (3\pi^2)^{1/3} n^{1/3} \tag{2.32}$$

が得られる．速度，エネルギー，温度はそれぞれ

$$\text{フェルミ速度} \quad v_F = \frac{\hbar}{m} = (2\pi^2)^{1/3} \frac{\hbar}{m} n^{1/3} \tag{2.33}$$

$$\text{フェルミエネルギー} \quad \zeta = \varepsilon_F = \frac{\hbar^2}{2m} k_F^2 = \frac{(2\pi)^{2/3} \hbar^2}{2m} n^{2/3} \tag{2.34}$$

$$\text{フェルミ温度} \quad T_F = \frac{\varepsilon_F}{k_B} = \frac{(2\pi)^{2/3} \hbar^2}{2m k_B} n^{2/3} \tag{2.35}$$

になる．下付きの F は，その物理量がフェルミ準位にいる電子に対するものであることを示している．ドルーデ理論の場合同様，上記の量はすべて，(定数を除いては) 電子数密度 n だけで表されている．

また状態密度 (3 次元の場合) は，(2.29) 式を n と ε_F のみで表すと，

$$D(\varepsilon) = \frac{3}{2} \frac{n}{\varepsilon_F^{3/2}} \sqrt{\varepsilon} \tag{2.36}$$

と書ける．

元素金属のフェルミ温度 T_F は，表 1.1 の n の値を (2.35) 式に代入して計算することができる．得られた T_F は，表 1.1 の最後の欄に与えられているように，$10^4 \sim 10^5$K である．

電子が伝導に寄与するためには、電子がいま占めている準位のすぐ上に空の準位が存在しなくてはならない。絶対零度のフェルミ気体でその条件を満たしているのは、フェルミ準位にいる電子だけである。したがって、伝導に寄与できるのはフェルミ準位にいる電子である。2.1 節のドルーデ理論のところで、電子が散乱を受けずに進む時間（緩和時間）τ の概念を説明したが、この時間のあいだに進む距離は、フェルミ速度を使って、

$$\ell_F = \tau v_F \tag{2.37}$$

で与えられる。この距離を、平均自由行程と呼ぶ。表1.1 に示された電子数 n からフェルミ速度 v_F を求め、同じく表1.1 に示された緩和時間 τ との積を計算したものが、表1.1 の右から2列目の欄に書き込まれており、図2.3 にも描かれている。具体的には、無次元量で様子をみるために、$\ell_F/2R_{atom}$ が示されている。$2R_{atom}$ は、平均原子間距離である。1族、2族、遷移金属、12族の金属元素では、$\ell_F/2R_{atom}$ は $10 \sim 100$ の大きさである。11族は特に大きく、100 を超えている。自由に動ける距離が原子間距離の 100 倍以上もあることになる。この値の大きさは、自由電子近似が妥当であることを示す1つの指標になっている。

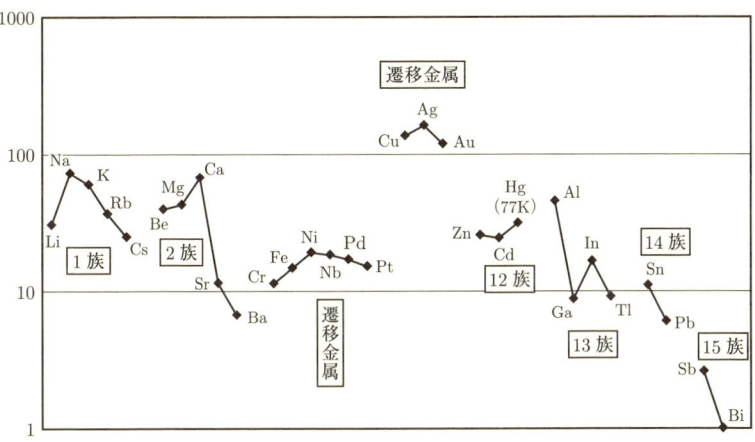

図 2.3　元素金属の平均自由行程 ℓ（平均原子間距離 $2R_{atom}$ で規格化したもの）

2.2.2 ボルツマン方程式

有限温度の凝縮体内では，さまざまなエネルギーや速度をもつ電子が飛び交っている．したがって，電子の平均速度 $\langle v \rangle$ などを計算するには，分布を考慮して平均を正しくとる必要がある．2.1 節のドルーデ理論では，すべての電子が同じ速度で動いているという近似の下で電気伝導度を求めたのであった．本節では，速度に対する分布を使って平均速度を求め，その結果から伝導度を導くことを考えよう．

電子間相互作用のないフェルミ気体に対しては，1 電子分布関数で分布を表すことができる．時刻 t において，電子の位置と波数ベクトルが，$(\bm{r}, \bm{k})$ と $(\bm{r} + \mathrm{d}\bm{r}, \bm{k} + \mathrm{d}\bm{k})$ のあいだにくるような電子数を，分布関数 $f(\bm{r}, \bm{k}, t)\mathrm{d}\bm{r}\mathrm{d}\bm{k}$ で表す．分布関数に対してはボルツマン方程式

$$\frac{\partial f}{\partial t} + \dot{\bm{r}} \cdot \frac{\partial f}{\partial \bm{r}} + \dot{\bm{k}} \cdot \frac{\partial f}{\partial \bm{k}} = \left(\frac{\partial f}{\partial t}\right)_{\mathrm{scat}} \tag{2.38}$$

を採用する．右辺はさまざまな散乱中心による散乱の効果を表している．

外部から静電場が加えられている場合を考えると，分布関数の直接的な時間依存性（左辺第 1 項）と空間依存性（左辺第 2 項）は考えなくてもよい．左辺第 3 項の $\bm{k}$ は，運動方程式から $\dot{\bm{k}} = -(e/\hbar)\bm{E}$ と書ける．

具体的な結果を求めるために，いくつかの近似をする．

1) 散乱項に対する緩和時間近似

散乱中心からの散乱によって生じた非平衡分布は平衡分布へと復元される方向に働くという仮定に基づいて，次の関係を導入する．

$$\left(\frac{\partial f}{\partial t}\right)_{\mathrm{scat}} = -\frac{f(\bm{k}) - f_0(\bm{k})}{\tau(\bm{k})} \tag{2.39}$$

ここで，$f_0(\bm{k})$ は平衡状態の分布で，自由電子に対してはフェルミ分布になる．$\tau(\bm{k})$ は緩和時間である．したがって，ボルツマン方程式は次の形になる．

$$-\frac{e}{\hbar}\bm{E} \cdot \frac{\partial f(\bm{k})}{\partial \bm{k}} = -\frac{f(\bm{k}) - f_0(\bm{k})}{\tau(\bm{k})} \tag{2.40}$$

$$f(\bm{k}) = f_0(\bm{k}) + \frac{e}{\hbar}\tau(\bm{k})\bm{E} \cdot \frac{\partial f(\bm{k})}{\partial \bm{k}} \tag{2.41}$$

2) 分布関数に対する線形近似

(2.41) 式の右辺の $f(\boldsymbol{k})$ にこの式を逐次代入していけば，$\boldsymbol{E}$ の高次の項が順に得られる．分布関数の平衡からのずれは，電場 $\boldsymbol{E}$ の1次であると考えれば，線形のボルツマン方程式が次のように求まる．

$$f(\boldsymbol{k}) = f_0(\boldsymbol{k}) + \frac{e}{\hbar}\tau(\boldsymbol{k})\boldsymbol{E} \cdot \frac{\partial f_0(\boldsymbol{k})}{\partial \boldsymbol{k}} \tag{2.42}$$

この式は，$f(\boldsymbol{k}) \simeq f_0(\boldsymbol{k} + (e/\hbar)\tau(\boldsymbol{k})\boldsymbol{E})$ のテイラー展開で，$\boldsymbol{E}$ の1次の項までをとったものに等しい．

3) 分散関係に対する等方性の近似

フェルミ分布関数に現れる電子エネルギーと波数ベクトルのあいだの分散関係 $\varepsilon = \varepsilon(\boldsymbol{k})$ が，$\boldsymbol{k}$ に関して等方的であるとする．自由電子の場合には $\varepsilon(\boldsymbol{k}) = \hbar^2 k^2/2m$ となるので，分散関係の等方性は満たされている．

電気伝導度を求めるには，速度 $\boldsymbol{v} = (1/\hbar)(\partial \varepsilon(\boldsymbol{k})/\partial \boldsymbol{k})$ を分布関数で平均する必要がある．電流密度は

$$\boldsymbol{i} = -e\frac{2}{(4\pi)^3}\int d\boldsymbol{k}\frac{1}{\hbar}\frac{\partial \varepsilon(\boldsymbol{k})}{\partial \boldsymbol{k}}f(\boldsymbol{k}) \tag{2.43}$$

と表せる．積分のなかの $f(\boldsymbol{k})$ に (2.42) 式を代入すると，第1項からの寄与はゼロになる．$\varepsilon(\boldsymbol{k})$ の等方性を考慮すると，積分は ε についてのものに変換できて

$$\boldsymbol{i} = \frac{1}{3}e^2 \int d\varepsilon\, D(\varepsilon)\tau(\varepsilon)\left(\frac{1}{\hbar}\frac{\partial \varepsilon}{\partial \boldsymbol{k}}\right)^2 \left(-\frac{\partial f_0}{\partial \varepsilon}\right) \boldsymbol{E} \tag{2.44}$$

の形に表される．

温度 T とフェルミ温度 T_F の比に対して，$T/T_F \ll 1$ が成り立つときには，$(-\partial f_0/\partial \varepsilon)$ を T/T_F で展開したゾンマーフェルトの公式がある．その展開級数のなかで，T/T_F のゼロ次の項だけをとると，

$$-\frac{\partial f_0}{\partial \varepsilon} = \delta(\varepsilon - \zeta) \tag{2.45}$$

が得られる．金属元素に対する自由電子の場合には，表 1.1 に示されるようにフェルミ温度 T_F は $10^4 \sim 10^5$ K である．したがって，室温 $T \sim 10^2$ K では，ゾンマーフェルト展開可能の条件 $T/T_F \ll 1$ が満たされている．

(2.45) 式を (2.44) 式に代入すると，伝導度が次の形に求められる．

$$\sigma = \frac{1}{3}e^2\tau(\varepsilon_{k_\mathrm{F}})\left(\frac{1}{\hbar}\frac{\partial\varepsilon}{\partial k}\bigg|_{k_\mathrm{F}}\right)^2 D(\varepsilon_\mathrm{F}) \tag{2.46}$$

2.2.1 小節で求めた ε_F と $D(\varepsilon_\mathrm{F})$ を使うと，(2.46) 式は

$$\sigma = \frac{ne^2\tau(\varepsilon_\mathrm{F})}{m} \tag{2.47}$$

と書き換えられる．これはドルーデ理論の結論と，全く同じ表式である．

2.2.3 金属の条件

フェルミ気体に対する伝導度が，ドルーデ理論の伝導度と同じ形になったことは，それ自体とても興味深いことであるが，(2.46) 式はさらに重要な情報を伝えている．それをはっきりさせるために，移動度 $\mu(\varepsilon)$ という量を導入しよう．

凝縮体や気体のなかで，イオン，電子，コロイド粒子などの荷電粒子が電場から力を受けるとき，その平均的な移動速度 $\boldsymbol{v}$ と電場 $\boldsymbol{E}$ とのあいだに

$$\boldsymbol{v} = \mu\boldsymbol{E} \tag{2.48}$$

で定義される係数 μ を移動度という．電流密度 $\boldsymbol{i}$ と電場 $\boldsymbol{E}$ とをオームの法則で結びつける (1.1) 式の伝導度 σ と類似の形をしている．σ 同様 μ も，一般にはテンソルで，等方的な物質内ではスカラーである．μ の単位は m^2/V·s である．

電場から受ける力は $q\boldsymbol{E}$ と書ける．この力は，粒子自身の電荷 q に比例している．したがって，移動度を測定すれば粒子の電荷の符号がわかるのである．一方，オームの法則 (1.1) 式で定義された伝導度のほうは，各粒子が電場から受ける力が q に比例し，かつ各粒子が運ぶ電気量が q であるので，σ には q^2 が寄与することになり，粒子の電荷の符号は隠されてしまう．(1.1) 式と (2.48) 式の定義から明らかなように，これら 2 つの係数は，電子数密度 n と粒子の電荷 q とを使って

$$\sigma = nq\mu \tag{2.49}$$

の形で結びつけられる．

ドルーデ理論やフェルミ気体の伝導度の式を形式上適用すると，$q = (-e)$ を考慮して移動度は $\mu = (-e)\tau/m$ で表される．これを使うと，(2.46) 式は，次

のように変形される．

$$\sigma = (-e)\frac{m}{3}\left(\frac{1}{\hbar}\frac{\partial \varepsilon}{\partial \boldsymbol{k}}\bigg|_{k_{\mathrm{F}}}\right)^2 \mu(\varepsilon_{\mathrm{F}})D(\varepsilon_{\mathrm{F}}) \qquad (2.50)$$

> この式から，伝導度が有限であるための条件，言い換えれば物質が金属であるための条件が，以下のようにまとめられる．
>
> 1) フェルミ準位での状態密度が有限である
>
> $$D(\varepsilon_{\mathrm{F}}) \neq 0 \qquad (2.51)$$
>
> 2) フェルミ準位での移動度が有限である
>
> $$\mu(\varepsilon_{\mathrm{F}}) \neq 0 \qquad (2.52)$$
>
> 3) フェルミ準位の電子の群速度が有限である
>
> $$\frac{1}{\hbar}\frac{\partial \varepsilon}{\partial \boldsymbol{k}}\bigg|_{k_{\mathrm{F}}} \neq 0 \qquad (2.53)$$

これらの条件のうち，最初の「フェルミ準位での状態密度が有限である」という条件は，第3章で扱うパイエルス転移や第4章および第5章で扱うブロッホ–ウィルソン転移で，物質が金属か否かを判断する条件そのものである．さらに2番目の「フェルミ準位での移動度が有限である」という条件と3番目の「フェルミ準位の電子の群速度が有限である」という条件は，第6章のアンダーソン転移を議論する際に鍵になるものである．たとえフェルミ準位での状態密度 $D(\varepsilon_{\mathrm{F}})$ が有限であっても，そこでの状態が局在していれば，移動度や群速度はゼロになり，物質は非金属となる．

自由電子モデルという，非常に単純化された理論から，金属–非金属転移に関する最も本質的な判断基準が示唆されているのは，興味深いことである．

2.3 バンド理論

2.3.1 ブロッホ電子

前節では，自由電子を論じた．自由電子に対する1電子シュレーディンガー

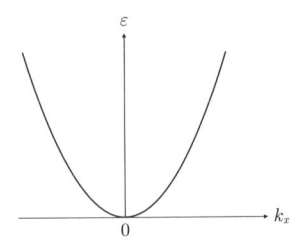

図 2.4 自由電子の分散関係（エネルギー ε と波数ベクトル k_x との関係）

方程式（(2.26) 式）の解は，$\varepsilon^0(\boldsymbol{k}) \equiv \varepsilon(k) = \hbar^2 k^2/2m$ で，分散関係は図 2.4 図のように 2 次曲線になる．

一方，本節では，完全結晶の中を動く電子について考えよう．

1 平面上にない 3 つの基本ベクトルを $\boldsymbol{a}_1$, $\boldsymbol{a}_2$, $\boldsymbol{a}_3$ を書くとすると，任意の整数のセット (n_1, n_2, n_3) に対して，$\boldsymbol{R} = \boldsymbol{a}_1 + \boldsymbol{a}_2 + \boldsymbol{a}_3$ で位置が与えられる空間的な点配列 $\{\boldsymbol{R}\}$ を，「空間格子」あるいは「ブラヴェ格子」と呼ぶ．これらの格子点のそれぞれに，同等の原子（あるいは，同等の原子群）が並んでいるような構造が，「結晶」である．

特に，格子点の並び方や格子上の原子（あるいは，原子群）に欠陥や不規則性が存在しないものを，「完全結晶」と呼ぶ．

以下では，格子点ごとに 1 個の原子がある場合を考えよう．場所 $\boldsymbol{r}$ にいる電子が感じるポテンシャル $\mathcal{V}(\boldsymbol{r})$ は，次式で表されるように結晶と同じ周期をもつ．

$$\mathcal{V}(\boldsymbol{r} + \boldsymbol{R}) = \mathcal{V}(\boldsymbol{r}) \tag{2.54}$$

このポテンシャルに対する 1 電子シュレーディンガー方程式は，

$$H\psi_{\boldsymbol{k}}(\boldsymbol{r}) = \left(-\frac{\hbar^2}{2m}\nabla^2 + \mathcal{V}(\boldsymbol{r})\right)\psi_{\boldsymbol{k}}(\boldsymbol{r}) = \varepsilon_{\boldsymbol{k}}\psi_{\boldsymbol{k}}(\boldsymbol{r}) \tag{2.55}$$

となり，固有関数は

$$\psi_{\boldsymbol{k}}(\boldsymbol{r}) = e^{i\boldsymbol{k}\cdot\boldsymbol{r}} u_{\boldsymbol{k}}(\boldsymbol{r}) \tag{2.56}$$

の形に求められる．ここで，$\boldsymbol{k}$ は波数ベクトル，$u_{\boldsymbol{k}}(\boldsymbol{r})$ はブラヴェ格子 $\{\boldsymbol{R}\}$ と同じ周期をもつ関数である．独立な $\boldsymbol{k}$ の数は，結晶の格子点の数 N に等しい．

固有関数 $\psi_{\boldsymbol{k}}(\boldsymbol{r})$ を，ブロッホ関数という．ブロッホ関数は次の関係を満たす．

$$\psi_{\boldsymbol{k}}(\boldsymbol{r}+\boldsymbol{R}) = \psi_{\boldsymbol{k}}(\boldsymbol{r}) \tag{2.57}$$

ブロッホ関数で記述される電子を「ブロッホ電子」と呼ぶ.

結晶中の電子は,周期的なポテンシャルのために,波動ベクトル $\boldsymbol{k}$ がラウエ条件あるいはブラッグ条件を満たすとき回折が生じる(付録 A).具体的には,逆格子空間において,原点と逆格子点を結ぶ線分の垂直二等分面上に $\boldsymbol{k}$ があるとき,この条件が満たされる.こういう面を「ブラッグ面」と呼ぶこともある(逆格子に関する説明も付録 A に与えられている).

逆格子空間において,ブラッグ面で区切られた構造を「ブリユアン帯域」という.逆格子空間の「基本単位胞」に相当するものを第 1 ブリユアン帯域とし,その外側に順次第 2,第 3 の帯域を考えて,異なるエネルギー帯の状態を逆格子空間の異なるブリユアン帯域に対応させられる.第 2 以上の帯域はそれぞれ適当な変換を経て第 1 帯域に還元できる.

シュレーディンガー方程式を逆格子空間(付録 A)で表現すると次の形になる.

$$\left(\frac{\hbar^2}{2m}(\boldsymbol{k}-\boldsymbol{K})^2 - \varepsilon\right) C_{\boldsymbol{k}-\boldsymbol{K}} + \sum_{\boldsymbol{K}'} \mathcal{V}_{\boldsymbol{K}'-\boldsymbol{K}} C_{\boldsymbol{k}-\boldsymbol{K}'} = 0 \tag{2.58}$$

ここで,$\boldsymbol{K}$ は逆格子ベクトルで,和はすべての逆格子点についてとる.$C_{\boldsymbol{k}-\boldsymbol{K}}$ と $\mathcal{V}_{\boldsymbol{K}}$ はそれぞれ,ブロッホ関数 $\psi_{\boldsymbol{k}}(\boldsymbol{r})$ および周期ポテンシャル $\mathcal{V}(\boldsymbol{r})$ のフーリエ係数で,次の 2 つの式で定義される.

$$\psi_{\boldsymbol{k}}(\boldsymbol{r}) = \sum_{\boldsymbol{K}} C_{\boldsymbol{k}-\boldsymbol{K}} e^{i(\boldsymbol{k}-\boldsymbol{K})\cdot\boldsymbol{r}} \tag{2.59}$$

$$\mathcal{V}_{\boldsymbol{K}}(\boldsymbol{r}) = \sum_{\boldsymbol{K}} \mathcal{V}_{\boldsymbol{K}} e^{i\boldsymbol{K}\cdot\boldsymbol{r}} \tag{2.60}$$

まず,周期ポテンシャルがゼロの場合を考えよう.これは,自由電子系に相当する.(2.58) 式の解は,$\boldsymbol{q} \equiv \boldsymbol{k} - \boldsymbol{K}$ として,以下のように書ける.

$$\varepsilon = \varepsilon^0_{\boldsymbol{k}-\boldsymbol{K}} = \frac{\hbar^2}{2m} \boldsymbol{q}^2 \tag{2.61}$$

次に,周期ポテンシャルが弱い極限で,次の条件を満たしているような $\boldsymbol{q}$ を考えよう.ある $\boldsymbol{k}$ について,

1) $\varepsilon^0_{\boldsymbol{k}-\boldsymbol{K}_1}$ と $\varepsilon^0_{\boldsymbol{k}-\boldsymbol{K}_2}$ とが互いに,$\mathcal{V}_{\boldsymbol{K}}$ のオーダー以下の近傍にある.すなわち,$\varepsilon^0_{\boldsymbol{k}-\boldsymbol{K}_1}$ と $\varepsilon^0_{\boldsymbol{k}-\boldsymbol{K}_2}$ とが,図 2.5 のような状況を満たしている.

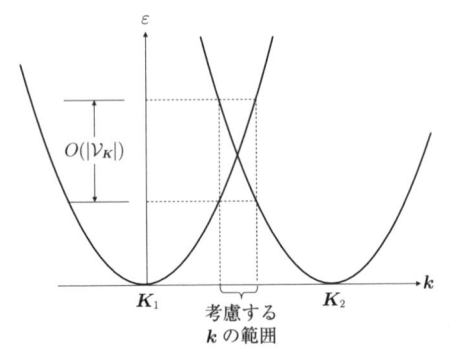

図 2.5 $\varepsilon^{(0)}(\boldsymbol{k}-\boldsymbol{K}_1)$ と $\varepsilon^{(0)}(\boldsymbol{k}-\boldsymbol{K}_2)$ との差が $O(|\mathcal{V}_{\boldsymbol{K}}|)$ 以下になるような $\boldsymbol{k}$ の範囲

2) その他の $\boldsymbol{K}_j$ $(j \neq 1,2)$ については

$$|\varepsilon_{\boldsymbol{k}-\boldsymbol{K}_i}^0 - \varepsilon_{\boldsymbol{k}-\boldsymbol{K}_j}^0| \gg |\mathcal{V}_{\boldsymbol{K}}| \quad (i=1,2, \quad j \neq 1,2) \tag{2.62}$$

であるような場合について解を求める．(2.58)式を $|\mathcal{V}_{\boldsymbol{K}}|$ の最低次の項までとって書き直すと

$$(\varepsilon - \varepsilon_{\boldsymbol{k}-\boldsymbol{K}_i}^0)C_{\boldsymbol{k}-\boldsymbol{K}_i} = \sum_{j=1}^{2} \mathcal{V}_{\boldsymbol{K}_j-\boldsymbol{K}_i} C_{\boldsymbol{k}-\boldsymbol{K}_j} \quad (i=1,2) \tag{2.63}$$

となる．他の $\boldsymbol{K}_j (j \neq 1,2)$ に対するシュレーディンガー方程式では，周期ポテンシャルの効果は $\mathcal{V}$ の2次以上になる．

ここで，$\boldsymbol{q} = \boldsymbol{k} - \boldsymbol{K}_1$，$\boldsymbol{K} = \boldsymbol{K}_2 - \boldsymbol{K}_1$ と書くと，上式の解として

$$\varepsilon = \frac{1}{2}(\varepsilon_{\boldsymbol{q}}^0 + \varepsilon_{\boldsymbol{q}-\boldsymbol{K}}^0) \mp \left[\left(\frac{\varepsilon_{\boldsymbol{q}}^0 - \varepsilon_{\boldsymbol{q}-\boldsymbol{K}}^0}{2}\right)^2 + |\mathcal{V}_{\boldsymbol{K}}|^2\right]^{1/2} \tag{2.64}$$

が得られる．$\boldsymbol{K}$ で定義されるブラッグ面の近くに $\boldsymbol{q}$ がくるとき，周期ポテンシャルの効果が大きくなる（図2.6）．特に，$\boldsymbol{q}$ がブラッグ面上にあるときには，

$$\varepsilon_{\boldsymbol{q}}^0 = \varepsilon_{\boldsymbol{q}-\boldsymbol{K}}^0 \tag{2.65}$$

$$\varepsilon = \varepsilon_{\boldsymbol{q}}^0 \mp |\mathcal{V}_{\boldsymbol{K}}| \tag{2.66}$$

となる．すなわち，ブラッグ面上のすべての点で，2つの準位のうちの1つは $|\mathcal{V}_{\boldsymbol{K}}|$ だけ押し上げられ，もう1つは $|\mathcal{V}_{\boldsymbol{K}}|$ だけ押し下げられる．こうして，電

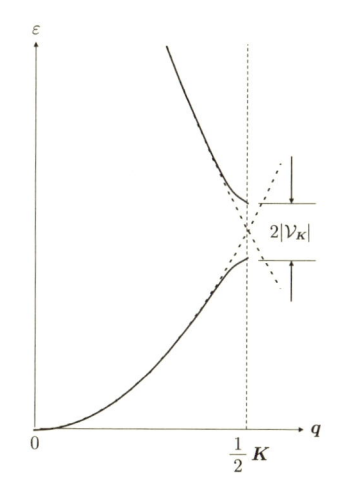

図 2.6 K と平行な q に対するエネルギーバンドの図
$q = K/2$ のとき，2 つのバンドは $2|\mathcal{V}_K|$ の大きさのバンドギャップによって隔てられる．ブラッグ面（$|K|/2$）から離れた q では，電子の準位（実線）は自由電子の準位（破線）とほとんど変わらない．

子のとりうる準位にギャップができる．

言い換えると，電子のエネルギーは，逆格子空間内のブラッグ面上で不連続になる．

2.3.2 エネルギー帯

あらゆる大きさの周期ポテンシャル $\mathcal{V}(\boldsymbol{r})$ に対して (2.58) 式が成り立つ．定常状態は $\boldsymbol{k}$ の値ごとに $\phi_{\{\boldsymbol{R}\}}(\boldsymbol{k},\boldsymbol{r})$ の性質の異なるものが多数存在する．それを添え字 n で区別すれば，そのエネルギー $\varepsilon_n(\boldsymbol{k})$ ごとに $\boldsymbol{k}$ の連続関数となり，N 個の電子状態が連続な状態密度をもつ 1 つのバンドを形成する．電子はスピンの自由度をもつので，パウリの原理により 1 つのバンドに入りうる電子数は最大 $2N$ 個である．

物質が金属であるか非金属であるかは，バンドに電子がどのようにつまっているかによって決まる．絶対零度の非金属では，いくつかのバンドがエネルギーの低いものから順に電子によって完全に満たされていて（充満帯），上の空いたバンドとはエネルギーギャップ（状態の存在しないエネルギー領域）で隔てられている（図 2.7(a)）．

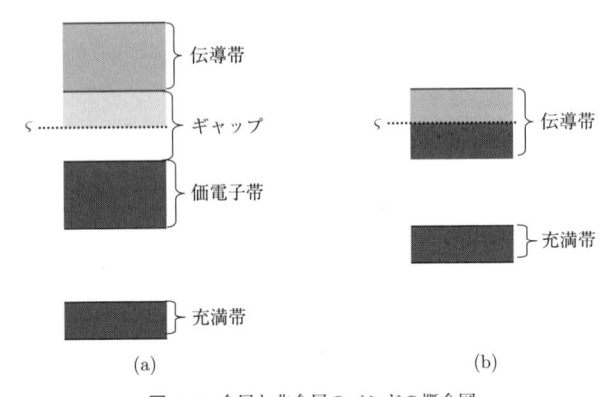

図 2.7 金属と非金属のバンドの概念図
(a) 非金属，(b) 金属．黒い部分はエネルギー準位が電子で占められている．グレイの部分は準位は電子で占められておらず，「空」である．

金属では，途中まで満たされたバンドがある（図 2.7(b)）．そのバンドを伝導帯，それを占める電子を伝導電子という．伝導電子が電流を運び，伝導度 σ は絶対零度でもゼロにならない．

半金属のバンドは図 2.8 のような状況になっており，k 空間の異なる方向のバンドが一部重なり合っている．フェルミ準位が二つのバンドの重なり部分にくるために，一方のバンド（価電子帯）の上端部分に少し空いた準位が残り，他方のバンド（伝導帯）の下端に少量の電子がつまっていることになる．バンドの端では電子状態密度が小さいので，伝導に寄与できる電子（または正孔）の数密度は金属の場合よりはるかに小さい（金属の 10^{-4} 程度）が，この数密度は絶対零度でも変わらず残る．しかも，これらの電子（または正孔）の有効質

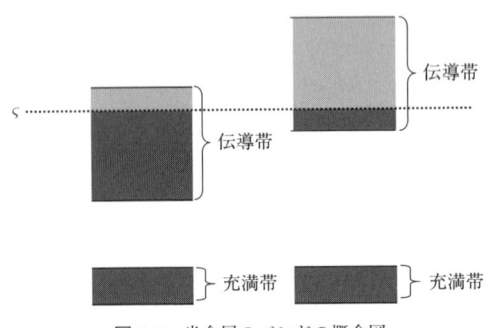

図 2.8 半金属のバンドの概念図
横軸は k 空間の異なる値を模式的に表している．

量はきわめて小さいので，移動度は大きくなる．その結果，伝導度は金属とさほど違わない値になる（図 1.1）．

半金属に関しては，実は決定的な定義はない．価電子帯と伝導帯が k 空間の同じ点で重なっている場合でも，重なりが小さければ自由電子（あるいは自由正孔）の密度は普通の金属よりはるかに小さくなる．その場合も，半金属に分類される．

半導体では，熱や光などによって，空いたバンドに励起された電子（あるいは電子が抜けたあとの正孔）によって電流が運ばれる．電気伝導度 σ は $10^3 \sim 10^{-8}$ S/m 程度である．伝導は活性型で，多くの場合 σ は絶対零度でゼロに近いが，温度 T とともに増大し，$\exp(-\varepsilon_a/k_B T)$ の温度依存性を示す．ε_a は活性化エネルギーである．

真性半導体のバンド（図 2.9(a)）は，定性的には絶縁体のバンド（図 2.7(a)）と等しいが，バンドギャップが小さいために，通常の温度や光現象によって電子の励起が可能になるのである．したがって，有限温度で，伝導帯には電子が，価電子帯には正孔が存在し，いずれも伝導に寄与する．

不純物半導体では，微量の不純物による局在準位（不純物準位）がギャップ内に形成され，そこからキャリアとなる電子や正孔が供給される．不純物の種類により，n 型不純物半導体（ドナー準位から伝導帯に電子が供給されるもの：図 2.9(b)）と p 型不純物半導体（価電子帯から電子がアクセプター準位に励起されて，価電子帯に正孔が残されるもの：図 2.9(c)）とがある．

このように，物質ごとに伝導度の大きさやその他の電気的振る舞いが異なる原因を，バンドへの電子のつまり方によって説明することができる．言い換

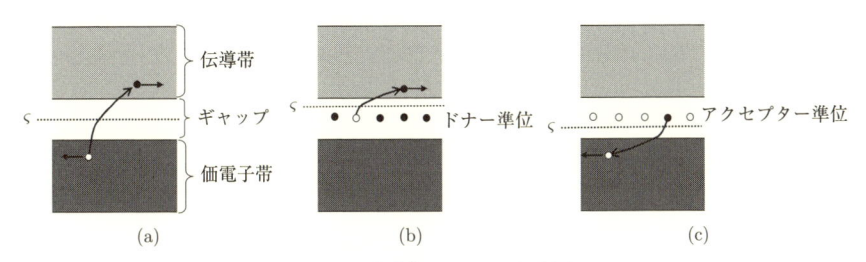

図 2.9 半導体のバンドの概念図
(a) 真性半導体，(b) n 型不純物半導体，(c) p 型不純物半導体．
点線は化学ポテンシャル，黒丸は電子，白丸は正孔．

れば，バンドへの電子のつまり方によって，金属，絶縁体，半金属，半導体の違いが生ずるのである．

2.3.3 有 効 質 量

外からの静電場 $\boldsymbol{E} = (E_x, E_y, E_z)$ があるときには，結晶電子の準古典的な運動方程式は，自由電子の場合と同じ要領で求められる．結晶電子の場合には，周期ポテンシャルの影響は，バンド構造 $\varepsilon(\boldsymbol{k})$ を通してのみ効いてくる．電子の群速度の μ 成分は，時間変化が

$$\dot{v}_\mu = \frac{1}{\hbar}\frac{\mathrm{d}}{\mathrm{d}t}(\nabla_{\boldsymbol{k}}\varepsilon)_\mu = \frac{1}{\hbar}\sum_\nu \frac{\partial^2 \varepsilon}{\partial k_\mu \partial k_\nu}\dot{k}_\nu \tag{2.67}$$

すなわち，

$$\dot{v}_\mu = \frac{1}{\hbar^2}\sum_\nu \frac{\partial^2 \varepsilon}{\partial k_\mu \partial k_\nu}(-eE_\nu) \tag{2.68}$$

を満たすことになる．形式的に，電子の質量 m を有効質量 m^* で置き換えると，(2.68) 式は，静電場 $\boldsymbol{E}$ の運動方程式 $\dot{\boldsymbol{v}} = m^{-1}(-e\boldsymbol{E})$ によく似てくる．有効質量テンソルの逆テンソル

$$\left(\frac{1}{m^*}\right)_{\mu\nu} \equiv \frac{1}{\hbar^2}\frac{\partial^2 \varepsilon}{\partial k_\mu \partial k_\nu} \tag{2.69}$$

は $\varepsilon(\boldsymbol{k})$ の曲率によって与えられる．

ブロッホ電子の電気伝導度に対しては，自由電子の場合と同様の導出法で，

$$\sigma = \frac{e^2}{(2\pi)^3}\hbar \int_{\varepsilon=\varepsilon_{\mathrm{F}}} \frac{v_x^2(\boldsymbol{k})}{v(\boldsymbol{k})}\tau(\boldsymbol{k})\mathrm{d}S_\varepsilon \tag{2.70}$$

が得られる．ただし，$v(\boldsymbol{k}) = |\boldsymbol{v}(\boldsymbol{k})|$ である．$kT_{\mathrm{B}} \ll T_{\mathrm{F}}$ での分布関数に対する近似 (2.45) 式から，上式の積分はフェルミ面上でとることになる．こうして，金属の電気伝導度が $\boldsymbol{k}$ 空間のフェルミ面 $\varepsilon(\boldsymbol{k}) = \varepsilon_{\mathrm{F}}$ に関する表面積分で表されることがわかった．

一般には，$v(\boldsymbol{k})$ と $\tau(\boldsymbol{k})$ は，フェルミ面上で変化する．(2.70) 式の被積分関数をフェルミ面上での平均値 $\langle v_x^2(\boldsymbol{k})\tau(\boldsymbol{k})/v(\boldsymbol{k})\rangle_{\varepsilon_{\mathrm{F}}}$ で置き換えると，積分の外に出すことができる．フェルミ面が球で表される場合には，この平均値は $v(k_{\mathrm{F}})\tau(k_{\mathrm{F}})/3$ となる．

金属の伝導帯のように，一定の有効質量 m^* をもった放物線バンドで近似できるエネルギー領域にのみ電子が分布している場合には，式はさらに簡単化できて，

$$v(\varepsilon_\mathrm{F}) = \frac{\hbar k_\mathrm{F}}{m^*} \tag{2.71}$$

および

$$\int_{\varepsilon_\mathrm{F}} \mathrm{d}S_\varepsilon = 2(4\pi k_\mathrm{F}^2) \tag{2.72}$$

が成り立つ．結果として，伝導度 σ と移動度 μ は，

$$\sigma = \frac{ne^2\tau(\varepsilon_\mathrm{F})}{m^*} \tag{2.73}$$

および，

$$\mu(\varepsilon_\mathrm{F}) = \frac{e\tau(\varepsilon_\mathrm{F})}{m^*} \tag{2.74}$$

となる．緩和時間 $\tau(\varepsilon_\mathrm{F})$ の解釈を結晶の場合に焼き直し，電子質量 m の代わりに有効質量 m^* を用いることによって，ここでもふたたびドルーデ理論の結果と等しい形が得られる．この節の議論から，ドルーデモデルが多くの目的に満足すべき答を与える理由の一端を知ることができた．

2.4　金属の電気抵抗の温度依存性

2.4.1　温度依存性の算定

金属の電気抵抗の温度変化を知るには，(2.73) 式の $\tau(\varepsilon_\mathrm{F})$，あるいは，(2.74) 式の $\mu(\varepsilon_\mathrm{F})$ の温度依存性がわかればよい．なぜなら，金属の電子数密度 n の温度依存性は小さいからである（n の温度依存性は，温度による体積膨張の逆数で与えられる）．電子の動きをさまたげる散乱源として，フォノンと欠陥（不純物や転位など）が考えられる．全散乱確率は，それぞれの散乱確率の和になる．散乱確率は，キャリアの緩和時間 τ（あるいは，平均自由飛行時間）に逆比例する．τ_ph, τ_def をそれぞれ，フォノン（phonon）あるいは欠陥（defects）による散乱と散乱の間の平均自由飛行時間とすると，全散乱確率 $1/\tau$ は，

$$\frac{1}{\tau} = \frac{1}{\tau_\mathrm{ph}} + \frac{1}{\tau_\mathrm{def}} \tag{2.75}$$

で与えられる．ちなみに，電気抵抗の原因となる散乱機構がいくつか共存するときの全抵抗 ρ は，個々の機構が単独に存在する場合の抵抗の和になるという経験的規則 $\rho = \rho_{\mathrm{ph}} + \rho_{\mathrm{def}}$ が，マティーセンによって見出されている（マティーセンの規則と呼ばれる）．この経験則は，(2.75) 式の妥当性を裏づけている．厳密には，マティーセンの規則は近似的にのみ成り立つものである．

欠陥による散乱に起因する抵抗 $1/\tau_{\mathrm{def}}$ は次のように算定できる．単位体積あたりの衝突回数 N_{s} は，散乱断面積 S_{def} と粒子速度の絶対値（ブロッホ電子に対してはフェルミ速度の絶対値 v_{F}）との積

$$N_{\mathrm{s}} = S_{\mathrm{def}} \times v_{\mathrm{F}} = \frac{1}{\tau_{\mathrm{def}}} \tag{2.76}$$

で，表される．フェルミ速度の絶対値 v_{F} は，電子数密度 n のみで決まるものなので，温度依存性は小さい（温度による体積膨張の $(-2/3)$ 乗程度の依存性をもつ）．さらに，散乱中心が欠陥の場合には，散乱断面積 S_{def} も温度による体積膨張を通してのみ温度に依存するので，温度依存性は小さい．したがって，欠陥による比電気抵抗 $\rho_{\mathrm{def}} = 1/\tau_{\mathrm{def}}$ は，温度変化が非常に小さい．

一方，フォノンによる散乱の場合には，散乱断面積はフォノンの振幅の 2 乗平均 $s(\boldsymbol{q})$ に比例する．ここで，イオンの位置ベクトルの平衡位置からの変位を表すベクトルをフォノンの逆格子空間で記述したものを $\boldsymbol{s}(\boldsymbol{q})$ としている．

1) 高温極限 $(T \gg \Theta_{\mathrm{D}})$

温度 T がデバイ温度 Θ_{D} と比べてはるかに高い，高温極限では，等分配則を使うことができ，

$$M\omega_{\boldsymbol{q}}^{2} \langle \boldsymbol{s}^{2}(\boldsymbol{q}) \rangle = k_{\mathrm{B}} T \tag{2.77}$$

が成り立つ．M はイオンの質量で，電子質量 m よりはるかに大きい．$\omega_{\boldsymbol{q}}$ はフォノンの角振動数で，物質の弾性的な性質を反映している．したがって，散乱確率として

$$\frac{1}{\tau_{\mathrm{ph}}} \propto \langle \boldsymbol{s}^{2}(\boldsymbol{q}) \rangle = \frac{k_{\mathrm{B}} T}{M\omega_{\boldsymbol{q}}^{2}} \tag{2.78}$$

が得られる．おおまかな見積もりのために，$\omega_{\boldsymbol{q}}$ を，デバイ角振動数 $\omega_{\mathrm{D}} \equiv k_{\mathrm{B}} \Theta_{\mathrm{D}}/\hbar$ で代用すると，次式が得られる．

$$\rho_{\mathrm{ph}} \propto \frac{1}{\tau_{\mathrm{ph}}} \propto \frac{T}{M\Theta_{\mathrm{D}}^{2}} \tag{2.79}$$

2) 観測温度がデバイ温度より低い場合（$T < \varTheta_\mathrm{D}$）

フォノンの励起確率が急速に減って，小角散乱のみが起こる．グリュナイゼンによる厳密な理論的計算から，金属の比抵抗へのフォノンの寄与が次の形に求まる．

$$\rho_\mathrm{ph}(T) = A \left(\frac{T}{\varTheta_\mathrm{D}}\right)^5 \int_0^{\varTheta_\mathrm{D}/T} \frac{x^5 \mathrm{d}x}{(\mathrm{e}^x - 1)(1 - \mathrm{e}^{-x})} \tag{2.80}$$

3) 低温極限（$T \ll \varTheta_\mathrm{D}$）

低温の極限 $\varTheta_\mathrm{D}/T \to \infty$ では，積分は温度に依存しない一定値になるので，比抵抗の温度依存性は積分の前の係数だけにより，次のように振る舞う．

$$\rho_\mathrm{ph}(T) \propto T^5 \tag{2.81}$$

デバイ温度 $\varTheta_\mathrm{D}$ は物質にもよるが，室温（300 K）のオーダーのものが多い．低温極限（$T \ll \varTheta_\mathrm{D}$）が適用できて，フォノンによる伝導度が T^5 に比例するのは，多くの固体において $T \lesssim 10$ K であることが，実験的に示されている．

結果として，金属の比抵抗は

$$\rho_\mathrm{tot} = \rho_\mathrm{ph}(T) + \rho_\mathrm{def} \tag{2.82}$$

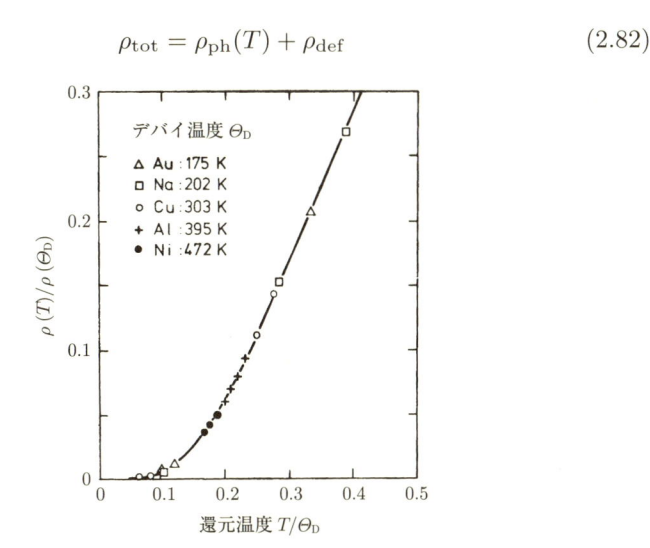

図 2.10　いくつかの元素金属の還元抵抗 $\rho(T)/\rho(\varTheta_\mathrm{D})$ と還元温度 $T/\varTheta_\mathrm{D}$ の関係 $\rho(T)$ および $\rho(\varTheta_\mathrm{D})$ はそれぞれ，温度 T およびデバイ温度 $\varTheta_\mathrm{D}$ における比抵抗．実際はグリュナイゼンの式（(2.80) 式）に相当する[1]．

と表される．ρ_def は温度によらない残留抵抗で，$\rho_\mathrm{ph}(T)$ はフォノン散乱による部分である．図 2.10 に各種の金属の電気抵抗（それぞれの金属のデバイ温度における電気抵抗で規格化した値）が還元温度 T/Θ_D の関数として示されている．図では，グリュナイゼンの一般式（(2.80) 式）が曲線で表されている．実験データがこの一般式によく合っていること，高温領域では比抵抗が温度に比例して増大すること（すなわち (2.79) 式と一致すること）がはっきり見られる．

2.4.2　金属と非金属の区別

本書で「金属–非金属転移」というときは，金属と半金属をまとめて「（広義の）金属」とし，絶縁体と半導体をまとめて「非金属」とする．図 1.1 でもわかるように，金属は伝導度が高く，非金属は伝導度が低いが，どの値を境にして金属と非金属が区別されるのか，という定量的な定義はない．むしろ伝導度の温度依存性によって，金属と非金属が区別される．その条件を式で書くと，次のように表される．

1) 金属（広義）：
$$\frac{\mathrm{d}\sigma}{\mathrm{d}T} < 0 \tag{2.83}$$

2) 非金属：
$$\frac{\mathrm{d}\sigma}{\mathrm{d}T} > 0 \tag{2.84}$$

要するに，金属では温度上昇にともなって伝導度が下がる（前小節で論じたように，温度上昇とともに比抵抗が増大する）のに対して，非金属（主として半導体）では伝導が活性型（電子または正孔がエネルギーギャップをこえて熱的に励起し，伝導に寄与する）であるために温度上昇とともに伝導度が上がるのが特徴である．

2.4.3　融解点での電気抵抗のとび

欠陥のない理想的な結晶金属中のブロッホ電子は，フォノンもない絶対零度の極限で（量子力学的な零点振動の効果を無視すると），電気抵抗はゼロで伝導

度が無限大という状況が実現するはずである．実際には，結晶内にいくばくかの欠陥が混入しており，また測定温度が有限であるためにフォノンによる散乱も必ず存在している．これらの欠陥やフォノンが散乱源となって，本節でみてきたように，電気抵抗が生じ，伝導は有限となる．

しかし融解温度以下の固体結晶では，欠陥やフォノンの背景にある結晶構造が壊れてしまうことはない．各原子の平衡点（完全結晶格子を形成している）からの変位 $s(r)$ がフォノンを引き起こしているのであるが，$s(r)$ の時間平均をとるとゼロになる．平均として結晶格子 $\{R\}$ が保たれている証拠である．

それにひきかえ，液体には結晶格子は影も形も残っていない．融解温度で周期的な結晶構造が完全に崩壊してしまうからである．融解温度以下では，背景の結晶格子の存在にもかかわらず欠陥やフォノンによって電気抵抗が発生する事実を考えれば，結晶格子の面影もない液体においては電気抵抗は著しく大きく，電子は自由に動けなくなって，物質は金属でなくなってしまうのではないか，という推測もできる．

ところが，図 2.11 に示されるように，融解温度における金属の電気抵抗のと

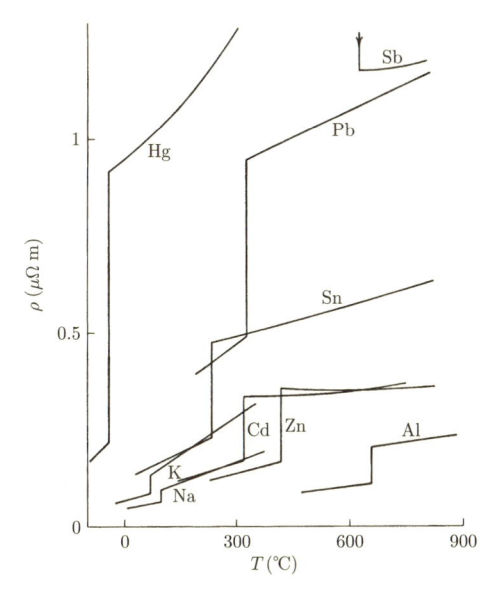

図 2.11 いくつかの元素金属の電気抵抗の（圧力一定の条件下での）温度依存性[2]．融解温度での電気抵抗のとびがわかる．

びは，因子の違いの程度で，桁が大幅に変わることはない．この図に描かれている金属の中で，融解点における電気抵抗のとびが最も大きいのは水銀であるが，それでもたかだか数倍にすぎない．第1族金属の Na や K では，融点直上の液体の電気抵抗は融点直下の結晶の電気抵抗の2倍以下である．いずれの場合も，液体状態において物質は立派に金属であり，自由に動ける電子が存在している．

自由電子モデルが良い近似として成り立ち，したがって電子の平均自由行程が原子間距離と比べて十分に長い物質では，イオン構造の秩序の有無は，電子の運動に大きな影響を与えない，ということである．要するに，電子が自由に動きまわれるために，あるいは，物質が金属であるために，周期的な結晶格子の存在は必要条件ではないのである．

2.5　金属–非金属転移

1.3.2小節で，具体的にどの物質が金属であるか，あるいは，非金属であるかについて触れた．たとえば，付表1の元素周期表でホウ素からアスタチンに引いた太い実線の左下にある元素が金属元素であると述べた．しかしこれは，あくまでも常温・常圧でのことである．温度や圧力などの条件を変えたとき，あるいは混合物の場合には組成を変えたとき，物質が金属から非金属（またはその逆）に変わることがある．この現象を，金属–非金属転移という．

転移の機構はいくつかあるが，代表的なものを表2.3にまとめた．それぞれに，関係した物理学者にちなむ名称がつけられている．

　a.　**周期の変化による金属–非金属転移（パイエルス転移）**

常温で一方向だけに高い伝導性をもつ物質において，低温で結晶が自発的に周期変形を起こし，それに伴ってフェルミ準位にギャップが生じて非金属に転移する場合がある．転移点では，フェルミ準位での状態密度 $D(\varepsilon_F)$ が有限な値からゼロに転ずる．

この転移については，第3章で論ずる．

　b.　**バンド交差による金属–非金属転移（ブロッホ–ウィルソン転移）**

電子のバンド構造の変化による転移である．非金属を圧縮して物質の体積を

2.5 金属–非金属転移

表 2.3 金属–非金属 (M-NM) 転移の代表的な機構

	転移の通称	転移の機構	密度 (d)				議論する章	1電子近似
1	パイエルス転移	周期の変化					第3章	○
2	ブロッホ–ウィルソン転移	バンド交差		バンド幅 (W)	準位差 ($\Delta\varepsilon_{\mu\nu}$)	比 ($W/\Delta\varepsilon_{\mu\nu}$)	第4章と第5章	
	① タイプI		増減	増減	ほぼ一定	増減	§4.2.1〜§4.2.4	○
	② タイプII		増減	ほぼ一定	増減	増減	第5章	
3	アンダーソン転移	ポテンシャルの乱れ	増減	(乱れの大きさ ほぼ一定)			第6章	○
4	モット転移	電子相関	増減	(電子相関の大きさ ほぼ一定)			第7章	×
5	パーコレーションによる転移	金属的部分の増減	金属的部分の割合増減				巻末付録B	マクロな機構

小さくしたとき,原子間距離が減少して価電子帯と伝導帯が広がる.その結果,両者を隔てているエネルギーギャップが狭くなり,やがて体積がある値に達するとギャップが消失し,非金属から金属への転移が起こる.結晶ヨウ素および結晶黒リンにおいては,高圧下でここに述べたような,非金属から金属への転移が起こる.

逆に,何らかの手段で金属の体積増加が実現できれば,原子間距離は増加して価電子帯と伝導帯の幅が減少し,体積がある値に達したときに価電子帯と伝導帯の間にギャップが生じ,金属から非金属への転移が起こる.この転移は,高温高圧の液体水銀などで実現されている.

フェルミ準位での状態密度 $D(\varepsilon_\mathrm{F})$ は,前者ではゼロから連続的に有限の値に転じ,後者では有限な値からゼロに転じる.

バンド交差の有無は,バンド幅の増減のみに左右されるのではない.重要なのは,価電子帯と伝導帯の因って来たる孤立準位(原子準位とか分子準位とか)の差の大きさ $\Delta\varepsilon_\mathrm{cv}^{(0)}$ ($\varepsilon_\mathrm{v}^{(0)}$ と $\varepsilon_\mathrm{c}^{(0)}$ をそれぞれ価電子帯と伝導帯の元となった孤立準位とすると,$\Delta\varepsilon_\mathrm{cv}^{(0)} \equiv \varepsilon_\mathrm{c}^{(0)} - \varepsilon_\mathrm{v}^{(0)}$ で与えられるもの)と,価電子帯や伝導帯のバンド幅の目安となる量 W との兼ね合いで決まることである.すなわち,$W/\Delta\varepsilon_\mathrm{cv}^{(0)}$ がある値(閾値)より小さくなると金属から非金属への転移が起こり,逆の場合には非金属から金属への転移が起こる.

従来のブロッホ–ウィルソン転移では,$\Delta\varepsilon_\mathrm{cv}^{(0)}$ はほぼ一定として,体積の収縮

や膨張によるバンド幅の増加や減少を議論し金属–非金属転移を理解してきた．しかし，条件（圧力や温度など）を変えて $\varepsilon_{\mathrm{cv}}^{(0)}$ を大きく変え，その結果として $W/\varepsilon_{\mathrm{cv}}^{(0)}$ を閾値をまたいで変動させて金属–非金属転移を引き起こす，という機構も可能なはずである．高温高圧の液体セレンで見られる金属–非金属転移がこの機構によるものであることが，理論的に示された．

バンド交差による金属–非金属転移は，第 4 章と第 5 章で取り上げる．特に，

a) タイプ I： バンド幅 W の増減による転移（第 4 章）

b) タイプ II： 準位の差 $\Delta\varepsilon_{\mathrm{cv}}^{(0)}$ の増減による転移（第 5 章）

のそれぞれについて議論する．

c. 不規則なポテンシャルによる電子状態の局在に起因する金属–非金属転移（アンダーソン転移）

不純物などによる不規則なポテンシャルが電子に働くと，バンド底部の電子状態の波動関数は空間的に局在（アンダーソン局在）し，その準位の移動度 $\mu(\varepsilon)$ や群速度 $(1/\hbar)(\partial\varepsilon/\partial\boldsymbol{k})|_{k_{\mathrm{F}}}$ はゼロになる．したがって，

① フェルミ準位 ε_{F} がバンド底部（波動関数が局在した部分）にあると，$\mu(\varepsilon_{\mathrm{F}}) = 0$，$(1/\hbar)(\partial\varepsilon/\partial\boldsymbol{k})|_{k_{\mathrm{F}}} = 0$ で，物質は非金属となる．

② フェルミ準位 ε_{F} がバンド中央部（波動関数が広がった部分）にあると，$\mu(\varepsilon_{\mathrm{F}}) \neq 0$，$(1/\hbar)(\partial\varepsilon/\partial\boldsymbol{k})|_{k_{\mathrm{F}}} \neq 0$ となり，物質は金属になる．

そして，フェルミ準位が上の両領域の境界（移動度端）を通過するときに金属–非金属転移が起こる．このとき移動度端の前後で，フェルミ準位の状態密度そのものは，一貫して $D(\varepsilon_{\mathrm{F}}) \neq 0$ であることに注意しよう．この転移をアンダーソン転移と呼ぶ．半導体の不純物伝導などでみられるものである．

この転移については，第 6 章で論ずる．

d. 電子相関による金属–非金属転移（モット転移）

上記 a.～ c. の転移は，1 電子近似の範囲で議論できるものである．自由電子モデルもバンド理論も，1 電子近似を基礎として展開されており，1 電子近似で多くのことが説明できる．しかし，電子間のクーロン斥力を考慮すると，同一イオンを平均数以上の電子が占めるには斥力エネルギー $\mathcal{I}$ を必要とし，これがバンド幅 W に比べて大きければ電子はとなりのイオンに移動できない．すなわち，$\mathcal{I}/W$ がある値を超えると，金属的な伝導は不可能になる．

二酸化バナジウムなどにおける遷移金属の d 電子は，バンド理論的には金属として振る舞うことが期待されるが，実際にはこれらの物質は温度，圧力の変化により，金属，非金属の両相を示す．これは，$\mathcal{I}/W$ の値が変わるための転移と考えられる．この機構による金属–非金属転移は，高温超伝導体の母体である遷移金属酸化物などでも広く見出されている．

この転移を，「モット–ハバード転移」と呼ぶこともある．この転移については，第 7 章で論ずる．

 e. **金属的な構成要素の増減による金属–非金属転移（パーコレーションによる転移）**

対象となる物質のなかの金属的な構成要素を，「マクロな視点」あるいは「半古典的な視点」で扱うことができる場合には，いわゆるパーコレーション（浸透）機構によって金属–非金属転移を論ずることができる．当然，金属的な構成要素の割合の増減に伴って，金属から非金属への転移が起こることになる．

実際には，ミクロにパーコレーション的な機構が実現していることは少ないであろうが，金属–非金属転移に対するイメージをつかむ上で，パーコレーションの考え方が便利な場合もある．

パーコレーションについては，金属–非金属転移に関連する側面に焦点を当てて，巻末付録 B で紹介する．

3

パイエルス転移
(周期の変化による金属–非金属転移)

　元の結晶格子が歪んで周期の異なる結晶格子になったほうが，系全体のエネルギーが下がる場合がある．歪みによって，フェルミ準位のところに新たなエネルギーギャップが出現し，その結果として電子系のエネルギーが低下して得をするような場合がその候補になる．ただし，結晶の歪みは結晶格子の弾性エネルギーを増加させる点を勘案しなければならない．最終的には，電子系のエネルギーと格子系の弾性エネルギーとの和が，歪みのない結晶格子の全エネルギーより低くなるという条件が満たされるときに，歪みが自動的に発生する．その際，エネルギーの和が最小となるところで結晶格子が安定になる．この効果によってある種の準1次元結晶では，低温で結晶変態が生じ，金属から非金属への転移が起こる．これを「パイエルス転移」と呼ぶ．本章では，この転移について論じる．

3.1　結晶の周期が変わったらどうなるか

3.1.1　周期が2倍になったらどうなるか

　自由電子のエネルギーと波数ベクトルとの関係は，2.2節で述べたように，1電子シュレーディンガー方程式（2.26）の固有値 $\varepsilon(\boldsymbol{k}) = \varepsilon(k) = \hbar^2 k^2/2m$ で与えられる．k は，波数ベクトル $\boldsymbol{k}$ の絶対値で，$k \equiv |\boldsymbol{k}|$ と書ける．したがって，エネルギー ε と波数ベクトルの絶対値 k との分散関係は，図2.4のように2次曲線になる．

　絶対零度（温度 $T = 0$）では，エネルギーが低い準位から順番に電子で占められていく．このとき，スピン上向きとスピン下向きの両方が可能なので，1

3.1 結晶の周期が変わったらどうなるか

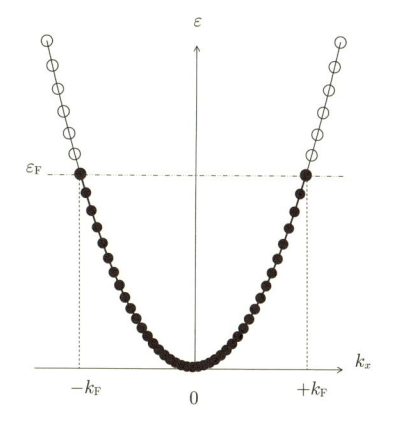

図 3.1 自由電子の分散関係（エネルギー ε と波数ベクトル $\boldsymbol{k}$ の x 成分との関係）温度 T が絶対零度（$T = 0$）の場合には，電子はフェルミ準位 $\varepsilon_\mathrm{F} = \varepsilon(\boldsymbol{k}_\mathrm{F})$ まで詰まっている．図で，黒丸は電子が詰まった準位，白丸は電子が詰まっていない準位．

つの状態に 2 つの電子がつまる．占められたエネルギーの最高値がフェルミエネルギー $\varepsilon_\mathrm{F} = \hbar^2 k_\mathrm{F}^2/2m$ である．ここで，k_F はフェルミ波数である．このときの様子が，図 3.1 に示されている．黒い丸が電子で占められている準位を表し，白い丸は空いている準位を表す．

フェルミ波数 k_F は，電子の数密度 n のみの関数として導かれるが，関数の形は系の次元によって異なる．3 次元系（3D）の場合には，(2.32) 式が得られている．その際と同じ手続きで，1 次元系（1D）と 2 次元系（2D）に対する関数を求めて，1D から 3D までをまとめると，以下のように書ける．

$$k_\mathrm{F} = \begin{cases} (\pi/2)n & (\text{1D}) \\ (2\pi)^{1/2} n^{1/2} & (\text{2D}) \\ (3\pi^2)^{1/3} n^{1/3} & (\text{3D}) \end{cases} \tag{3.1}$$

一方，結晶の中の電子のエネルギー準位は，2.3 節で述べたように，ブラッグ面（ブリユアン帯域の境界）でエネルギーギャップが生じる．

図 3.2(a) で示されるような 1 次元格子を考えよう．この結晶格子の周期は a なので，電子に対する第 1 ブリユアン帯域は，波数ベクトル k の次の範囲になる．

$$-\frac{\pi}{a} < k < +\frac{\pi}{a} \tag{3.2}$$

この第 1 ブリユアン帯域と次の第 2 ブリユアン帯域との境界 $k = -\pi/a$ および

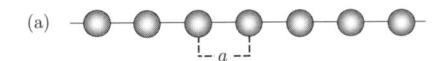

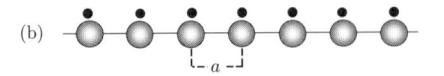

図 3.2 1次元格子の模式的な図
(a) 原子（大きい丸）が規則的に並んでいる1次元格子．最隣接原子間距離は a で，この長さが結晶の周期になっている．(b) 原子あたり1個の電子（小さい黒丸）が伝導に関与している場合（局在モデル）．

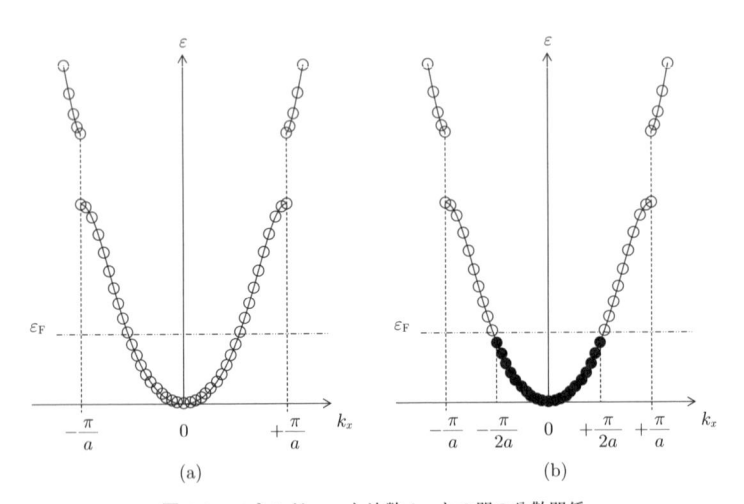

図 3.3 エネルギー ε と波数 k_x との間の分散関係
(a) 図 3.2(a) の格子に対する分散関係．(b) 図 3.2(b) のように原子あたり1個の電子がある場合には，バンドは途中までしか占有されていないので，系は金属．

$k = +\pi/a$ でエネルギーギャップが生じ，分散関係は図 3.3(a) の形になる．

この1次元格子において，各原子から1個の電子が提供される場合（図 3.2(b)）には，電子の数密度は $n = 1/a$ なので，フェルミ波数は $k_\mathrm{F} = \pi/2a$ と計算される．このフェルミ波数 $k_\mathrm{F} = \pi/2a$ は第1ブリユアン帯域の境界（の絶対値）$k = \pi/a$ の半分なので，バンドはちょうど半分だけ電子によって占められることになり（図 3.3(b)），系は金属になる．

ちなみに，図 3.2 および以下の同様の図において，電子を小さな黒丸で表して，原子の近くに配置したが，これは結晶を構成する原子と電子の素性を明ら

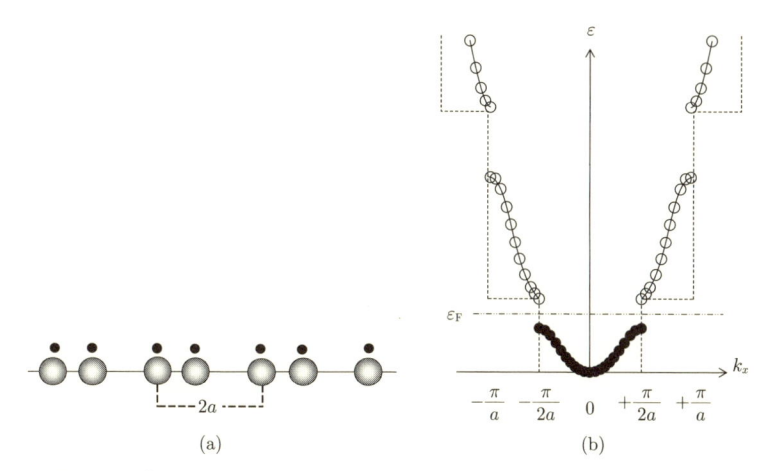

3.1 結晶の周期が変わったらどうなるか

図 3.4 周期が 2 倍になった場合の 1 次元結晶の模式的な図と ε–k_x の分散関係 (a) 図 3.2(b) と同じ物質で, 偶数番目の原子が一斉に少し左に変位しているために, 結晶の周期の長さは, $2a$ に等しくなっている(局在モデル). (b) 図 3.4(a) の格子に対する分散関係. $k_F = \pm \pi/2a$ のところに新しいギャップが生じるために, 下のバンドが電子でちょうど詰まった状況になる. 系は非金属になる.

かにするために描いた局在的な図である. 実際の結晶の中では, 電子の波動関数は系全体に広がっているので, このような局在モデルでは表現できない.

図 3.2(b) に描かれている結晶格子の周期が,「何らかの原因」で 2 倍になり, 図 3.4(a) に示されるような格好になったとしよう. そうすると, 結晶の周期は $2a$ になり, 電子系に対する第 1 ブリユアン帯域は次の領域になる.

$$-\frac{\pi}{2a} < k < +\frac{\pi}{2a} \tag{3.3}$$

第 1 ブリユアン帯域の境界は, $k = -\pi/2a$ および $k = +\pi/2a$ に移り, そこに新たなエネルギーギャップが生じる(図 3.4(b)).

この場合, フェルミ波数 $k_F = \pi/2a$ は新たな第 1 ブリユアン帯域の境界 (の絶対値) $k = +\pi/2a$ と一致することになる. その結果, 図 3.4(b) で表されるように, ギャップの下のバンドは電子がいっぱいに詰まり, ギャップの上のバンドは空のままになる(黒丸は電子で占められた準位で, 白丸は空の準位). ギャップの幅に比較して温度が十分に低い場合には, 下のバンドの電子がギャップを飛び越えて上のバンドに励起する割合は無視できるほどに小さい.

2.3.1 小節における 2 次の摂動理論から明らかなように, ギャップの下のバン

ドに属する電子のエネルギー準位は，全ての波数ベクトル k において，ギャップがない場合より低い ((2.64) 式)．すなわち，十分な低温では，電子系の全エネルギーはギャップがあるときのほうが減少することになる．

この事実を根拠に，「条件が整えば，フェルミ波数のところにエネルギーギャップが生じるような結晶変態が自動的に起こり，系は金属から非金属への転移をする」という「パイエルス転移」の提案がなされた[3]．

実際には，結晶に歪みが生じると「弾性エネルギー」が増加し，格子系のエネルギーは高くなる．したがって，「電子系の運動エネルギーの減少量」が「格子系の弾性エネルギーの増加量」を凌駕するとき，結晶変態が起こり，両エネルギーの和が最小値をとるところで，結晶構造は安定化する．

これに関する詳しい説明は，3.3 節に譲り，次の小節では，パイエルス (R. E. Peierls) の最初の提案を簡単に復習しよう．

3.1.2　周期が 3 倍の場合とその他の周期の場合

パイエルスは，図 3.2(a) のような周期的な 1 次元格子（周期は a）から出発し，格子上の原子を ν 個ごとに左に同じ距離だけずらしたものを考えた．図 3.5 には，(a) 2 個ごとに，(b) 3 個ごとに，(c) 4 個ごとに，(d) 5 個ごとに，それぞれ原子をずらした例が描かれている[3]．

その結果，第 1 ブリユアン帯域は

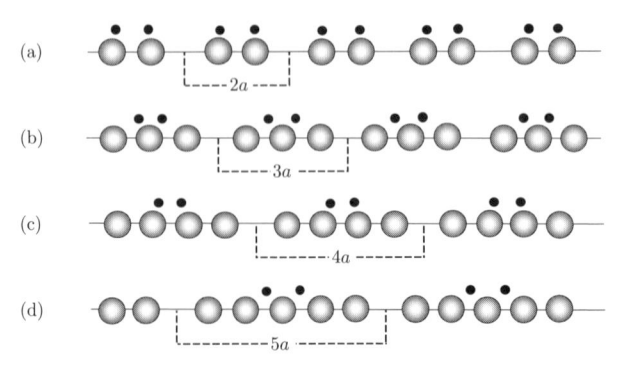

図 3.5　ν 個ごとに原子をずらした 1 次元結晶格子（局在モデル）
　　ν の値と結晶周期の長さは，それぞれ (a) $\nu = 2$ 個と $2a$，(b) $\nu = 3$ 個と $3a$，(c) $\nu = 4$ 個と $4a$，(d) $\nu = 5$ 個と $5a$．電子（小さい黒丸）は結晶の単位胞あたり 2 個

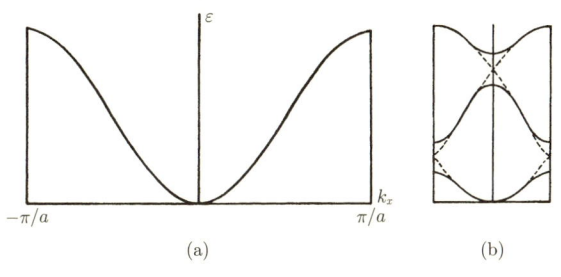

3.1 結晶の周期が変わったらどうなるか

図 3.6 パイエルスがこの転移を提案した際に使った「エネルギー–波数ベクトルの分散関係」の図
(a) 周期の長さ a の 1 次元結晶格子に対する分散関係. (b) 1 次元結晶格子の周期の長さが $3a$ の場合に対する分散関係. 周期が 3 倍になったためにバンドが 3 つに分かれている (実線).

$$-\frac{\pi}{\nu a} < k < +\frac{\pi}{\nu a} \tag{3.4}$$

になる.

いま, $\nu = 3$ の場合の $(\varepsilon - k)$ 分散関係は, 原子をずらす前には図 3.6(a) のように 1 つのバンドであったものが, 原子をずらした後には図 3.6(b) の実線のように 3 つのバンドに分かれる. この図では, 新たな第 2 ブリユアン帯域と第 3 ブリユアン帯域が, 新たな第 1 ブリユアン帯域に還元して表現されている. 破線は, 図 3.6(a) の分散関係に相当する.

図 3.7(c) に示される例では, 新しい単位胞 (3 つの原子を含む) ごとに 2 個の電子が提供されるので, 図 3.6(b) の 3 つのバンドのうち, 一番下にあるものだけが電子でちょうどいっぱいに占められ, 上の 2 つのバンドは空になる. 図 3.7(d) の格子のように, 単位胞ごとに 4 個の電子が供給される場合には, 図 3.6(b) の下の 2 つのバンドが電子でいっぱいになり, 一番上のバンドは空になる. いずれの場合も, 系が非金属であることは変わりない.

一般に, ν 個ごとに原子をずらした場合は, ν 個のバンドが生じ, $(\nu - 1)$ 個のギャップが現れる.

周期の変化による金属–非金属転移の可能性をパイエルスが最初に指摘したのは 1930 年代であるが, 実際にパイエルス転移の起こる物質が登場したのは 1970 年代である[4-7].

パイエルスの提案に基づく議論では, ν は自然数 (正の整数) であることが

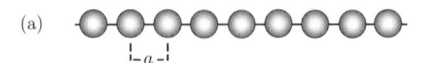

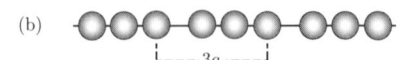

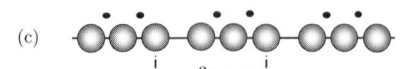

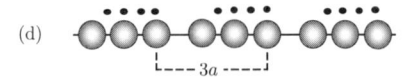

図 3.7 1 次元結晶格子（局在モデル）
(a) 周期の長さが a の場合．(b) 周期の長さが $3a$ の場合．(c) 周期の長さが $3a$ で，単位胞あたりに 2 個の電子がある場合．(d) 周期の長さが $3a$ で，単位胞あたりに 4 個の電子がある場合．

暗黙の了解になっているが，パイエルス転移の起こる現実の物質のなかには，ν が整数でないものもある．しかも，ν は有理数のみでなく無理数である場合も観測されている．これについては，3.4.3 小節で触れる．

3.2 密度応答関数

電子系と格子系の相互作用を詳しく調べるために，金属の電子系に弱い摂動

$$\mathcal{V}(\boldsymbol{r}, t) = \mathcal{V}_{\boldsymbol{Q}} \cos(\boldsymbol{Q} \cdot \boldsymbol{r} - \omega t) e^{\alpha t} \tag{3.5}$$

が加わったときの電子系の応答を考えよう．ここで，$\boldsymbol{Q}$ は波数ベクトルで，ω は角振動数である．また $\mathcal{V}_{\boldsymbol{Q}}$ は，摂動の大きさを表すパラメーターである．パラメーター $\alpha > 0$ は，$t \to -\infty$ において摂動がゼロになるように導入したものである．摂動が無限の過去からゆっくりと加えられたことを示すもので，計算の最後に $\alpha \to +0$ とする．

この摂動による電子系への影響は，電子密度の変化 $\delta\rho_{\boldsymbol{Q}}$ を使って見積もることができる．$\mathcal{V}_{\boldsymbol{Q}}$ が十分に小さい場合には，$\delta\rho_{\boldsymbol{Q}}$ は，$\mathcal{V}_{\boldsymbol{Q}}$ に比例するであろう．比例係数を $\chi(\boldsymbol{Q})$ とすると，$\chi(\boldsymbol{Q})$ は，（電子がマイナスの電荷をもっていることを考慮して）

3.2 密度応答関数

$$\rho_Q = -\chi(Q)\mathcal{V}_Q \tag{3.6}$$

と書くことができる．この $\chi(Q)$ は，電子系に加えられたポテンシャルに対する「分極関数」または「密度応答関数」と呼ばれる[8-10]．

3.2.1 密度応答関数の導出

(3.5) 式の形のポテンシャルが電子系への摂動として加えられる前の電子系のハミルトニアンは，$H_0 = (\hbar^2/2m)\nabla^2$ である．これに対するシュレーディンガー方程式は

$$H_0 \phi_{\bm{k}}^0(\bm{r}) = \varepsilon_{\bm{k}} \phi_{\bm{k}}^0(\bm{r}) \tag{3.7}$$

と書ける．このとき，$\phi_{\bm{k}}^0(\bm{r})$ は，固有値 $\varepsilon_{\bm{k}}$（波数ベクトル $\bm{k}$ をもつエネルギー）に対する固有関数である．

一方，時間依存のあるシュレーディンガー方程式は次の形になる．

$$i\hbar \frac{\partial}{\partial t} \phi_{\bm{k}}(\bm{r}, t) = H_0 \phi_{\bm{k}}(\bm{r}, t) \tag{3.8}$$

$$\phi_{\bm{k}}(\bm{r}, t) = \phi_{\bm{k}}^0(\bm{r}) \exp\left(-i\frac{\varepsilon_{\bm{k}}}{\hbar} t\right) \tag{3.9}$$

この $\phi_{\bm{k}}(\bm{r}, t)$ は規格直交系をなしている．

次に，(3.5) 式のように時間依存のある摂動が加わった場合のハミルトニアンとシュレーディンガー方程式は，

$$H = H_0 + \lambda \mathcal{V}(\bm{r}, t) \tag{3.10}$$

$$i\hbar \frac{\partial}{\partial t} \psi_{\bm{k}}(\bm{r}, t) = [H_0 + \lambda \mathcal{V}(\bm{r}, t)] \psi_{\bm{k}}(\bm{r}, t) \tag{3.11}$$

と書くことができる．ここで λ は，以下の式の展開のなかで摂動が小さいことを示すために導入したパラメーターで，計算の最後に $\lambda \to 1$ とする．

(3.11) 式の $\psi_{\bm{k}}(\bm{r}, t)$ を，規格直交系 $\phi_{\bm{k}}(\bm{r}, t)$ で展開し，λ の低次の項を逐次近似で求めると，次式が得られる．

$$\psi_{\bm{k}}(\bm{r}, t) = \phi_{\bm{k}}(\bm{r}, t) + a_{\bm{k}, \bm{k}+\bm{Q}} \phi_{\bm{k}, \bm{k}+\bm{Q}}(\bm{r}, t) \tag{3.12}$$

$$a_{\bm{k}, \bm{k}+\bm{Q}} = \lambda \mathcal{V}_Q \left[\frac{e^{-i\omega t + \alpha t} \exp\{-(i/\hbar)(\varepsilon_{\bm{k}} - \varepsilon_{\bm{k}+\bm{Q}})t\}}{\varepsilon_{\bm{k}} - \varepsilon_{\bm{k}+\bm{Q}} + \hbar\omega - i\hbar\alpha} + cc \right] \tag{3.13}$$

電子密度 $\rho(\bm{r})$ は，

$$\rho(\boldsymbol{r}) = \sum_{\boldsymbol{k}} |\psi_{\boldsymbol{k}}(\boldsymbol{r},t)|^2 \tag{3.14}$$

で与えられる．摂動のないときの電子密度 $\rho_0(\boldsymbol{r}) = \sum_{\boldsymbol{k}} |\phi_{\boldsymbol{k}}(\boldsymbol{r})|^2$ との差をとれば，摂動による電子密度の変化 $\delta\rho(\boldsymbol{r}) \equiv \rho(\boldsymbol{r}) - \rho_0(\boldsymbol{r})$ を計算することができる．(3.12) 式と (3.13) 式を代入して，電子密度の変化は次のように求められる．

$$\delta\rho(\boldsymbol{r}) = \frac{\mathcal{V}_Q}{2V} \sum_{\boldsymbol{k}} \left[\left\{ \frac{1}{\varepsilon_{\boldsymbol{k}} - \varepsilon_{\boldsymbol{k}+\boldsymbol{Q}} + \hbar\omega} \right. \right.$$
$$\left. \left. + \frac{1}{\varepsilon_{\boldsymbol{k}} - \varepsilon_{\boldsymbol{k}-\boldsymbol{Q}} + \hbar\omega} \right\} \exp(\mathrm{i}\boldsymbol{Q}\cdot\boldsymbol{r} + \mathrm{i}\omega t) + cc \right] \tag{3.15}$$

ここで，V は系の体積である．また，$\alpha \to 0$ とした．

電子がフェルミ分布 $f_{\boldsymbol{k}}$ に従っていることを考慮すると，波数 $\boldsymbol{k}$ にあった電子が，波数 $(\boldsymbol{k}+\boldsymbol{Q})$ や波数 $(\boldsymbol{k}-\boldsymbol{Q})$ の状態に跳べるためには，波数 $\boldsymbol{k}$ の状態が電子で満たされていて，波数 $(\boldsymbol{k}+\boldsymbol{Q})$ の状態や波数 $(\boldsymbol{k}-\boldsymbol{Q})$ の状態が空いていなくてはならない．したがって，上式の $\{\cdots\}$ のなかの第 1 項には実際には $f_{\boldsymbol{k}}(1-f_{\boldsymbol{k}+\boldsymbol{Q}})$ がかかっているはずであるし，第 2 項には $f_{\boldsymbol{k}}(1-f_{\boldsymbol{k}-\boldsymbol{Q}})$ がかかっているはずである．その点を取り入れると，(3.15) 式は次のように書きなおせる．

$$\delta\rho(\boldsymbol{r}) = \frac{\mathcal{V}_Q}{2V} \sum_{\boldsymbol{k}} \left[\left\{ \frac{f_{\boldsymbol{k}}(1-f_{\boldsymbol{k}+\boldsymbol{Q}})}{\varepsilon_{\boldsymbol{k}} - \varepsilon_{\boldsymbol{k}+\boldsymbol{Q}} + \hbar\omega} \right. \right.$$
$$\left. \left. + \frac{f_{\boldsymbol{k}}(1-f_{\boldsymbol{k}-\boldsymbol{Q}})}{\varepsilon_{\boldsymbol{k}} - \varepsilon_{\boldsymbol{k}-\boldsymbol{Q}} + \hbar\omega} \right\} \exp(\mathrm{i}\boldsymbol{Q}\cdot\boldsymbol{r} + \mathrm{i}\omega t) + cc \right] \tag{3.16}$$

波数に関する変数変換を行い，さらに静的摂動を考えることにして $\omega \to 0$ ととると，上式は次のようにまとめられる．

$$\delta\rho(\boldsymbol{r}) = \frac{\mathcal{V}_Q}{V} \sum_{\boldsymbol{k}} \frac{f_{\boldsymbol{k}} - f_{\boldsymbol{k}+\boldsymbol{Q}}}{\varepsilon_{\boldsymbol{k}} - \varepsilon_{\boldsymbol{k}+\boldsymbol{Q}}} \cos(\boldsymbol{Q}\cdot\boldsymbol{r}) \tag{3.17}$$

$\alpha = 0$, $\omega = 0$ のときには，(3.5) 式は，$\mathcal{V}(\boldsymbol{r}) = \mathcal{V}_Q \cos(\boldsymbol{Q}\cdot\boldsymbol{r})$ となる．また，密度の変化分は

$$\delta\rho(\boldsymbol{r}) = \rho_Q \cos(\boldsymbol{Q}\cdot\boldsymbol{r}) \tag{3.18}$$

と書ける．したがって，(3.6) 式，(3.17) 式，および (3.18) 式から密度応答関数が次のように求められる．

$$\chi(\boldsymbol{Q}) = -\frac{1}{V}\sum_{\boldsymbol{k}}\frac{f_{\boldsymbol{k}} - f_{\boldsymbol{k}+\boldsymbol{Q}}}{\varepsilon_{\boldsymbol{k}} - \varepsilon_{\boldsymbol{k}+\boldsymbol{Q}}} \tag{3.19}$$

3.2.2 絶対零度における密度応答関数

(3.19) 式における波数 $\boldsymbol{k}$ に関する和 $\sum_{\boldsymbol{k}}$ は，積分に置き換えることができる．すなわち，

$$\frac{1}{V}\sum_{\boldsymbol{k}} \to \frac{2}{(2\pi)^{\nu}}\int \mathrm{d}^{\nu}k \tag{3.20}$$

ここで，ν は系の次元である．

温度 T がフェルミ温度 T_F に比べて十分に低い場合，すなわち $T/T_\mathrm{F} \ll 1$ が満たされるときには，フェルミ分布 $f_{\boldsymbol{k}}(\varepsilon)$ は，(2.45) 式からも明らかなように，

$$-\frac{\partial f_{\boldsymbol{k}}(\varepsilon)}{\partial \varepsilon} = \delta(\varepsilon - \varepsilon_\mathrm{F}) \tag{3.21}$$

の関係を満たす．ここで，$\delta(x)$ はディラックのデルタ関数である．これを使って積分を実行すると，密度応答関数 $\chi(\boldsymbol{Q})$ は，1 次元系，2 次元系，3 次元系のいずれに対しても，$\boldsymbol{Q}$ の絶対値 $Q = |\boldsymbol{Q}|$ のみに依存する関数として，次のように計算される．以下の式では，Q をフェルミ波数 k_F の 2 倍で規格化した変数 $q \equiv Q/2k_\mathrm{F} \geq$ を使う（以下の式の導出方法は，付録 C に与えられている）．

$$\chi_\mathrm{norm}(q) \equiv \chi(Q)/\chi(Q=0) \tag{3.22}$$

$$= \begin{cases} \dfrac{1}{2q}\ln\left|\dfrac{q+1}{q-1}\right| & (1\mathrm{D}) \\[2mm] 1 - \dfrac{\sqrt{q^2-1}}{q}\Theta(q-1) & (2\mathrm{D}) \\[2mm] \dfrac{1}{2} - \dfrac{1}{4}\dfrac{q^2-1}{q}\ln\left|\dfrac{q+1}{q-1}\right| & (3\mathrm{D}) \end{cases} \tag{3.23}$$

ここで，$\Theta(x)$ は階段関数で，$x \geq 0$ のときに 1，$x < 0$ のときに 0 となる関数である．ディラックのデルタ関数を使って，次のように表される．

$$\Theta(x) = \int_{-\infty}^{x}\delta(\xi)\mathrm{d}\xi$$

1 次元系の場合には，$\chi(-Q) = \chi(Q)$，および $\chi_\mathrm{norm}(-q) = \chi_\mathrm{norm}(q)$ である

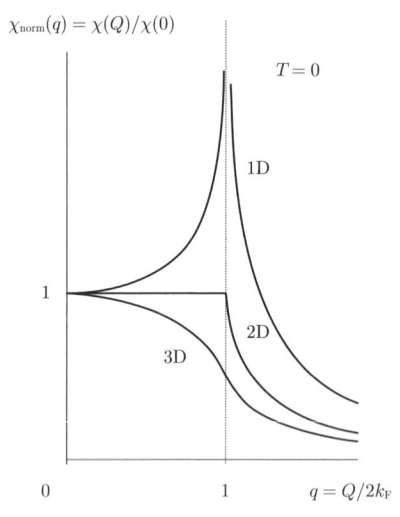

図 3.8 絶対零度における $\chi_{\text{norm}}(q)$

ことに注意しよう．

この式で与えられる密度応答関数 $\chi_{\text{norm}}(q)$ は，図 3.8 にそれぞれの次元について描かれている．3 つの次元の $\chi_{\text{norm}}(q)$ に共通する点は，

1) 全ての $q \geq 0$ に対して，$\chi_{\text{norm}}(q) > 0$ であること
2) $q = 0$ で，$\chi_{\text{norm}}(0) = 1$ であること（規格化の結果）
3) $q \to \infty$ で，$\chi_{\text{norm}}(q) \to 0$ であること
4) $q = 1$ で，特異性があること

である．

$q = 1$ における $\chi_{\text{norm}}(q)$ の特異性に関していうと，1 次元では発散し，2 次元では 1 次微分が不連続となる．3 次元では，$q = 1$ の近傍で

$$\frac{\partial^2 \chi_{\text{norm}}(q)}{\partial q^2} = \frac{1}{2(q-1)} \tag{3.24}$$

となる．したがって，$\chi_{\text{norm}}(q)$ は，$q < 1$ で上に凸，$q > 1$ で下に凸となり，$q = 1$ は変曲点である．

このように，$q = 1$ において（すなわち 1 次元系では $Q = \mp 2k_{\text{F}}$ において，2 次元系と 3 次元系では $Q \equiv |\boldsymbol{Q}| = 2k_{\text{F}}$ において），密度応答関数 $\chi_{\text{norm}}(q)$ に特異性が現れるのは，(3.19) 式の右辺の項のなかに無限に大きな寄与をする

ものが存在するためである（詳細は付録 C 参照のこと）．

特異性の現れ方が次元によって異なるのは，フェルミ面のネスティングの効果が次元によって異なることに起因する．ネスティングとは，金属のフェルミ面の一部を一定波数ベクトル分だけ平行移動したときに，フェルミ面の他の部分に重ね合わされることを指す．準 1 次元金属ではフェルミ面が平行平板上となるため，$Q = \mp 2k_\mathrm{F}$ の平行移動に対してネスティングが大きくなる．したがって，上述の「大きな寄与をする項」の数が多くなり，結果として $\chi_\mathrm{norm}(q)$ は $q = Q/2k_\mathrm{F} = 1$ において発散することになる．これに対して，2 次元系ではネスティングが起こるのは円周上の 1 点に限られ，3 次元系では球上の 1 点に限られる．そのため，「大きな寄与をする項」の数は，2 次元系では 1 次元系よりはるかに小さく，3 次元系ではさらに小さい．したがって，1 次元系と比較して 2 次元系のほうが，さらに 2 次元系と比較して 3 次元系のほうが，特異性がよりゆるやかなものになる．

1 次元系（実際の物質では準 1 次元系になる）で密度応答関数が $Q = \mp 2k_\mathrm{F}$ のところで発散的に増大するという事実は，その波数をもつ摂動に対して電子系が自発的に不安定化することを意味している．電子系のこの不安定化は，$2k_\mathrm{F}$ の波数をもつ格子への周期的変化を伴い，系は絶縁体になる．これこそが，パイエルス転移に他ならない．

3.2.3　有限温度の効果

この小節では，絶対零度近傍の有限温度における密度応答関数 $\chi(Q)$ の振る舞いを調べる．密度応答関数の温度依存性は，(3.19) 式の右辺に含まれるフェルミ分布関数

$$f(\varepsilon) = \frac{1}{\mathrm{e}^{(\varepsilon - \varepsilon_\mathrm{F})/k_\mathrm{B}T} + 1} \tag{3.25}$$

からくる．(3.25) 式で，k_B はボルツマン定数，T は温度である．

この小節では温度が絶対零度の近傍を考慮するので，(3.19) 式の右辺の和のなかで大きな寄与をする支配的な項は，絶対零度の場合と同様，(1 次元系では $Q = \mp 2k_\mathrm{F}$，2 次元系および 3 次元系では $Q = 2k_\mathrm{F}$ のときに) フェルミ準位近傍の状態をとる電子に限られる．

具体的には,付録 C.2 で詳しく述べたように,1 次元系の場合には δk を ∓ 0 として,k および Q が次の組み合わせをもつ項からの寄与が大きくなる.

$$
\begin{aligned}
&(1) \quad k = -k_\mathrm{F} + \delta k \text{ で,かつ } Q = 2k_\mathrm{F} \text{ の場合} \\
&(2) \quad k = k_\mathrm{F} + \delta k \text{ で,かつ } Q = -2k_\mathrm{F} \text{ の場合}
\end{aligned}
\tag{3.26}
$$

付録 C.2 では,δk を ∓ 0 ととったが,本節では δk は,

$$-\epsilon_1/(\hbar^2 k_\mathrm{F}/2m) \leq \delta k \leq +\epsilon_1/(\hbar^2 k_\mathrm{F}/2m)$$

(以下に述べる積分の対象範囲)にある変数で,小さい($k \ll k_\mathrm{F}$)けれど有限の変数であると考える.

この事実を念頭に置いて,以下の計算では次のような近似を用いる.

1) エネルギーに関する積分を,フェルミエネルギー ε_F の上下 $-\epsilon_1 \leq \varepsilon \leq +\epsilon_1$ の範囲のみで行う.ϵ_1 は,$k_\mathrm{B}T \ll \epsilon_1 \ll \varepsilon_\mathrm{F}$ を満たすようなエネルギーである.(3.27)

2) フェルミ準位の近傍(積分範囲の対象となる)で,エネルギーと波数ベクトルの関係(分散関係)を線形に近似する.(3.28)

$\epsilon_1 \ll \varepsilon_\mathrm{F}$ の場合には,上述の積分領域外での被積分関数の寄与は無視できる程度に小さくなるので,積分領域をこの範囲に限る近似が妥当なものになる.また,同じく $\epsilon_1 \ll \varepsilon_\mathrm{F}$ の場合には,エネルギーと波数ベクトルの分散関係の線形化が近似として許される.

まず,(3.26) 式の (1) の場合に対して (3.19) 式の分母,分子を計算しよう.

$$
\begin{aligned}
\varepsilon_k - \varepsilon_\mathrm{F} &= \varepsilon_{-k_\mathrm{F}+\delta k} - \varepsilon_\mathrm{F} \\
&= \frac{\hbar^2}{2m}[(-k_\mathrm{F}+\delta k)^2 - k_\mathrm{F}^2] \simeq \frac{\hbar^2}{2m}(-2k_\mathrm{F}\delta k) \equiv -\epsilon
\end{aligned}
\tag{3.29}
$$

$$
\begin{aligned}
\varepsilon_{k+Q} - \varepsilon_\mathrm{F} &= \varepsilon_{k_\mathrm{F}+\delta k} - \varepsilon_\mathrm{F} \\
&= \frac{\hbar^2}{2m}[(k_\mathrm{F}+\delta k)^2 - k_\mathrm{F}^2] \simeq \frac{\hbar^2}{2m}(2k_\mathrm{F}\delta k) = \epsilon
\end{aligned}
\tag{3.30}
$$

$$\text{分母} = \varepsilon_k - \varepsilon_{k+Q} = \varepsilon_k - \varepsilon_{k+2k_\mathrm{F}} = -2\epsilon \tag{3.31}$$

$$\text{分子} = f_k - f_{k+Q} = f(\varepsilon_k) - f(\varepsilon_{k+Q}) = f(\varepsilon_\mathrm{F} - \epsilon) - f(\varepsilon_\mathrm{F} + \epsilon)$$

$$= \frac{1}{1+\exp(-\beta\epsilon)} - \frac{1}{1+\exp(+\beta\epsilon)} = \tanh\left(\frac{\beta\epsilon}{2}\right) \tag{3.32}$$

(3.26) 式の (2) に対しても，同様の計算から同じ値が得られる．

以上の結果を総合して，(3.19) 式はスピンの縮退を考慮して次のように計算される．

$$\chi(2k_\mathrm{F}) = \frac{2}{2\pi}D(\varepsilon_\mathrm{F})\int_{-\epsilon_1}^{+\epsilon_1} d\epsilon \frac{\tanh(\beta\epsilon/2)}{2\epsilon}$$

$$= \frac{D(\varepsilon_\mathrm{F})}{\pi}\int_0^{\epsilon_1} d\epsilon \frac{\tanh(\beta\epsilon/2)}{\epsilon}$$

$$= \frac{D(\varepsilon_\mathrm{F})}{\pi}\int_0^{\beta\epsilon_1/2} dz \frac{\tanh z}{z} \tag{3.33}$$

ここで，$D(\varepsilon_\mathrm{F})$ はフェルミ準位における状態密度である．また β は，$\beta \equiv 1/k_\mathrm{B}T$ で与えられる．

積分の上限 ϵ_1 に対して最初に与えた条件 $k_\mathrm{B}T \ll \epsilon_1$ を考慮すると，(3.33) 式の積分は，付録 D の (D.3) 式の積分 $\mathcal{I}_3(\alpha)$ と等しくなる．積分の結果として得られる値は，$\ln(A\beta\epsilon_1)$ である．A は，オイラーの定数 γ を使って，$A = 2\mathrm{e}^\gamma/\pi$ で定義される数で，$A \simeq 1.134$ である．

したがって，絶対零度近傍の密度応答関数が

$$\chi(2k_\mathrm{F}) = \frac{D(\varepsilon_\mathrm{F})}{\pi}\ln\left(\frac{A\epsilon_1}{k_\mathrm{B}T}\right) \tag{3.34}$$

の形に求められる．この式から，密度応答関数は低温の極限で温度の関数として対数発散することがわかる．すなわち，低温の極限で電子系の自発的な分極が生じ，格子系のパイエルス不安定性を引き起こすのである．

なお，(3.34) 式に現れる ϵ_1 は，$k_\mathrm{B}T \ll \epsilon_1 \ll \varepsilon_\mathrm{F}$ を満たしさえすれば，具体的な数字は任意である．しかし，以下のギャップ方程式の議論は最終的に ϵ_1 の具体的な値にはよらないことが，付録 D.2.5 に示されている．

3.3 秩序パラメーター

前節の議論で以下のことが明らかになった．結晶の周期とは異なる周期性を

もつ摂動がかかったとき，電子系は応答し，その応答の様子は密度応答関数で調べられる．条件が整えば応答関数に特異性が現れてパイエルス不安定性を引き起こし，結晶格子の周期が変わる．新しい周期のもとでは電子のバンドがちょうどいっぱいに詰まり，系は金属から非金属へのパイエルス転移を起こす．この現象は 1 次元格子で特に顕著であること，またその理由についても，前節で説明した．

上述の「条件が整えば」の条件は，
1) 摂動の波数ベクトルの大きさ（絶対値）が $2k_\mathrm{F}$ であること
2) 温度が十分低温であること

である．

実際にパイエルス転移が起こるためには，結晶格子の周期が変わったときに，電子系のエネルギーの低下が格子系のエネルギーの上昇を上回る状況が実現されなければならない．本節では，そういう状況が起こりうることを，

1) 絶対零度における系に対しては全エネルギーから出発して（3.3.1 小節と 3.3.2 小節），

2) 有限温度における系に対しては自由エネルギーから出発して（3.3.3 小節），

エネルギー得失の見地から論ずる．このとき，パイエルス絶縁体相におけるエネルギーギャップの大きさ ε_g（あるいは，ε_g の半分のエネルギー $\Delta \equiv \varepsilon_\mathrm{g}/2$）をパイエルス転移における「秩序パラメーター」として，議論の中心に据える．

3.3.1　絶対零度における 1 次元系の全エネルギー

本小節では，絶対零度における 1 次元系の全エネルギーを求める．静的で周期的な格子歪みがあり，その周期が νa である場合には，電子が格子系から受けるポテンシャルも νa の周期をもつ．ここで，νa は整数である必要はない．この格子歪みは，

$$u = u_Q \cos(Qx) \tag{3.35}$$

の形に表すことができる．ここで，$Q = 2\pi/\nu a (>0)$ である．x はいま考えている 1 次元格子上の位置座標であり，$u_Q (>0)$ は振幅である．

格子歪みの結果，格子系には歪みエネルギーの増加

3.3 秩序パラメーター

$$\delta \mathcal{U} = \frac{1}{2}c(u_Q)^2 \tag{3.36}$$

が生じる. 係数 c は, 格子の固さを表すものである.

(3.35) 式で表される格子歪みは電子に対するポテンシャルを生み出す. 格子歪みの振幅 u_Q が大きくない場合には, ポテンシャルの振幅 $\mathcal{V}_Q$ は u_Q に比例し,

$$\mathcal{V}(x) = \mathcal{V}_Q \cos(Qx)$$
$$\mathcal{V}_Q = g u_Q \tag{3.37}$$

が得られる. ここで, g は, 電子–格子相互作用の強さを表す係数である.

電子が感じるポテンシャル $\mathcal{V}(x)$ の振幅 $\mathcal{V}_Q$ を使うと, 格子系の弾性エネルギーの変化分 $\delta \mathcal{U}$ ((3.36) 式) は, 次式のように表すことができる.

$$\delta \mathcal{U} = \frac{c}{2g^2}(\mathcal{V}_Q)^2 \tag{3.38}$$

さて 1 次元格子中の電子の準位に関する第 1 ブリユアン帯域は, (3.4) 式で表され, この帯域の境界での波数ベクトルの絶対値は $\pi/\nu a = Q/2$ になる. すなわち, Q は逆格子の基本ベクトル K に等しいことになる.

電子の数密度 n が $n = 2/\nu a$ ならば, フェルミ波数は (3.1) 式から, $k_\mathrm{F} = \pi/\nu a = Q/2$ と計算される. したがって, フェルミ波数のところでギャップが発生する.

周期的な摂動によって縮退が解けてギャップが現れる状況での電子エネルギーは, (2.64) 式から

$$\varepsilon_k^\mp = \frac{1}{2}(\varepsilon_k^0 + \varepsilon_{k-Q}^0) \mp \left[\left(\frac{\varepsilon_k^0 - \varepsilon_{k-Q}^0}{2}\right)^2 + \Delta^2\right]^{1/2} \tag{3.39}$$

の形に求められる. ここで, ε_k^0 と ε_{k-Q}^0 は, 周期ポテンシャルの摂動を受ける前の自由電子のエネルギーである. 上式中の複号は, それぞれギャップの下と上のバンドに相当する. 波数ベクトルがフェルミ波数 $k_\mathrm{F} = Q/2$ のときは, $\varepsilon_k^0 = \varepsilon_{k-Q}^0$ となり, エネルギーギャップの大きさ ε_g は,

$$\varepsilon_\mathrm{g} \equiv 2\Delta = 2\mathcal{V}_Q \tag{3.40}$$

と書ける．したがって，周期ポテンシャルの摂動による電子エネルギーの変化 δK は，

$$\delta K = \frac{2}{V} \sum_k [\varepsilon_k^- f(\varepsilon_k^-) + \varepsilon_k^+ f(\varepsilon_k^+) - \varepsilon_k^0 f(\varepsilon_k^0)] \tag{3.41}$$

となる．ここで，$f(\varepsilon)$ は (2.25) 式で定義されるフェルミ分布である．和の前にかかった係数 $2/V$ のうち，2 はスピン自由度に由来するものである．分母の V は体積で，1 次元系の場合には系の長さ L に該当する．

図 2.6 や図 3.4(b) からも明らかなように，ギャップができる前後のエネルギー差が顕著なのはフェルミ準位の近傍のみである．この点を考慮して，計算を簡単にするために 3.2.3 小節で用いた 2 つの近似をここでも用いる．すなわち，電子にエネルギーに関する積分範囲をフェルミ準位近傍に限ること ((3.27) 式) と，エネルギーと波数の分散関数を線形化すること ((3.28) 式) を採用する．

以上の準備をととのえて，次の小節では絶対零度におけるエネルギーギャップの大きさを求めよう．

3.3.2 絶対零度におけるギャップの大きさ

十分に低温 ($T \ll T_\mathrm{F}$) の場合には，電子がギャップを超えて上のバンドに励起する割合は無視できる程度に小さい．したがって，この場合には (3.41) 式において，ε_k^+ の項は考慮しなくてよい．絶対零度 ($T = 0$) では，$f(\varepsilon_k^-)$ と $f(\varepsilon_k^0)$ は，フェルミエネルギー以下でのみ有限で，その値は 1 になる．その結果，(3.41) 式は次のようになる．

$$\delta K = \frac{2}{V} \sum_k (\varepsilon_k^- - \varepsilon_k^0) \tag{3.42}$$

(3.39) 式を使って，次の関係が求まる．

$$\begin{aligned} \delta K &= \frac{1}{2} \sum_k \{(\varepsilon_{k-Q}^0 - \varepsilon_k^0) - [(\varepsilon_{k-Q}^0 - \varepsilon_k^0)^2 + 4\Delta^2]^{1/2}\} \\ &= \sum_k (\epsilon - \sqrt{\epsilon^2 + \Delta^2}) \end{aligned} \tag{3.43}$$

ここで，ϵ は (3.29) 式で定義される変数である．

波数ベクトルに関する和を変数 ε に関する積分に置き換える．すなわち，$(2/V) \sum_k \longrightarrow \int \mathrm{d}\varepsilon D(\varepsilon)$ の変換をする．ここで，$D(\varepsilon)$ は電子の状態密度であ

3.3 秩序パラメーター

る．1次元系では状態密度は

$$D_{1\mathrm{D}}(\varepsilon) = \frac{1}{\pi\hbar}\left(\frac{m}{2}\right)\frac{1}{\sqrt{\varepsilon}} = \frac{1}{\pi\hbar v_k} \tag{3.44}$$

この式で，v_k は波数が k のときの電子の速度である．

δK の右辺の被積分関数が顕著な寄与をするのはフェルミ準位近傍のみである．したがって，状態密度 $D(\varepsilon)$ をフェルミ準位での値 $D(\varepsilon_\mathrm{F})$ に置き換えて積分の外に出しても大きな違いは生じない．その結果，積分は次のように求められる．

$$\begin{aligned}\delta K &= D(\varepsilon_\mathrm{F}) \int_{-\epsilon_1}^{\epsilon_1} \mathrm{d}\epsilon [\epsilon - \sqrt{\epsilon^2 + \Delta^2}] \\ &= 2D(\varepsilon_F) \int_0^{\epsilon_1} \mathrm{d}\epsilon [\epsilon - \sqrt{\epsilon^2 + \Delta^2}]\end{aligned} \tag{3.45}$$

この式の計算には，付録D.1 の (D.1) 式の積分公式を使う．また，$\varsigma \equiv \Delta/\varepsilon_\mathrm{F} \ll 1$ を考慮して，ς の高次の項を無視すると，次式が得られる．

$$\delta K = -\frac{2D(\varepsilon_\mathrm{F})\varepsilon_\mathrm{F}^2}{2}\left[\frac{\varsigma^2}{2} + \varsigma^2 \ln\left(\frac{2}{\varsigma}\right)\right] \tag{3.46}$$

一方，(3.40) 式を使うと，格子系の弾性エネルギー変化 (3.38) 式は

$$\delta \mathcal{U} = \frac{c}{2g^2}(\mathcal{V}_Q)^2 = \frac{c}{2g^2}\Delta^2 = \frac{c}{2g^2}\varepsilon_\mathrm{F}^2\varsigma^2 \tag{3.47}$$

と書ける．したがって，格子系の弾性エネルギー変化 (3.47) 式と電子系のエネルギー変化 (3.45) 式の和 $\delta \mathcal{E}$ は，次の形になる．

$$\delta \mathcal{E} \equiv \delta \mathcal{U} + \delta K \equiv D(\varepsilon_\mathrm{F})\varepsilon_\mathrm{F}^2 \mathcal{E}_\mathrm{norm}(\varsigma) \tag{3.48}$$

$$\mathcal{E}_\mathrm{norm}(\varsigma) \equiv \varsigma^2\left[\left\{\frac{c}{2g^2 D(\varepsilon_\mathrm{F})} - \frac{1}{2}\right\} + \ln\left(\frac{\varsigma}{2}\right)\right] \tag{3.49}$$

変数 ς の変化に伴う関数 $\mathcal{E}_\mathrm{norm}(\varsigma)$ の変動を調べるために，この関数の1次微分と2次微分を求める．

$$\frac{\partial \mathcal{E}_\mathrm{norm}(\varsigma)}{\partial \varsigma} = 2\varsigma\left[\left\{\frac{c}{2g^2 D(\varepsilon_\mathrm{F})} - \ln 2\right\} + \ln \varsigma\right] \tag{3.50}$$

$$\frac{\partial^2 \mathcal{E}_\mathrm{norm}(\varsigma)}{\partial \varsigma^2} = 2\left[\left\{\frac{c}{2g^2 D(\varepsilon_\mathrm{F})} - \ln 2\right\} + \ln \varsigma + 1\right] \tag{3.51}$$

有限の ς の値で1次微分がゼロになるのは，(3.50) 式の右辺の四角括弧の中

がゼロになる場合である. $\alpha \equiv [\ln 2 - c/\{2g^2 D(\varepsilon_{\mathrm{F}})\}]$ とすると, $\varsigma = \mathrm{e}^{\alpha} = 2\exp[-c/2g^2 D(\varepsilon_{\mathrm{F}})]$ のときに1次微分はゼロになる. 関数 $\mathcal{E}_{\mathrm{norm}}(\varsigma)$ はその点で, 極値 (極大値か極小値) をとるか変曲点になる.

そのいずれになるかは, その点における関数の2次微分の値から決められる. $\varsigma = \mathrm{e}^{\alpha}$ における2次微分の値は2で正になることが, (3.51) 式からわかる. したがって, 関数 $\mathcal{E}_{\mathrm{norm}}(\varsigma)$ はこの点で極小になる. この点における関数の値は, $\mathcal{E}_{\mathrm{norm}}(\mathrm{e}^{\alpha}) = -\mathrm{e}^{2\alpha}/2$ でマイナスになる.

格子系の弾性エネルギー変化と電子系のエネルギー変化の和 $\delta\mathcal{E}$ をマイナスにするような有限の ς, すなわち有限の $\Delta = \varepsilon_{\mathrm{F}}\varsigma$ が絶対零度の場合には存在し, エネルギーギャップ $\varepsilon_{\mathrm{gap}}(T=0) = 2\Delta(T=0) \equiv 2\Delta_0$ は,

$$\varepsilon_{\mathrm{gap}}(T=0) = 2\Delta_0 \tag{3.52}$$

$$\Delta_0 = 2\epsilon_1 \exp\left[-\frac{c}{2g^2 D(\varepsilon_{\mathrm{F}})}\right] \equiv 2\epsilon_1 \mathrm{e}^{-\mathcal{C}} \tag{3.53}$$

の形になることが示される. ここで, $\mathcal{C}$ は,

$$\mathcal{C} \equiv \frac{c}{2g^2 D(\varepsilon_{\mathrm{F}})} \tag{3.54}$$

で定義される定数である (付録の (D.5) 式).

言い換えると, 適当な条件が満たされれば, 1次元格子上の原子が歪んだ配置 (パイエルス絶縁体) が, 絶対零度で安定に存在しうることが示されたわけである.

3.3.3 ギャップ方程式

この小節では, 有限温度における結晶系の秩序パラメーターが温度の関数としてどのような振る舞いをするのかを調べる. 簡単のために, 本小節の議論は1次元系結晶を対象に展開する. 前小節, 前々小節で述べたことも, 本小節で議論することも, 原則的に2次元系や3次元系にも拡張することができる.

絶対零度では電子のエネルギーと格子の弾性エネルギーの和の全エネルギーを最小にする条件からエネルギーギャップ Δ_0 を導出したが, 有限温度における系に対しては, 自由エネルギーを最小にする熱力学的状態が実現される.

電子系の自由エネルギーは大きな分配関数 $\Xi(T, \varepsilon_{\mathrm{F}})$ から導かれる. フェルミ

3.3 秩序パラメーター

粒子である電子系に対しては，分配関数は次の形に書ける．

$$\Xi(T, \varepsilon_\mathrm{F}) = \sum_{n_1}\sum_{n_2}\cdots \exp\left[-\frac{1}{k_\mathrm{B}T}\sum_i (\varepsilon_i - \varepsilon_\mathrm{F})n_i\right]$$

$$= \prod_i \sum_{n_i} \exp\left(-\frac{\varepsilon_i - \varepsilon_\mathrm{F}}{k_\mathrm{B}T}n_i\right)$$

$$= \prod_i [1 + \mathrm{e}^{-\beta(\varepsilon_i - \varepsilon_\mathrm{F})}] \tag{3.55}$$

ここで，n_i は，状態 i を占める電子の数である．周期的な摂動を受けた場合の電子エネルギーは，(3.39) 式で与えられる．したがって，その場合の分配関数は

$$\Xi(T, \varepsilon_\mathrm{F}) = \prod_k [1 + \mathrm{e}^{-\beta(\varepsilon_k^+ - \varepsilon_\mathrm{F})}][1 + \mathrm{e}^{-\beta(\varepsilon_k^- - \varepsilon_\mathrm{F})}] \tag{3.56}$$

と書くことができ，電子の自由エネルギー $\mathcal{F}_\mathrm{e}$ は次式で与えられる．

$$\mathcal{F}_\mathrm{e} = -k_\mathrm{B}T \sum_k \ln[1 + \mathrm{e}^{-\beta(\varepsilon_k^+ - \varepsilon_\mathrm{F})}][1 + \mathrm{e}^{-\beta(\varepsilon_k^- - \varepsilon_\mathrm{F})}] \tag{3.57}$$

ここで，ε_k^+ と ε_k^- は，周期的な摂動を受けた場合の電子エネルギーで，上付きの符号 $-$ と $+$ は，ギャップの下と上のエネルギーに相当する．これらのエネルギーの形は，(3.39) 式で与えられている．

計算を実行するために，(3.57) 式のなかの波数に関する和 $\sum_k$ は，波数に関する積分 $(2/2\pi)\int \mathrm{d}k$ に置き換える．3.2.3 小節での議論と同様に，フェルミ準位近傍だけを積分範囲として考慮し，さらにこの範囲でエネルギーと波数の分散関係を線形近似する．周期的ポテンシャルによる摂動の効果が一番顕著に現れるのがこの領域だからである．

具体的には，

1) $k = k_\mathrm{F} + \delta k$ で，かつ $Q = 2k_\mathrm{F}$ である場合
2) $k = -k_\mathrm{F} + \delta k$ で，かつ $Q = -2k_\mathrm{F}$ である場合

が積分範囲として考慮される領域である ($\delta k = \mp 0$)．図 3.9 に示されているように，上記の 2 つの領域はそれぞれ，$\varepsilon_{k-2k_\mathrm{F}}$ および $\varepsilon_{k+2k_\mathrm{F}}$ との縮退が解けた際に，自由電子のエネルギーとの差が顕著であるような領域に相当する．

いずれの場合も，$(\varepsilon_k^0 + \varepsilon_{k-Q}^0)/2 = \varepsilon_\mathrm{F}$ および $(\varepsilon_k^0 - \varepsilon_{k-Q}^0)^2 = (\mp 2\epsilon)^2 = (2\epsilon)^2$

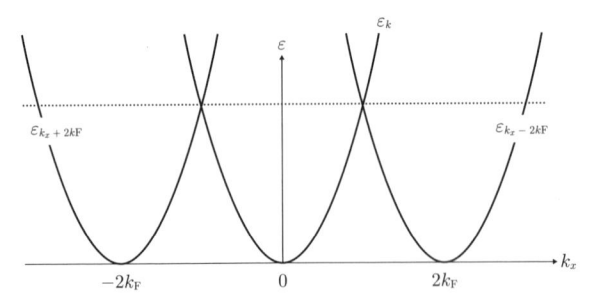

図 3.9 エネルギーと波数の分散関係
$\varepsilon = \frac{\hbar^2}{2m}k_x^2$, $\varepsilon = \frac{\hbar^2}{2m}(k_x - 2k_F)^2$, および $\varepsilon = \frac{\hbar^2}{2m}(k_x + 2k_F)^2$.

が成り立つ．ここで，ϵ はフェルミエネルギー ε_F から測ったエネルギーである．したがって，$E \equiv \sqrt{\epsilon^2 + \Delta^2}$ とおくと，電子のエネルギーは $E^{\mp} \equiv (\varepsilon_k^{\mp} - \varepsilon_F) = \mp E$ の形になるので，(3.57) 式は，次のように書き直すことができる．

$$\mathcal{F}_e = -k_B T \sum_k \ln[1 + e^{-\beta E^-}][1 + e^{-\beta E^+}] \tag{3.58}$$

格子歪みのほうは静的なものとして扱っているので，有限温度の効果は無視する．その結果，全系の自由エネルギーは，

$$\mathcal{F}_{tot} = \mathcal{F}_e + \frac{c}{2g^2}\Delta^2 \tag{3.59}$$

で与えられる．この全自由エネルギーを Δ に関して最小化する条件から，次の形のギャップ方程式が得られる[11]．

$$\int_0^{\epsilon_1} d\epsilon \frac{1}{\sqrt{\epsilon^2 + \Delta^2}} \tanh\left[\frac{\sqrt{\epsilon^2 + \Delta^2}}{2k_B T}\right] = \frac{c}{2g^2 D(E_F)} \equiv \mathcal{C} \tag{3.60}$$

ギャップ方程式は，ギャップ Δ と温度 T を含んでいて，Δ の温度依存性 $\Delta = \Delta(T)$ を決める式になっている．

(i) 絶対零度におけるギャップ　絶対零度における $\Delta_0 \equiv \Delta(0)$ は，(3.60) 式で温度をゼロにすれば求められる．温度ゼロのとき，$\tanh[\sqrt{\epsilon^2 + \Delta^2}/(2k_B T)] = 1$ になるので，ギャップ方程式は付録 D の (D.2) 式の形になる．したがって，次の結果が得られる．

$$\ln\left(\frac{2\epsilon_1}{\Delta_0}\right) = \mathcal{C} \tag{3.61}$$

$$\Delta_0 = 2\epsilon_1 e^{-\mathcal{C}} \tag{3.62}$$

3.3 秩序パラメーター　　　　　　　　　　　　　　　　　65

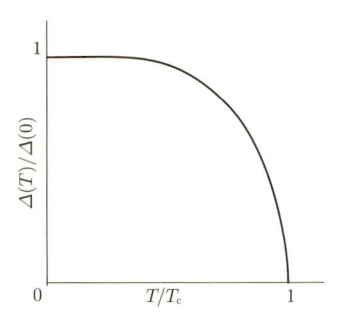

図 3.10　パイエルス相のギャップの大きさ $\Delta(T)$ の温度依存性. $\Delta_0 \equiv \Delta(0)$ は絶対零度のおけるギャップの大きさ. T_c は転移温度.

この結果は，3.3.2 小節で全エネルギーを最小にする条件から求めた Δ_0 ((3.53) 式) と同じものになる.

(ii) 絶対零度近傍の温度依存性　　絶対零度に近い有限温度におけるギャップの振る舞いは，$\Delta = \Delta_0 + \delta\Delta$ とおいて，$\delta\Delta$ を調べることで明らかにできる. 計算の詳細は，付録 D.2.2 に与えられている. その計算の結果，絶対零度の近傍での温度依存性

$$\frac{\delta\Delta}{\Delta_0} = -2\mathcal{C}\mathrm{e}^{-\beta\Delta_0} \tag{3.63}$$

が求められる. $\Delta(T)$ の温度勾配は, 小さなマイナスの値になる. すなわち $\Delta(T)$ は，$T = 0$ での値 Δ_0 からゆるやかに（指数関数的に）減少する. 図 3.10 は, ギャップの大きさを温度の関数として描いたものである.

(iii) 転移温度　　エネルギーギャップ $\Delta(T)$ は温度の増加に伴って単調に減少し, 転移温度 T_c のところでゼロになる. 逆に言うと，$\Delta(T) = 0$ となる点の温度が, 転移温度 T_c である. すなわち, ギャップ方程式 (3.60) に $\Delta(T) = 0$ を代入すれば, 転移温度 T_c が以下のように計算できる.

$$\begin{aligned}
\mathcal{C} &= \int_0^{\epsilon_1} \mathrm{d}\epsilon \frac{1}{\epsilon} \tanh\left[\frac{\epsilon}{2k_\mathrm{B} T_c}\right] \\
&= \int_0^{\beta_c \epsilon_1/2} \mathrm{d}z \frac{1}{z} \tanh(z) = \ln(A\beta_c \epsilon_1)
\end{aligned} \tag{3.64}$$

$$k_\mathrm{B} T_c = A\epsilon_1 \mathrm{e}^{-\mathcal{C}} \tag{3.65}$$

この式の導出に関しては, 詳しい説明が付録 D.2.3 に与えられている.

(3.62) 式と (3.65) 式との比較から, 絶対零度におけるギャップ Δ_0 と転移温

度 $T_{\rm c}$ とが,次の関係を満たすことがわかる.

$$\frac{\Delta_0}{k_{\rm B}T_{\rm c}} = \frac{2}{A} = 1.764 \tag{3.66}$$

(iv) 転移温度近傍でのギャップの温度依存性　　ここでは,ギャップ $\Delta(T)$ (秩序パラメーター)が,転移温度直下で温度とともにどのように変化するかを調べよう.転移温度のすぐ下で,$\Delta(T)/k_{\rm B}T \ll 1$ が満たされるような温度領域を考える.計算の見通しをよくするために,次の2つの変数変換を行う.

$$\xi \equiv \frac{\Delta}{2k_{\rm B}T} = \frac{\beta\Delta}{2} \tag{3.67}$$

$$x \equiv \frac{\epsilon}{2k_{\rm B}T} = \frac{\beta\epsilon}{2} \tag{3.68}$$

これらの変数を (3.60) 式に適用すると,次の形が得られる.

$$\mathcal{C} = \int_0^{\beta\epsilon_1/2} dx \frac{1}{\sqrt{x^2+\xi^2}} \tanh\sqrt{x^2+\xi^2} \tag{3.69}$$

被積分関数のなかの tanh の部分は,部分分数展開で書き直し,得られた式を ξ をパラメーターとして展開する.ξ の 2 次までを残す近似で,(3.69) 式は次の形になる(計算の詳細は,付録 D.2.4 に示されている).

$$\mathcal{C} \equiv C_0 - |C_2|\xi^2 + \mathcal{O}(\xi^4) \tag{3.70}$$

$$C_0 = \ln(A\beta\epsilon_1) \tag{3.71}$$

$$|C_2| = -\frac{7}{4\pi^2}\zeta(3) \tag{3.72}$$

C_2 の計算では,$\epsilon_1 \gg k_{\rm B}T$ の条件を使った(付録 D2.4 参照).ここで,$\zeta(3)$ は 3 次のゼータ関数で,$\zeta(3) \simeq 1.20205$ である.したがって,転移温度直下での秩序パラメーターの温度依存性が次の形に求められる.

$$\frac{\Delta}{\Delta_0} = B\left(1 - \frac{T}{T_{\rm c}}\right)^{1/2} \tag{3.73}$$

ここで,B は $B \equiv A/2\sqrt{|C_2|} = 2e^\gamma/\sqrt{7\zeta(3)}$ である.

3.4 具体的な物質におけるパイエルス転移

3.4.1 パイエルス絶縁体

本章のこれまでの節で述べてきたように，電子-格子相互作用のために，低温では周期の異なる結晶へ変態したほうがエネルギーが低い場合があり，その場合には金属から非金属への転移（パイエルス転移）が起こる．この現象はフェルミ面でのネスティング効果の大きな準1次元金属に内在する性質であるが，2次元金属，3次元金属においても準1次元金属と類似のネスティングが満たされれば原則的には起こりうるものである．ここで「準1次元金属」とは，ある1方向にだけ電気がよく流れて，1次元金属的物性をもつ物質をいう．

実際の物質では，いくつかの有機錯体などでこのパイエルス転移が観測されている．最も代表的なものは，TTF-TCNQ と呼ばれる有機金属である．この物質は，電子供与体（ドナー）の TTF（テトラチアフルバレン；tetra-thia-fulvalene）分子（図 3.11(a)）と，電子受容体（アクセプター）の TCNQ（テトラシアノキノジメタン；tetra-cyano-quino-dimethane）分子（図 3.11(b)）で作られる．いずれも平板状の分子である．

図 3.12 に TTF-TCNQ の結晶構造が示されている[12,13]．図 3.12(a) には分子面に平行な面が，図 3.12(b) には分子面に垂直な面が描かれている．分子面に垂直な方向に b 軸をとり，平行な方向に a 軸と c 軸がとられている．図に示されるように単位胞に TTF 分子1個と TCNQ 分子1個が含まれる．単斜晶

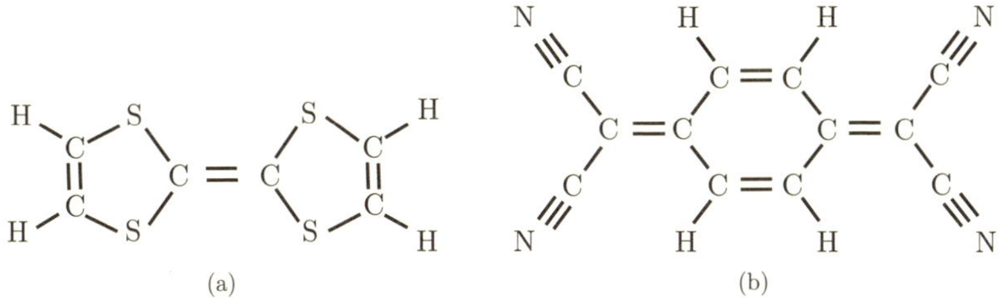

図 3.11 TTF-TCNQ 結晶の要素となる分子構造
(a) TTF 分子の構造．(b) TCNQ 分子の構造．

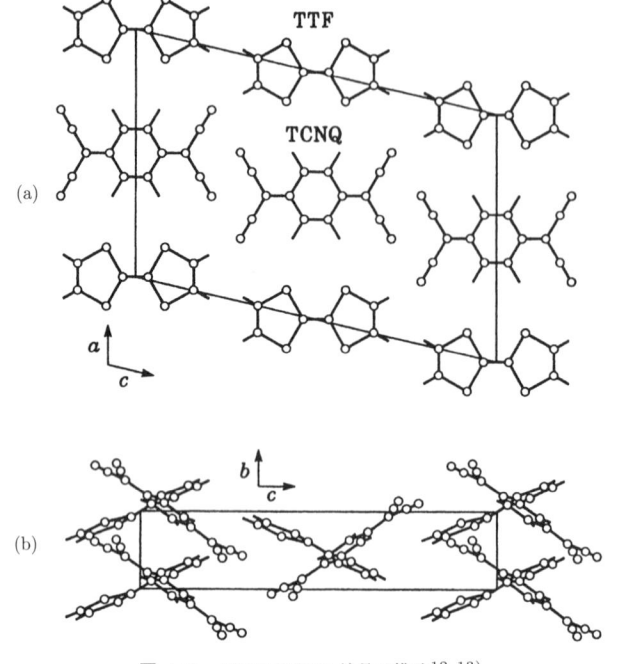

図 3.12 TTF-TCNQ 結晶の構造[12, 13]
(a) b 軸に垂直な方向の構造，(b) b 軸方向の構造．

系に属し，室温では $a = 12.298$ Å，$b = 3.819$ Å，$c = 18.468$ Å，$\beta = 104.46°$ で，密度は 1.62 g/cm^3 である．

TTF-TCNQ の結晶構造は後出の図 3.17 の挿入図にも描かれている．TTF 分子と TCNQ 分子がそれぞれ別々に重なり合って，b 軸に平行な柱状構造（あるいは，鎖状構造と呼ぶこともある）を構成しているのが特徴である．

TTF 鎖と TCNQ 鎖の化学ポテンシャルを一致させるように，TTF 鎖から TCNQ 鎖へ電子の移動が起こる．その結果，ドナーの TTF 分子は正電荷を帯び，アクセプターの TCNQ 分子は負電荷を帯びるが，電荷の供与や受領によってそれぞれの分子軌道が閉殻構造になるわけではない．したがって，イオン結晶ではなく，「電子移動錯体」と呼ばれる分子化合物である．

電気伝導に寄与する電子の波動関数は，主として S 原子と C 原子のパイ軌道で，分子面にほぼ垂直に伸びている．したがって，バンド幅（波動関数の重な

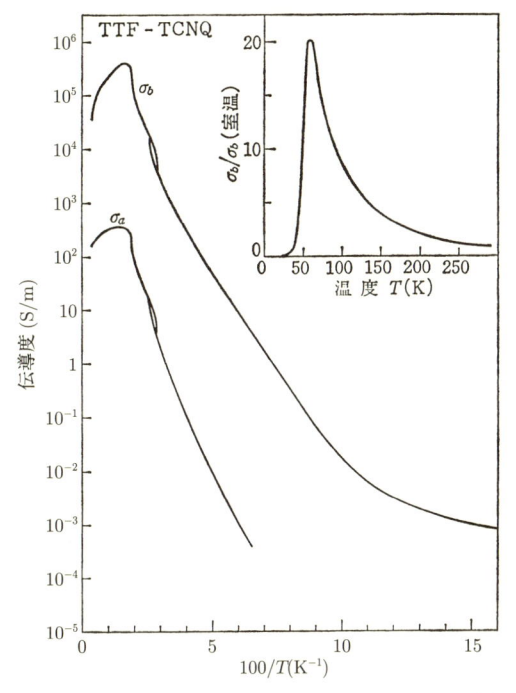

3.4 具体的な物質におけるパイエルス転移　　　　　　　　　　69

図 3.13 1 気圧の下での TTF-TCNQ の直流電気伝導度の温度依存性 (S/m)[4-7]．σ_{b} と σ_{a} はそれぞれ，b 軸（伝導度の大きい軸）と a 軸（b 軸に垂直な軸）方向の伝導度．挿入図は，$\sigma_{\mathrm{b}}/\sigma_{\mathrm{a}}$ の温度依存性．

りの大きさで決まる：第 4 章の強束縛近似の説明を参照）は b 軸方向に広く，これと直行する a 軸方向や c 軸方向には狭い．結果として，電気的には b 軸方向に 1 次元的な性質をもつ．

図 3.13 に電気伝導度の温度依存性が示されている[4-7]．室温では，b 軸方向の伝導度は a 軸方向のものより，100 倍くらい大きい．

伝導度は室温から温度が下がるにしたがって大きくなり，b 軸方向では約 60 K で室温の 20 倍程度に至る．さらに低温になると，伝導度は減少に転ずる．減少は 53 K あたりで急速になり，この付近で金属から非金属へのパイエルス転移が起こっていると考えられる．この温度以下の非金属領域（真性半導体領域）では，図から明らかなように，伝導率の温度変化は活性化型 $\exp(-\Delta/k_{\mathrm{B}}T)$ になる．すなわち，転移点以下の温度では，3.3 節で議論したようなエネルギー

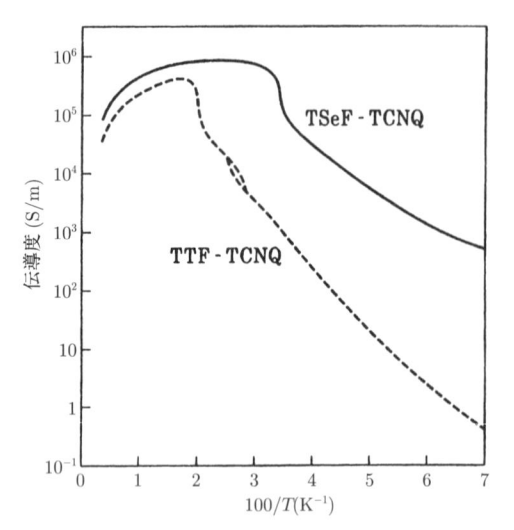

図 3.14 TSeF-TCNQ の 1 次元軸に沿う直流電気伝導度の温度依存性（実線）[5]
参考のために，TTF-TCNQ の直流電気伝導度 σ_b が破線で描き込まれている．

ギャップが生じていることが，実験的に裏づけられたわけである．

図 3.13 で，38 K のあたりに履歴が見られるが，これは電荷密度波の 3 次元構造の変化に伴うものであることが示されている．

TTF-TCNQ の TTF 分子に属する 4 つの硫黄原子 S をセレン原子 Se に置き換えた結晶が，TSeF-TCNQ である．この物質の結晶構造は TTF-TCNQ と同じであるが，格子定数は TSeF-TCNQ のほうが 1 ％程度大きい．しかし Se は S 原子より 0.3 Å 大きいために，TSeF-TCNQ 結晶中の TSeF 鎖上の伝導電子の波動関数の重なりは，TTF-TCNQ 結晶の TTF 鎖上のものより大きくなる．その結果，TSeF-TCNQ のほうが伝導度が高いことが期待される．実際にそうなっていることは，図 3.14 で示される[5]．

TSeF-TCNQ においても，室温から温度が下がったときに b 軸方向の伝導度は増加する．50 K から 30 K までは高伝導度の部分が続き，この領域では伝導度の温度依存性は小さい．30 K を過ぎると伝導度が下がりはじめ，29 K で金属から非金属へのパイエルス転移が見られる．この温度以下の温度領域では，伝導はやはり活性化型になっていることが，図から明らかである．

TTF-TCNQ で見られた履歴は TSeF-TCNQ では見られない．TSeF-TCNQ

では電荷密度波の3次元構造の変化がないためと考えられる.

3.4.2 電荷密度波

図 3.13 の挿入図には，TTF-TCNQ の b 軸方向の電気伝導度 σ の温度依存性が示されている．この図では，室温における伝導度 σ_0 で規格化された値 σ/σ_0 が描かれている．伝導度は温度が室温から下がるにしたがって増大し，約 60 K で室温の 20 倍程度にまで及ぶ．この温度領域での伝導度の温度依存性は，ほぼ $\sigma \propto T^{-2.3}$ である．2.4.1 小節で述べたように，一般の金属では，この温度領域（高温域に相当）ではフォノンによる電子の散乱が支配的で，その結果，電気伝導度は T^{-1} の温度依存性が期待される（(2.78) 式）．

図 3.13 で σ の温度依存性が T^{-1} に従わない理由のひとつとして，TTF-TCNQ のような有機金属では格子定数の温度変化が大きいことがまず挙げられる．室温からの温度の降下に伴って格子定数が減少すれば，積分の重なりが大きくなって電気伝導度が増加する（詳細は第 4 章参照）．しかしこの事実を考慮して算定してもなお，伝導度の低温での増加は十分には説明できない．特に 150 K 以下での伝導度の増加は著しい．この増加の起源として，電子–電子散乱，光学フォノンによる散乱なども考えられるが，主役は電荷密度波のゆらぎであることが，高圧下の実験によって確かめられるようになった．その詳細は 3.4.4 小節に譲って，本小節では「電荷密度波」について説明しよう．

電荷密度波（charge density wave：CDW）というのは，金属中の電子の密度が空間的に一定の周期で変化している状態をいう．物質のフェルミ面に 1 次元電子系と同様な性質をもつ領域がある場合にはネスティングが生じうるので，電子–格子相互作用によって結晶の周期的な歪みに伴って電子構造が変化し，CDW が発生する．CDW は，TTF-TCNQ のような準 1 次元金属や層状の遷移金属カルコゲナイドなどで観測されている．CDW は電場によって駆動され，電気伝導に寄与する．この現象は，電子が集団運動をしていることに相当する．パイエルス絶縁相では上述のような電荷密度波が存在することを，1 次元系について示そう．

1 次元系の空間座標を x とし，波数を k とする．平面波 $\phi_k = \mathrm{e}^{ikx}$ で記述される自由電子系に周期 X のポテンシャル $\mathcal{V}(x+X) = \mathcal{V}(x)$ が働いている場

合を考えよう. (2.55) 式のシュレーディンガー方程式は

$$H\psi = \left(-\frac{\hbar^2}{2m}\frac{\partial^2}{\partial x^2} + \mathcal{V}(x)\right)\psi = \varepsilon\psi \tag{3.74}$$

と書ける. 固有関数と周期ポテンシャルを平面波で展開した式 ((2.59) 式と (2.60) 式) は,それぞれ

$$\psi_k(x) = \sum_k C_{k-K} \mathrm{e}^{\mathrm{i}kx} \tag{3.75}$$

$$\mathcal{V}(x) = \sum_K \mathcal{V}_K \mathrm{e}^{\mathrm{i}Kx} \tag{3.76}$$

となる. したがって, 逆格子空間における (3.74) 式の表示については, $\varepsilon_k^0 = \hbar^2 k^2/2m$ とおくと,

$$\varepsilon_k^0 C_{k-K} + \sum_{K'} \mathcal{V}_{K'-K} C_{k-K'} = \varepsilon C_{k-K} \tag{3.77}$$

が得られる.

波数 $k - K$ の状態への摂動として,1つだけの状態 $k - K'$ からの寄与が他の状態からの寄与と比べて飛びぬけて大きい場合には,その状態からの寄与だけを考慮すればよい.

周期ポテンシャルが $2k_\mathrm{F}$ の周期をもっているときには,

1) $K = 0$ でかつ $K' = 2k_\mathrm{F}$
2) $K = 2k_\mathrm{F}$ でかつ $K' = 0$

の場合のみが重要な寄与をすることになる. 電子–格子相互作用の大きさは $\mathcal{V}_{2k_\mathrm{F}} = \mathcal{V}_{-2k_\mathrm{F}} = \Delta$ と書くことができるので, (3.77) 式は次の形で表現される.

$$\begin{pmatrix} h_{11} & h_{12} \\ h_{21} & h_{22} \end{pmatrix}\begin{pmatrix} C_k \\ C_{k-2k_\mathrm{F}} \end{pmatrix} \equiv \begin{pmatrix} \varepsilon_k^0 & \Delta \\ \Delta & \varepsilon_{k-2k_\mathrm{F}}^0 \end{pmatrix}\begin{pmatrix} C_k \\ C_{k-2k_\mathrm{F}} \end{pmatrix}$$
$$= \varepsilon \begin{pmatrix} C_k \\ C_{k-2k_\mathrm{F}} \end{pmatrix} \tag{3.78}$$

(h_{ij}) の固有値は,(3.39) 式で $Q = 2k_\mathrm{F}$ とおいたものになる. これまでにも述べてきたように,電子–格子相互作用による摂動の効果が大きいのはフェルミ準

3.4 具体的な物質におけるパイエルス転移

位近傍の状態である．その点を考慮して，3.2.3 小節で導入したように $\varepsilon - k$ の分散関係をこの領域で線形化すると，(3.39) 式は次の形になる．

$$\varepsilon_k^{\mp} = \varepsilon_{\mathrm{F}} \mp [\varepsilon^2 + \Delta^2]^{1/2} \tag{3.79}$$

これらの固有値に対応する固有ベクトル a_k^- と a_k^+ は，(h_{ij}) を対角化するようなユニタリー行列 $U = (u_{ij})$ を使って次のように定義される．

$$\begin{pmatrix} C_k \\ C_{k-2k_{\mathrm{F}}} \end{pmatrix} = \begin{pmatrix} u_{11} & u_{12} \\ u_{21} & u_{22} \end{pmatrix} \begin{pmatrix} a_k^- \\ a_k^+ \end{pmatrix} \tag{3.80}$$

このユニタリー行列 U の行列要素は次のように求められる．

$$u_{11} = u_{22} = \frac{1}{\sqrt{2}} \frac{(\sqrt{\epsilon^2 + \Delta^2} - \epsilon)^{1/2}}{(\epsilon^2 + \Delta^2)^{1/4}} \tag{3.81}$$

$$u_{12} = -u_{21} = -\frac{1}{\sqrt{2}} \frac{(\sqrt{\epsilon^2 + \Delta^2} + \epsilon)^{1/2}}{(\epsilon^2 + \Delta^2)^{1/4}} \tag{3.82}$$

以上の準備を整えて，電子密度を計算することにしよう．電子密度は (3.14) 式で与えられる．この式の波動関数として，(3.75) 式を代入すれば次の結果が得られる．

$$\rho(x) = \sum_k |\psi_k(x)|^2 = \sum_K \rho_K \mathrm{e}^{-iKx} \tag{3.83}$$

$$\rho_K = \sum_k C_k^* C_{k+K} \tag{3.84}$$

ここで，C_k^* は C_k の複素共役である．(3.80) 式の関係を使うと，

$$\begin{aligned} C_k^* C_k = &\ u_{21} u_{11} (a_k^-)^* a_k^- + u_{22} u_{12} (a_k^+)^* a_k^+ \\ &+ u_{21} u_{12} (a_k^-)^* a_k^+ + u_{22} u_{11} (a_k^+)^* a_k^- \end{aligned} \tag{3.85}$$

が求められる．ここで，$(a_k^-)^*$ と $(a_k^+)^*$ はそれぞれ a_k^- と a_k^+ の複素共役である．この式の 4 つの項のうち熱平衡状態で生き残るのは，第 1 項と第 2 項のみである．したがって，電子密度の展開係数 ρ_K ((3.84) 式で定義されるもの) については，$K = 2k_{\mathrm{F}}$ のときに次の式が導かれる．

$$\langle \rho_{2k_{\mathrm{F}}} \rangle = D(\varepsilon_F) \int_{-\epsilon_1}^{+\epsilon_1} d\epsilon [u_{21} u_{11} f(\varepsilon_k^-) + u_{22} u_{12} f(\varepsilon_k^+)]$$

$$= D(\varepsilon_F) \Delta \int_{-\epsilon_1}^{+\epsilon_1} d\epsilon \frac{1}{\sqrt{\epsilon^2 + \Delta^2}} \tanh\left(\frac{\sqrt{\epsilon^2 + \Delta^2}}{2k_{\mathrm{B}} T}\right)$$

$$= \frac{c}{2g^2} \Delta \tag{3.86}$$

上式の導出の最後の段階で，ギャップ方程式 (3.60) 式を使った．

この結果から，波数が $2k_{\mathrm{F}}$ で振幅が秩序パラメーター Δ に比例するような電荷密度波が電子系に生じていることがわかる．さらに本節での議論から，電荷密度波は結晶格子の周期的な歪みに伴うもので，電子2個ずつの集団であることが明らかになった．

電子間の相互作用が強い場合には，電荷密度波に加えて，波数 $2k_{\mathrm{F}}$ のスピン密度波が生じることが，実験的に示されている．

3.4.3 整合性

不純物などによってポテンシャルが局所的に変化する場合には，電荷密度波はピン止め（locking；ロッキング）されるので，弱い電場に対して電荷密度波は全体としては動けなくなる．電場が強くなって臨界電場より大きくなると，電荷密度波は動き出す．

不純物のほかに，電荷密度波をロッキングするもう1つの原因がある．以下に示すように，電子密度波の波長 λ と結晶格子の格子定数 a とが簡単な整数比にならない場合には電子密度波は抵抗なしに並進することができるが，そうでない場合には電子密度波はロッキングされて進行できなくなる．この点を説明するために，1次元系について話を進めよう．

電子密度波の波数 $2k_{\mathrm{F}}$ は，電子密度 n（単位長さあたりの電子数）によって決められるものであって，結晶格子の周期 a とは関係ない．系の長さを L，系全体の電子数を N として，波数 $2k_{\mathrm{F}}$ と電子密度は次の式で与えられる．

$$2\frac{2k_{\mathrm{F}}}{2\pi/L} = N$$

$$\frac{2k_{\mathrm{F}}}{\pi} = \frac{N}{L} = n = \frac{n_0}{a} \tag{3.87}$$

ここで, n_0 は単位格子あたりの電子数である.

1次元系の電子密度は, (3.83) 式で $K = 2k_F$ とおいたもので, $2k_F$ の周期をもつ. 一方, 結晶格子から電子に働くポテンシャル $\mathcal{V}(x)$ は, a の周期をもつ. 電荷密度波を作っている電子と結晶格子との相互作用エネルギーの1次の項は

$$\int \rho(x)\mathcal{V}(x)\mathrm{d}x \tag{3.88}$$

で表される. この積分は, λ/a が無理数の場合にはゼロになる. 相互作用の高次の項は, μ と ν を ($\mu = \nu = 0$ を除く) 整数として,

$$\int \rho(x)^\mu \mathcal{V}(x)^\nu \mathrm{d}x \tag{3.89}$$

と書ける. この項は, λ/a が無理数であってもゼロにはならないが, 一般に値として小さいと考えられるので本節の議論では無視できる. 以上の議論から, λ/a が無理数の場合には, 電荷密度波が抵抗なしに並進できて, 電流に寄与することが理解できる. λ/a が無理数の系を,「不整合」な系と呼ぶ.

電荷密度波の波長 λ は,

$$\lambda = \frac{2\pi}{2k_F} \tag{3.90}$$

で与えられるので, (3.87) 式を使うと, $\lambda/a = 2/n_0$ となる. この関係から, λ/a が無理数であるというのは, n_0 が無理数であることを意味していることがわかる. 結晶中の電子の数も格子の数も共に整数なので, 数学的には n_0 が厳密に無理数になることはない. しかし実際の物質では, λ/a が 1, 3/2, 2, 3 といった簡単な整数比で表せない場合には, (3.88) 式は非常に小さい値になる. その結果, このような系では, 電子密度波はほとんど抵抗なしに並進することができ, 電流に寄与する. そういう事情を反映して, λ/a が簡単な整数比でない物質は, 物理的には「不整合」であるとみなされている.

一方, λ/a が簡単な整数比になっている場合には, (3.88) 式の電子–格子相互作用エネルギーは有限になり, 電子密度は抵抗を受けるので, 自由に進むことができない. このような状況になったものを,「電荷密度波は整合性によりロッキングされている」という.

3.4.4 TTF-TCNQ における伝導

3.4.2 小節で, 図 3.13 の挿入図に示される TTF-TCNQ の電気伝導度を数値

的に解析して，高温金属域での温度依存性が $\sigma \propto T^{-2.3}$ になると書いた．通常の金属ならフォノンによる電子の散乱は T^{-1} の温度依存性を与えるはずである．したがって，それとは異なる振る舞いをする TTF-TCNQ では，フォノンに散乱されながら伝導する電子に加えて，別の何らかの伝導機構があると考えられる．その候補として電荷密度波を挙げ，金属–非金属転移温度 T_c 以下の温度領域では，「振幅がギャップの大きさ Δ に比例する電荷密度波」が生じることを，3.4.2 小節で示した．

一方，転移温度 T_c 以上の金属相においても，すでに電荷密度波がゆらぎの状態で存在していること，言い換えると，ゆらぎという形ではあるがパイエルスギャップがすでに存在していることを示唆する実験結果がいくつか出されている．たとえば，TTF-TCNQ の電気伝導度 $\sigma(\omega)$ は，半導体に特徴的な周波数依存性をもつ．すなわち，ギャップを越えて励起されたキャリアによる活性化型伝導になる．

高温側での「ゆらぎとしての電荷密度波」は，長距離秩序はもたないが，短距離では秩序があり，十分に成長した振幅をもつことが期待される．しかし，このような擬ギャップはあくまでもゆらぎとして現れるものであるから，ギャップの中の状態密度は有限になる．その結果，有限の直流電気伝導度が観測されるのである．

電荷密度波のゆらぎが高温側の金属領域においても伝導を担っていることは，圧力効果の実験によって確認される．図 3.15 には，高圧下での TTF-TCNQ の電気伝導度（b 軸方向のもの）が，いくつかの温度に対して圧力の関数として描かれている[14-16]．200 K より下の温度領域では，圧力が約 1.9 GPa（ギガパスカル）付近で伝導度の曲線に凹みが見られ，この凹みの大きさは温度の低下と共により顕著になる．

伝導度の減少の原因は，電荷密度波の整合性ロッキングであることが，図 3.16 の中性子回折の結果から示唆されている．この図には，中性子回折の結果から算定された電荷密度波の波長 $2k_F$ 値が，圧力の関数として描かれている．1.4〜1.5 GPa のあたりで $2k_F = b^*/3$ になる．ここで，b^* は b 軸方向の逆格子ベクトルで，$b^* = 2\pi/b$ で与えられる．$2k_F = b^*/3$ になったということは，λ

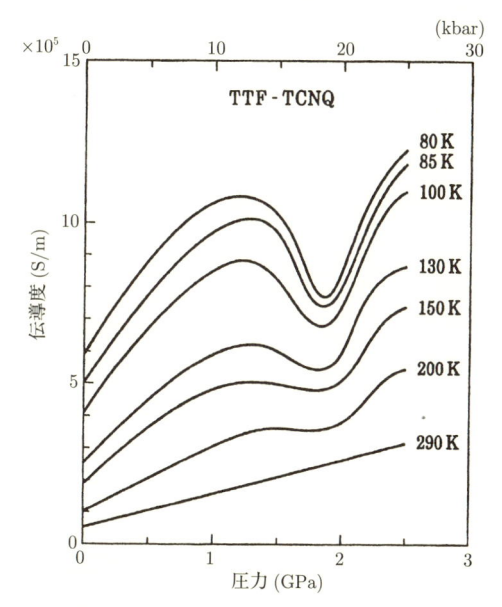

図 3.15 1次元鎖（b 軸方向）に沿った TTF-TCNQ の直流電気伝導度の圧力依存性（異なる温度に対する測定値）[14-16]

と a との比が $\lambda/a = 3$ という「整合」な値になったことを意味している．すなわち，実空間では $3b$ の超格子周期が生じていることに相当する．

(3.87) 式から，$\lambda = 2\pi/2k_\text{F} = 2L/N$ なので，

$$\frac{\lambda}{a} = \frac{L}{a}\frac{2}{N} = N_\text{unit}\frac{2}{N} \tag{3.91}$$

が得られる．N_unit は1次元格子中の単位胞の数である．圧力が加えられても N_unit は不変なので，圧力によって λ が変わるのは，電子数 N の変化によるものである．TTF-TCNQ における1次元軸の電子数は，(TTF 鎖から TCNQ 鎖への電子の移動に伴う）電荷移動の量によって決められる．加圧によって，TTF バンドも TCNQ バンドも共に広がる．その結果，電荷移動量が変わって N の変化に反映し，それが $2k_\text{F}$ の増加につながる．これは簡単なバンド幅の議論から説明できる．

電荷密度波の波長 $2k_\text{F}$ が整合になれば，転移温度 T_c 以下で，電荷密度波には整合性エネルギーによるロッキングがかかり，自由な並進運動が妨げられる．同様に，T_c 以上の金属領域においても，ゆらぎ状態にある電荷密度波の並進運

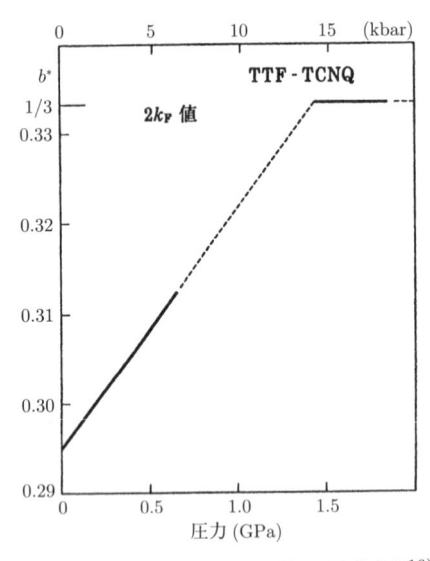

図 3.16 TTF-TCNQ の $2k_F$ 値の圧力依存性[16]

動が整合性ロッキングによって阻害され，電気伝導度が減少すると考えられる．

図 3.16 で示されるように，1.5 GPa 以上では $2k_F$ が整合値になって電荷密度波が完全にロッキングされるとするなら，図 3.15 の圧力依存性の曲線における 1.9 GPa 付近の極小値は，1 粒子伝導のみによる伝導度を表していることになる．凹みが生じていない圧力での伝導度と極小の位置での伝導度とを比較すると，80 K あたりでは電荷密度波は 1 粒子伝導と同程度の大きさの伝導を担っていることがわかる．

図 3.15 から明らかなように，電気伝導度の圧力依存性に凹み（極小）が現れるのは 200 K 程度からで，温度の減少と共に凹みの程度は著しくなる．この事実は，電荷密度波が 150 K あたりから出現することを示した X 線・中性子散乱実験の結果と，矛盾なく合致している．

3.4.5 高圧下での有機物質の金属化

1973 年に TTF-TCNQ が初めて合成され，その電気伝導度に関する実験結果が発表された．それを契機にこの物質は，一躍花形スターになった．有機物質は通常，絶縁体であることが多いなかで，TTF-TCNQ は室温ですでに 4×10^4

S/m という高い電気伝導度をもち,さらに低温での電気伝導度の増加が大きく,約 60 K で室温における値の 20 倍にも達する(図 3.13).この事実から,TTF-TCNQ が有機超伝導体物質の有力な候補になるのではないかという期待がもたれ,そのことがこの物質の研究に対する 1970 年代のブームに火をつけた.

有機物質は一般に化学修飾による分子設計が容易で成形性も高いので,超伝導材料として非常に有望だと見なされていたのである.しかし残念なことに,超伝導になることが確かめられた有機物質の超伝導転移温度は,いずれも高くないことが判明した.TTF-TCNQ に至っては,加圧するなどの工夫をしても,多少の圧力ではかえってパイエルス絶縁体への転移が促進されることが実験的にわかった.このような事情を受けて,TTF-TCNQ やその他の有機物質の研究において,1970 年代から 1980 年にかけて加熱したブームもその後は去ってしまったのである.

ところが,TTF-TCNQ が最初に合成されてから 30 有余年を経た 2007 年に,この物質に関して新たな展開があった[17].図 3.17 に示されるように,7 GPa までの加圧では,圧力と共に絶縁体への転移が鈍化する傾向があるもの

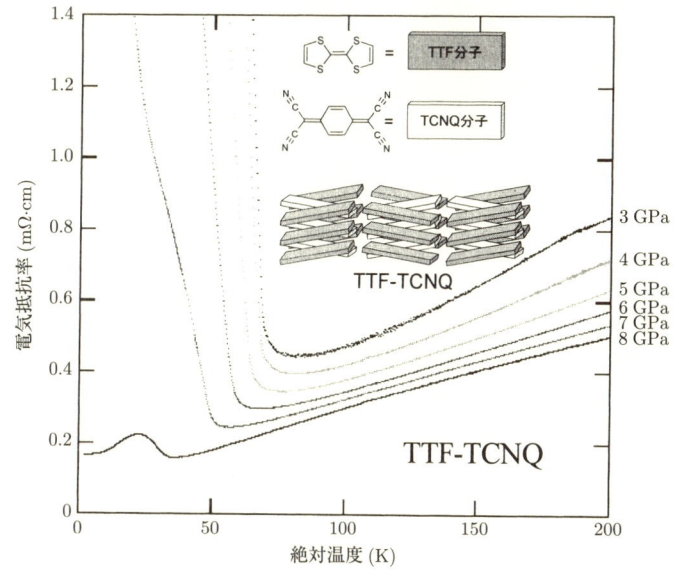

図 3.17 TTF-TCNQ の 8 GPa までの電気抵抗率の温度依存性(挿入図は TTF-TCNQ の結晶構造)[17]

の，低温領域では最終的にパイエルス絶縁体に転移する．しかし，さらに圧力を上げて 8 GPa にすると，3 K の極低温に至るまでの全温度領域で金属状態が保持されることが，実験からわかったのである．

したがって，圧力–温度の相図上で，50 数 K 以下の任意の温度に対して，圧力軸を低い値から高い値へと辿っていくと，途中で非金属から金属への転移に出会うことになる．

TTF-TCNQ については，最初は常圧での実験が行われた．図 3.13 に描かれているように，電気伝導度は 53 K あたりで急速に減少し，その付近で金属からパイエルス絶縁体に転移していると 3.4.1 小節で述べた．その後の詳細な解析から，常圧でのパイエルス転移は，TTF 鎖上では 53 K で，TCNQ 鎖上では 49 K で起こっていることが判明した．両者の転移温度に違いが現れるのは，鎖間の相互作用が弱い証拠である．

圧力が加えられると，鎖間の相互作用の増加，移動電荷量の変化，格子の歪み硬化などが，同時に起こる．圧力が常圧から 3 GPa まで増加すると，相互作用が強くなることを反映して，上述の 2 つの転移温度は近づいて 1 つの値になる．この圧力範囲では，図 3.16 に示されるように $2k_F = b^*/3$ の整合値になって，電荷密度波はロッキングされる．

3 GPa 以下の圧力では，圧力の増加に伴って転移温度が上昇する．言い換えると，3 GPa 以下では，圧力増加に伴ってパイエルス転移が促進されるのである．それに対して圧力が 3 GPa を超えると，加圧によってパイエルス転移が抑制される．転移温度が圧力の増加と共に次第に低下することが図 3.17 から見られ，絶縁相への転移の抑制が明らかである．これは，圧力増加と共に 1 次元性が弱くなることと，移動電荷量が変わって整合性ロッキングが解かれることが原因である．パイエルス転移は本質的に 1 次元系の現象であるが，物質が有限温度で存在するためにはある程度の 3 次元性が不可欠である．しかし，鎖間相互作用の増大に伴って 1 次元性が減ってくると，フェルミ面が平面ではなくなるので，ネスティングの効果が下がり，パイエルス転移は起こりにくくなる．フェルミ面のうちネスティングに関与しない部分にある電子は，金属的伝導をもつ．これが，図 3.17 の 8 GPa あたりで起こっていることであると考えられる．20 K の少し上で小さなコブが見られるのは，$2k_F = b^*/3$ とは異なる

別の新しい整合性が現れて，ロッキングが働くためである．

9 GPa 以上の圧力での実験が行われれば，パイエルス転移の片鱗は完全に消えてしまうことがわかるかもしれない．電気伝導度だけではなく他の物性に対しても詳しいバンド計算や X 線による研究が進めば，この圧力–温度領域での TTF-TCNQ の振る舞いがより正確に把握できるであろう．

TTF-TCNQ の金属化という研究者たちの長年の夢が実現されたわけであるから，次には超伝導の発見が可能になるかもしれないと，新たな夢を描く人たちもいる．TTF-TCNQ における超伝導の問題は，高温超伝導物質の探求という面ではなく，パイエルス転移との関連で興味深いものである．

4

ブロッホ–ウィルソン転移 — タイプ I
(バンド交差による金属–非金属転移 — その1)

4.1 バンド交差の原理 — その1

4.1.1 孤立原子と有限個原子分子

第2章のバンド理論のところでは,自由電子から出発し,そこへ周期的なポテンシャルが導入されたら電子状態はどのように変化するかを考えた.本章では逆に,孤立原子から出発して,その孤立原子が集まって結晶に到達する場合に,電子状態がどのように変わっていくかについて論じよう.結論を先に言うと,自由電子から出発しても孤立原子から出発しても,「結晶構造においては,電子のエネルギー準位がバンドを形成する」という同じ結果が得られる.

本節ではまず,有限個の原子からなる分子における電子エネルギーを計算しよう.

a. 孤立原子

出発点は孤立原子である.位置 R_0 に1個の原子(正確にはイオン)があるとしよう.そのイオンが点 r にある電子に及ぼすポテンシャルを $\mathcal{V}_0(r - R_0)$ と書くと,1電子ハミルトニアンは次の形になる.

$$H_{\text{atom}} = -\frac{\hbar^2}{2m}\nabla^2 + \mathcal{V}_0(r - R_0) \tag{4.1}$$

ここで,m は電子の質量である.このハミルトニアンに対するシュレーディンガー方程式は,

$$H_{\text{atom}}\phi_0(r - R_0) = \varepsilon_0 \phi_0(r - R_0) \tag{4.2}$$

となる.ここで,ε_0 と $\phi_0(r - R_0)$ はそれぞれ,孤立原子における1電子ハミ

4.1 バンド交差の原理 — その1

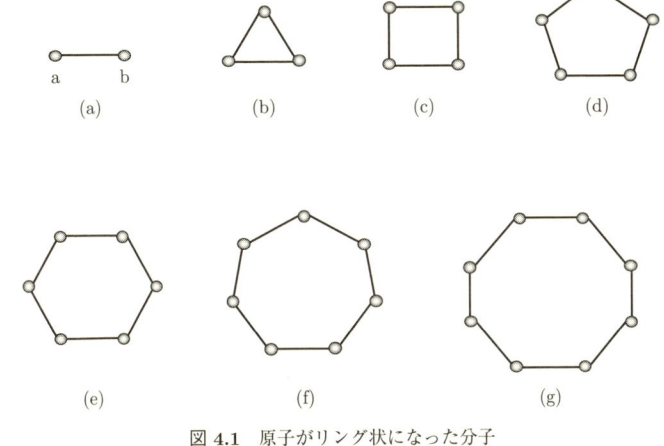

図 4.1 原子がリング状になった分子
隣接原子どうしを結ぶ実線は図を見やすくするために描いたもので，物理的な意味はない．

ルトニアン H_{atom} の固有値と固有関数である．以下の議論では，簡単のために s 準位のみを考えることにする．この簡単化のために議論の普遍性が失われることはない．s 準位以外の準位にある電子に関しても，式の展開は全く同じように行うことができる．

b. 2 原子分子

次に，図 4.1(a) のような 2 原子分子を考えよう．$\boldsymbol{R}_{\mathrm{a}}$ と $\boldsymbol{R}_{\mathrm{b}}$ とに原子（正確にはイオン）があるとする．この 2 原子分子の 1 電子ハミルトニアンは，次式の形に書ける．

$$H_2 = -\frac{\hbar^2}{2m}\nabla^2 + \mathcal{V}_0(\boldsymbol{r}-\boldsymbol{R}_{\mathrm{a}}) + \mathcal{V}_0(\boldsymbol{r}-\boldsymbol{R}_{\mathrm{b}}) \tag{4.3}$$

この 2 原子分子ハミルトニアンに対するシュレーディンガー方程式は

$$H_2 \psi_2(\boldsymbol{r}) = \varepsilon \psi_2(\boldsymbol{r}) \tag{4.4}$$

となる．ここで，ε と $\psi_2(\boldsymbol{r})$ はそれぞれ，2 原子分子における 1 電子ハミルトニアン H_2 の固有値と固有関数である．

固有関数を導くために，「原子軌道の線形結合 (LCAO：Linear Combination of Atomic Orbitals) 近似法」を採用する．LCAO 近似法というのは，分子軌道関数を求める近似法の1つである．この近似法では，イオン a に対する原子軌道

$\phi_\mathrm{a}(\boldsymbol{r})$ ($\equiv \phi_0(\boldsymbol{r}-\boldsymbol{R}_\mathrm{a})$) とイオン b に対する原子軌道 $\phi_\mathrm{b}(\boldsymbol{r})$ ($\equiv \phi_0(\boldsymbol{r}-\boldsymbol{R}_\mathrm{b})$) の線形結合

$$\psi_2(\boldsymbol{r}) = C_\mathrm{a}\phi_\mathrm{a}(\boldsymbol{r}) + C_\mathrm{b}\phi_\mathrm{b}(\boldsymbol{r}) \tag{4.5}$$

でもって,分子軌道を記述する.ここで,係数 C_a および C_b は変分計算によって求める.a イオンおよび b イオンのそれぞれの近傍では,電子軌道の状況は分子のなかでも孤立原子の場合と似通っているにちがいないというのが,この近似の根拠である.

2 原子分子の電子エネルギー準位を計算するために,次のステップを踏む.

[1] (4.4) 式の右辺を左辺に移項して,次式のようにまとめる.

$$[H_2 - \varepsilon]\psi_2(\boldsymbol{r}) = 0 \tag{4.6}$$

[2] (4.5) 式の $\psi_2(\boldsymbol{r})$ を,(4.4) 式の $\psi_2(\boldsymbol{r})$ に代入する.

$$[H_2 - \varepsilon][C_\mathrm{a}\phi_\mathrm{a}(\boldsymbol{r}) + C_\mathrm{b}\phi_\mathrm{b}(\boldsymbol{r})] = 0 \tag{4.7}$$

[3] (4.7) 式に,右から $\phi_\mathrm{a}(\boldsymbol{r})$ をかけて,全体を $\boldsymbol{r}$ について積分する.

[4] (4.7) 式に,右から $\phi_\mathrm{b}(\boldsymbol{r})$ をかけて,全体を $\boldsymbol{r}$ について積分する.

[5] 以下の記述を簡単にするために,次の表式を導入する.

$$\langle \phi_\alpha(\boldsymbol{r})|\mathcal{A}(\boldsymbol{r})|\phi_\beta(\boldsymbol{r})\rangle \equiv \int \mathrm{d}\boldsymbol{r}\phi_\alpha^*(\boldsymbol{r})\mathcal{A}(\boldsymbol{r})\phi_\beta(\boldsymbol{r}) \tag{4.8}$$

ここで,$\mathcal{A}(\boldsymbol{r})$ は任意の演算子である.また,α と β は a または b になる.

積分の結果,次の 2 式が得られる.

$$C_\mathrm{a}[(\varepsilon_0 - \mathcal{T}_0) - \varepsilon] + C_\mathrm{b}[(\varepsilon_0 S - \gamma_0) - \varepsilon S] = 0$$

$$C_\mathrm{a}[(\varepsilon_0 S - \gamma_0) - \varepsilon S] + C_\mathrm{b}[(\varepsilon_0 - \mathcal{T}_0) - \varepsilon] = 0$$

ここで,S,$\mathcal{T}$ および γ は ($\alpha \neq \beta$ の条件で) 次の式で与えられる.

$$\begin{aligned}
S &= S(\boldsymbol{R}_\alpha - \boldsymbol{R}_\beta) &&\equiv +\langle\phi_\alpha(\boldsymbol{r})|\phi_\beta(\boldsymbol{r})\rangle > 0 && (\alpha \neq \beta)\\
\mathcal{T}_0 &= \mathcal{T}_0(\boldsymbol{R}_\alpha - \boldsymbol{R}_\beta) &&\equiv -\langle\phi_\alpha(\boldsymbol{r})|\mathcal{V}_0(\boldsymbol{r}-\boldsymbol{R}_\beta)|\phi_\alpha(\boldsymbol{r})\rangle > 0 && (\alpha \neq \beta)\\
\gamma_0 &= \gamma_0(\boldsymbol{R}_\alpha - \boldsymbol{R}_\beta) &&\equiv -\langle\phi_\alpha(\boldsymbol{r})|\mathcal{V}_0(\boldsymbol{r}-\boldsymbol{R}_\alpha)|\phi_\beta(\boldsymbol{r})\rangle > 0 && (\alpha \neq \beta)
\end{aligned} \tag{4.9}$$

第 2 式と第 3 式では,$\mathcal{V}_0(\boldsymbol{r}-\boldsymbol{R}_\alpha) < 0$ であることを考慮し,$\mathcal{T}_0$ と $\gamma_0(\boldsymbol{R}_\alpha - \boldsymbol{R}_\beta)$

4.1 バンド交差の原理 — その1

が正になるように符号が選ばれている. 第1式の $S(\boldsymbol{R}_\alpha - \boldsymbol{R}_\beta)$ を一般に「重なり積分」(overlap integral) と呼ぶ. $\boldsymbol{R}_\alpha$ のまわりの電子軌道と $\boldsymbol{R}_\beta$ のまわりの電子軌道の重なりの大きさを表す量である. 第2式の $\mathcal{T}_0(\boldsymbol{R}_\alpha - \boldsymbol{R}_\beta)$ は, 点 $\boldsymbol{R}_\beta$ にある原子のポテンシャルが点 $\boldsymbol{R}_\alpha$ にある原子のまわりにある電子にとってどんな大きさで感じられるかを表す量である. 一方, 第3式の $\gamma_0(\boldsymbol{R}_\alpha - \boldsymbol{R}_\beta) > 0$ を「移動積分」(transfer integral) と呼ぶ. 点 $\boldsymbol{R}_\beta$ にある原子のまわりにいる電子が, 点 $\boldsymbol{R}_\alpha$ にある原子によるポテンシャル $\mathcal{V}_0(\boldsymbol{r} - \boldsymbol{R}_\alpha)$ に引かれる大きさを示す量である. 本書では第2量子化の表示は使わないが, もし第2量子化の言葉で表現するなら, $\gamma_0(\boldsymbol{R}_\alpha - \boldsymbol{R}_\beta)$ は, 点 $\boldsymbol{R}_\beta$ にある電子を消滅させて点 $\boldsymbol{R}_\alpha$ に生成させる際の効果の大きさを表す量に相当する. すなわち, 電子を点 $\boldsymbol{R}_\beta$ から点 $\boldsymbol{R}_\alpha$ に「移動」させる際の効果の大きさに当たることが名前の由来である.

これらの結果を使うと, 固有値 ε は次の行列式から計算できる.

$$\begin{vmatrix} (\varepsilon_0 S - \gamma_0) - \varepsilon S & (\varepsilon_0 - \mathcal{T}_0) - \varepsilon \\ (\varepsilon_0 - \mathcal{T}_0) - \varepsilon & (\varepsilon_0 S - \gamma_0) - \varepsilon S \end{vmatrix} = 0$$

結果として, 固有値は次のように求められる.

$$\varepsilon = (\varepsilon_0 - \mathcal{T}_0) + \gamma_0 \frac{1}{1-S} \tag{4.10}$$

$$\varepsilon = (\varepsilon_0 - \mathcal{T}_0) - \gamma_0 \frac{1}{1+S} \tag{4.11}$$

式の見通しをよくするために, 重なり積分 S は 1 に比べて十分に小さい ($\mathcal{O}(S) \ll 1$) という事実に基づいて, この項を無視する. この簡単化は議論の本質を損なうことはなく, 必要ならばいつでもこの簡単化を解除することができる.

簡単化の下では, 2原子分子の電子エネルギー準位は, $\varepsilon = (\varepsilon_0 - \mathcal{T}_0) \mp \gamma_0$ の形に求められる. 本節では議論の簡単のために, s 準位のみを考えているので, 上で定義された $\gamma_0(\boldsymbol{R}_\alpha - \boldsymbol{R}_\beta)$ は, $(\boldsymbol{R}_\alpha - \boldsymbol{R}_\beta)$ の絶対値のみの関数となる. 2つの原子間の距離を a とすると, $\gamma_0 = \gamma_0(a)$ と書くことができる. したがって, 2原子分子のエネルギー準位は

$$\varepsilon = (\varepsilon_0 - \mathcal{T}_0) \mp \gamma_0(a) \tag{4.12}$$

の形に求められる.

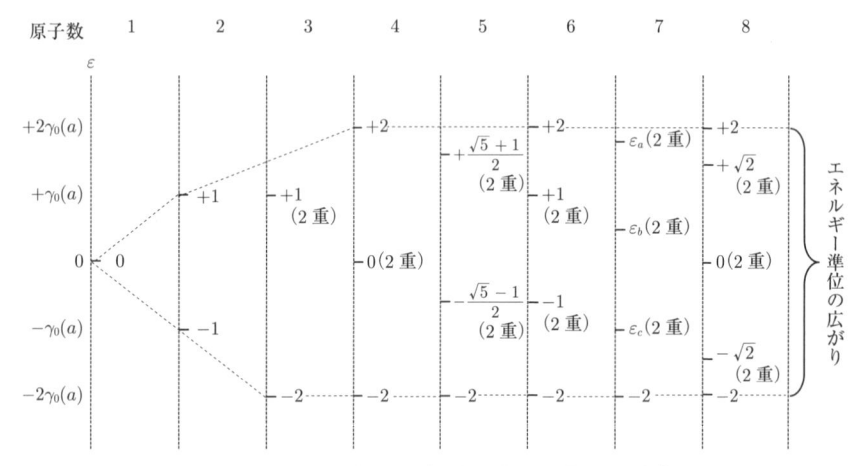

図 4.2 　図 4.1 に示された分子中の電子のエネルギー準位
図中の数字は $\gamma_0(a)$ で測ったエネルギー．

c. 多原子分子

図 4.1 の分子（図では原子数が 2 から 8 のものを表示）における s 電子のエネルギー準位が，図 4.2 に示されている．ここで，(4.9) 式で定義された S や T_0 や γ_0 は，最隣接原子間に関する項のみが大きな値をとり，2 原子以上離れた原子間からの寄与は小さいとして無視する．

孤立原子の s 電子軌道は球対称であるため，γ_0 は隣接原子のある方向によらず，隣接原子間の距離のみの関数となる．図では，$(\varepsilon_0 - T_0)$ をエネルギーの原点にとっている．

いずれの場合にも，電子のエネルギー準位は孤立原子における値 $(\varepsilon_0 - T_0)$ を中心に上下に広がっている．どの大きさの分子についても，電子エネルギー準位の平均値は $(\varepsilon_0 - T_0)$ になる．偶数原子からなる分子では，エネルギー準位は $-2\gamma_0(a)$ から $+2\gamma_0(a)$ まで広がっており，広がりの大きさは $4\gamma(a)$ である．この値は，$[2 \times (\text{最隣接原子の数}) \times \gamma_0(a)]$ である．γ_0 について最隣接原子間の効果のみを勘案した結果として，バンド幅は分子を構成する原子数にはよらず，最隣接原子数とそれらの原子間の積分のみに依存しているのである．この事情は，最隣接原子近似を採用した場合の 1 次元結晶や 3 次元の単純立方格子結晶における s バンドの広がりにも見られるものである（詳細は次小節）．

4.1.2 強束縛近似 —— 一般式の導出

本小節では，周期的な結晶格子の上に原子が並んでいる系を考えよう．この系における 1 電子ハミルトニアンは次の形に書くことができる．

$$H = H_{\text{atom}} + \Delta \mathcal{V}(\boldsymbol{r}) \tag{4.13}$$

ここで，$\Delta\mathcal{V}(\boldsymbol{r})$ は，結晶格子中の電子が感じるポテンシャルから，孤立原子中で電子が感じるポテンシャルを引いたものである．議論の見通しをよくするために s バンドのみを考えることにするが，この簡単化は一般性を損なうことはない．本小節の表式は全て，他の準位を考慮した場合に拡張することができる．このハミルトニアンに対するシュレーディンガー方程式は次のように与えられる．

$$H\psi_{\boldsymbol{k}}(\boldsymbol{r}) = \epsilon_{\boldsymbol{k}}\psi_{\boldsymbol{k}}(\boldsymbol{r}) \tag{4.14}$$

この式で，$\boldsymbol{k}$ は，結晶の第 1 ブリユアン帯域の中の N 個の波数ベクトルの全てに相当する．

結晶内でも各原子の近傍では，ハミルトニアンは孤立原子の場合と似通っていると考えると，(4.14) 式のシュレーディンガー方程式の固有関数 $\psi_{\boldsymbol{k}}(\boldsymbol{r})$ は原子軌道 $\phi_0(\boldsymbol{r}-\boldsymbol{R})$ の線形結合で近似することができる．ここで，$\boldsymbol{R}$ は結晶の格子ベクトルである．$\psi_{\boldsymbol{k}}(\boldsymbol{r})$ は，ブロッホ条件（(2.56) 式）

$$\psi_{\boldsymbol{k}}(\boldsymbol{r}-\boldsymbol{R}) = \mathrm{e}^{\mathrm{i}\boldsymbol{k}\cdot\boldsymbol{R}}\psi_{\boldsymbol{k}}(\boldsymbol{r}) \tag{4.15}$$

を満たさなければならない．この条件は，$\psi_{\boldsymbol{k}}(\boldsymbol{r})$ を次の形にとることによって満たされる．

$$\psi_{\boldsymbol{k}}(\boldsymbol{r}) = \sum_{\boldsymbol{R}} \mathrm{e}^{\mathrm{i}\boldsymbol{k}\cdot\boldsymbol{R}}\phi_0(\boldsymbol{r}-\boldsymbol{R}) \tag{4.16}$$

(4.16) 式を (4.14) 式の $\psi_{\boldsymbol{k}}(\boldsymbol{r})$ に代入すると，次の形が得られる．

$$[H_{\text{atom}} + \Delta\mathcal{V}(\boldsymbol{r})]\sum_{\boldsymbol{R}} \mathrm{e}^{\mathrm{i}\boldsymbol{k}\cdot\boldsymbol{R}}\phi_0(\boldsymbol{r}-\boldsymbol{R}) = \varepsilon\sum_{\boldsymbol{R}} \mathrm{e}^{\mathrm{i}\boldsymbol{k}\cdot\boldsymbol{R}}\phi_0(\boldsymbol{r}-\boldsymbol{R}) \tag{4.17}$$

$$\varepsilon_0 \sum_{\boldsymbol{R}} \mathrm{e}^{\mathrm{i}\boldsymbol{k}\cdot\boldsymbol{R}}\phi_0(\boldsymbol{r}-\boldsymbol{R}) + \sum_{\boldsymbol{R}} \mathrm{e}^{\mathrm{i}\boldsymbol{k}\cdot\boldsymbol{R}}\Delta\mathcal{V}(\boldsymbol{r})\phi_0(\boldsymbol{r}-\boldsymbol{R}) = \varepsilon\sum_{\boldsymbol{R}} \mathrm{e}^{\mathrm{i}\boldsymbol{k}\cdot\boldsymbol{R}}\phi_0(\boldsymbol{r}-\boldsymbol{R}) \tag{4.18}$$

(4.18) 式の両辺に，左から $\phi_0^*(\boldsymbol{r})$ をかけ，$\boldsymbol{r}$ に関して積分すると，まず左辺は

左辺 $= \varepsilon_0 \sum_{\bm{R}} \mathrm{e}^{\mathrm{i}\bm{k}\cdot\bm{R}} \langle \phi_0(\bm{r})|\phi_0(\bm{r}-\bm{R})\rangle + \sum_{\bm{R}} \mathrm{e}^{\mathrm{i}\bm{k}\cdot\bm{R}} \langle \phi_0(\bm{r})|\Delta\mathcal{V}(\bm{r})|\phi_0(\bm{r}-\bm{R})\rangle$
(4.19)

となる．一方，右辺は次の形になる．

右辺 $= \varepsilon \sum_{\bm{R}} \mathrm{e}^{\mathrm{i}\bm{k}\cdot\bm{R}} \langle \phi_0(\bm{r})|\phi_0(\bm{r}-\bm{R})\rangle$ (4.20)

$\bm{R}$ について和を，$\bm{R}=0$ の場合と $\bm{R}\neq 0$ の場合に分けると，次式になる．

$$\varepsilon_0\left[1+\sum_{\bm{R}\neq 0}\mathrm{e}^{\mathrm{i}\bm{k}\cdot\bm{R}}S(\bm{R})\right]-\left[\mathcal{T}+\sum_{\bm{R}\neq 0}\mathrm{e}^{\mathrm{i}\bm{k}\cdot\bm{R}}\gamma(\bm{R})\right]=\varepsilon\left[1+\sum_{\bm{R}\neq 0}\mathrm{e}^{\mathrm{i}\bm{k}\cdot\bm{R}}S(\bm{R})\right]$$
(4.21)

ここで，$\mathcal{T}$ と $\gamma(\bm{R})$ は次式で定義される．

$$\mathcal{T} \equiv -\langle \phi_0(\bm{r})|\Delta\mathcal{V}(\bm{r})|\phi_0(\bm{r})\rangle > 0 \tag{4.22}$$

$$\gamma(\bm{R}) \equiv -\langle \phi_0(\bm{r})|\Delta\mathcal{V}(\bm{r})|\phi_0(\bm{r}-\bm{R})\rangle > 0 \quad (\bm{R}\neq 0) \tag{4.23}$$

したがって，(4.14) 式のシュレーディンガー方程式の固有値は次のように導かれる．

$$\varepsilon = (\varepsilon_0 - \mathcal{T}) - A\sum_{\bm{R}\neq 0}\mathrm{e}^{\mathrm{i}\bm{k}\cdot\bm{R}}\gamma(\bm{R}) \tag{4.24}$$

$$A \equiv \frac{1}{1+\sum_{\bm{R}\neq 0}\mathrm{e}^{\mathrm{i}\bm{k}\cdot\bm{R}}S(\bm{R})} \tag{4.25}$$

4.1.1 小節の 2 原子分子の場合同様，計算の見通しをよくするために，重なり積分 $S(\bm{R})$ が 1 に比べて十分に小さい（$\mathcal{O}(S(\bm{R})\ll 1)$）という事実に基づいて，上式でこの項を無視する．その結果，$A\simeq 1$ が得られる．4.1.1 小節の場合と同じように，この簡単化によって議論の普遍性が損なわれることはなく，必要ならばいつでもこの簡単化を解除することができる．その結果，固有値は次の形に求められる．

$$\varepsilon = (\varepsilon_0 - \mathcal{T}) - \sum_{\bm{R}\neq 0}\mathrm{e}^{\mathrm{i}\bm{k}\cdot\bm{R}}\gamma(\bm{R}) \tag{4.26}$$

(4.26) 式の右辺の第 2 項の $\bm{R}$ に関する和において，最隣接原子間のもののみ

が最も大きな値なので，その項のみを残すという近似を考えよう．いまは s 電子のみを考えているので，$\gamma(\boldsymbol{R})$ は $\boldsymbol{R}$ の絶対値 $R \equiv |\boldsymbol{R}|$ のみの関数となる．最隣接原子までのベクトルが $\boldsymbol{R}_{\mathrm{nn}}$ で，最隣接原子間の距離が $R_{\mathrm{nn}} = |\boldsymbol{R}_{\mathrm{nn}}|$ である場合，(4.26) 式は，

$$\varepsilon = (\varepsilon_0 - \mathcal{T}) - \gamma(R_{\mathrm{nn}}) \sum_{\boldsymbol{R}_{\mathrm{nn}}} \mathrm{e}^{\mathrm{i}\boldsymbol{k} \cdot \boldsymbol{R}_{\mathrm{nn}}} \tag{4.27}$$

の形に求められる．右辺第 2 項の和は，全ての最隣接原子についてとる．

4.1.3　1次元結晶と3次元結晶

本小節では，前小節で導かれた式を 1 次元結晶および 3 次元結晶に応用して，エネルギーバンドを導くことにしよう．

エネルギーバンドは，第 1 ブリユアン帯域内の波数ベクトルに対するエネルギー準位を計算することによって導かれる．2.3 節のバンド理論で説明したように，第 1 ブリユアン帯域は逆格子空間における基本ベクトルから求められる．その基本ベクトルは，結晶の基本ベクトル（実空間内）によって定義される．

以下の議論では，式を見やすくするために，任意のベクトル $\boldsymbol{r}$ を次のように表す．

$$\boldsymbol{r} = p\boldsymbol{e}_x + q\boldsymbol{e}_y + r\boldsymbol{e}_z \equiv (p, q, r) \tag{4.28}$$

ここで $\boldsymbol{e}_x$, $\boldsymbol{e}_y$, $\boldsymbol{e}_z$ はそれぞれ x 軸，y 軸，z 軸方向の単位ベクトルである．一方，p, q, r はそれぞれベクトルの x 成分，y 成分，z 成分である．

またエネルギー準位は，$(\varepsilon_0 - \mathcal{T})$ を原点にとることにする．

a.　1次元結晶

図 4.3 に 1 次元周期結晶の模式的な図が描かれている．図 4.1 の有限個原子分子の延長で，N 個の原子から成り，原子間距離は a で，系の長さ L は，$L = Na$ のような首飾りを考える．$(N+1)$ 番目の原子を 1 個目の原子とすると，図のように周期性が保証される．電子数密度 $n \equiv N/L$ を有限に保ちながら，N および L を無限にするという熱力学的極限を考える．首飾り形にするのは，$(N+1)$ 番目の原子を 1 個目の原子とすることに相当する．

この系の基本ベクトル（実空間，および，逆格子空間におけるもの），最隣接

図 4.3 1次元周期結晶の模式的な図

N 個の原子から成り,原子間距離は a. 系の長さ L は,$L = Na$. 原子数密度 $n \equiv N/L$ を有限に保ちながら,N および L を無限にするという熱力学的極限を考える.

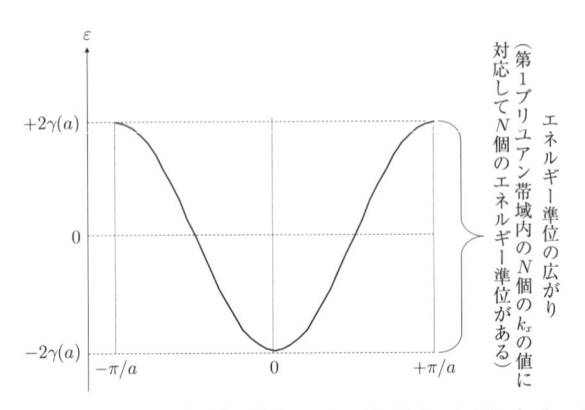

図 4.4 図 4.3 に示される1次元系の電子のエネルギー準位の広がり(エネルギーバンドになる)

第1ブリユアン帯域(波数 k_x で表すと,$-\pi/a \leq k_x \leq +\pi/a$)にわたるエネルギー準位の広がりは,エネルギーバンドの幅に相当する.

原子の位置と数,最隣接近似によるエネルギー準位が,付録 E.1 に示されている.エネルギー準位は

$$\varepsilon_{k_x} = -2\gamma(a)\cos(k_x a) \tag{4.29}$$

で与えられている.エネルギーバンドの様子を調べるには,第1ブリユアン帯域内の全ての波数 k に関してエネルギー準位 (E.1) 式を計算する必要がある.いま考えている1次元結晶の第1ブリユアン帯域は,$-\pi/a \leq k_x \leq +\pi/a$ を満たす波数 k の領域である.この領域のエネルギー準位が図 4.4 に描かれている.バンド幅は $[2 \times z_{\mathrm{nn}} \times \gamma_0(a)]$ となり,有限個の多原子分子の場合と同じ結果である.

b. 単純立方結晶

以下では4種類の3次元結晶について,同様のことを考えよう.ここでは,

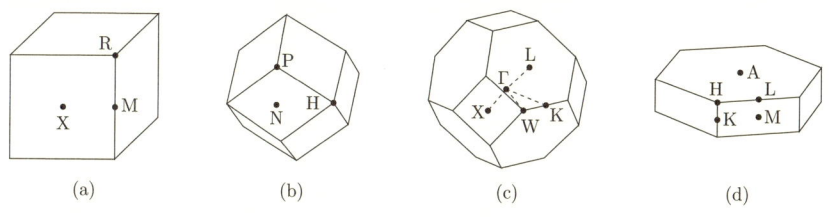

図 4.5 さまざまな 3 次元格子の逆格子内の第 1 ブリユアン帯域
図に書き込まれたアルファベットの文字は，帯域面上の対称性の高い点を表すもの．
(a) 実空間のブラヴェ格子が単純立方格子（simple cubic : sc）の場合には，逆格子も単純立方格子を成し，第 1 ブリユアン帯域は立方体になる．
(b) 実空間のブラヴェ格子が体心立方格子（body-centered cubic : bcc）の場合には，逆格子は面心立方格子（face-centered cubic : fcc）を成し，第 1 ブリユアン帯域は十二面体になる．
(c) 実空間のブラヴェ格子が面心立方格子（face-centered cubic : fcc）の場合には，逆格子は体心立方格子（body-centered cubic : bcc）を成し，第 1 ブリユアン帯域は正六角形 8 つと正方形 6 つから成る十四面体になる（正八面体の頂点を切り落としたもの）．なお，面心立方格子は 3 次元における最密構造の 1 つである．
(d) 実空間で六方最密構造（hexagonal closest packed structure : hcp）をとる場合には，ブラヴェ格子は単純立法格子である．逆格子は三角格子の積み重ねとなり，第 1 ブリユアン帯域はこの図のような六角柱の形になる．

まず単純立方結晶（simple cubic crystal : sc と省略）を取り上げる．単純立方結晶というのは，一辺が a の立方体を x, y, z の 3 方向に積み重ねて，各頂点に原子を置いた形になっている．

この系の基本ベクトル（実空間，および，逆格子空間におけるもの），最隣接原子の位置と数，最隣接近似によるエネルギー準位が，付録 E.2 に示されている．エネルギー準位は次式で与えられる．

$$\varepsilon_{\boldsymbol{k}} = -2\gamma(R_{\mathrm{nn}})[\cos(k_x a) + \cos(k_y a) + \cos(k_z a)] \tag{4.30}$$

3 次元結晶に対して図 4.4 のような図を描くためには 4 次元空間を用意しなければならないが，それは困難なので，第 1 ブリユアン帯域内の波数ベクトルのうち対称性の高い直線や点に関してエネルギー準位を求めて，全体の様子を判断する方法が一般的に用いられる．

単純立方格子に対しては，図 4.5(a) で示される対称性の高い点 (Γ-X-M-R-Γ) を結ぶ線上での (4.30) 式が付録 F.1 に与えられている．なお，単純立方格子に対しては，$R_{\mathrm{nn}} = a$ である．

付録 F.1 のなかの (F.2) 式を具体的に表示したものが，図 4.6(a) である．エネ

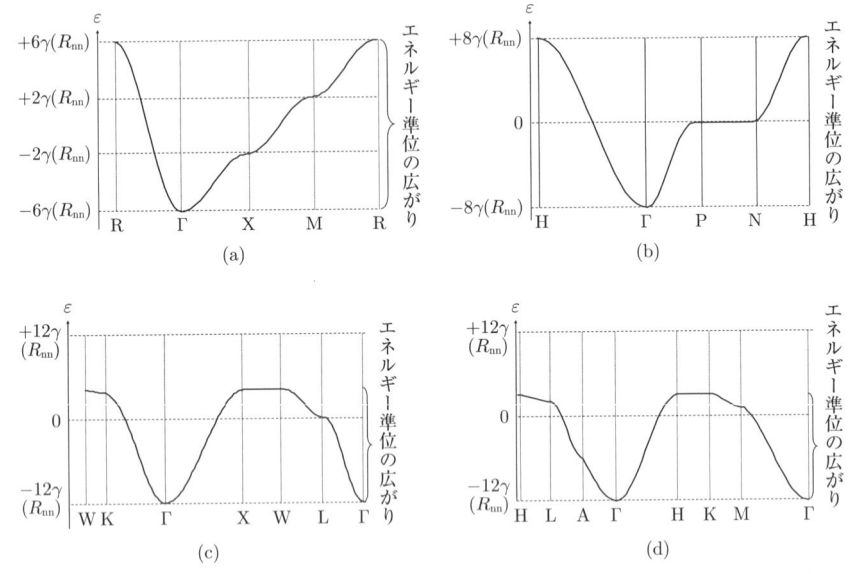

図 4.6 s 準位のエネルギーの広がり（s バンドに相当）
第 1 ブリユアン帯域の中心（Γ 点）と，帯域面上の対称性の高い点を相互につないだ線上にある波数ベクトルに対するエネルギー．(a) 単純立方格子，(b) 体心立方格子，(c) 面心立方格子，(d) 六方最密構造．

ルギーバンドの幅は，エネルギーのゼロ点から上下（正の方向と負の方向）に，それぞれ $6\gamma(a) = z_{\rm nn}\gamma(a)$ ずつ広がっていて，全体のバンド幅は $12\gamma(a) = z_{\rm nn}\gamma(a)$ になる．ここでもやはり，[バンド幅] $= [2 \times z_{\rm nn} \times \gamma(a)]$ が満たされている．

c. 体心立方結晶

ここでは，体心立方結晶（body-centered cubic crystal：bcc と省略）を取り上げる．体心立方格子は，単純立方格子において，各立方体の頂点のみでなく，体心にも格子点が存在するものである．立方体の一辺を a とすると，立方体ごとに $(0, 0, 0)$ と $a(1/2, 1/2, 1/2)$ の 2 つの格子点があることになる．

この系の基本ベクトル（実空間，および，逆格子空間におけるもの），最隣接原子の位置と数，最隣接近似によるエネルギー準位が，付録 E.3 に示されている．

体心立方結晶の逆格子は面心立方格子になる．一辺が $4\pi/a$ の立方体の頂点と各面の中心に格子点があるのが，面心立方格子である．立方体ごとに 4 個の

格子点があることになる．(E.5) 式の基本ベクトルで規定される．

付録 E.3 で，エネルギー準位は次式の形に与えられている．

$$\varepsilon_{\bm{k}} = -8\gamma(R_{\mathrm{nn}}) \left[\cos\left(\frac{k_x a}{2}\right) \cos\left(\frac{k_y a}{2}\right) \cos\left(\frac{k_z a}{2}\right) \right] \tag{4.31}$$

第 1 ブリユアン帯域は逆格子空間中で，図 4.5(b) で表されるような菱形十二面体になる．この図に示される対称性の高い点（Γ-P-N-H-Γ）を結ぶ線上での電子エネルギー（(E.6)）式が付録 F.2 に求められている（(F.4) 式）．

(F.4) 式を具体的に表示したものが，図 4.6(b) である．エネルギーバンドの幅は，エネルギーのゼロ点を中心に，上下（正の方向と負の方向）にそれぞれ $8\gamma(R_{\mathrm{nn}})$ ずつ広がっていて，全体のバンド幅は $16\gamma(R_{\mathrm{nn}})$ になる．ここでもやはり，[バンド幅] $= [2 \times z_{\mathrm{nn}} \times \gamma(R_{\mathrm{nn}})]$ が満たされている．

d. 面心立方結晶

ここでは，面心立方結晶（face-centered cubic crystal：fcc と省略）について述べる．面心立方格子は，単純立方格子において，各立方体の頂点のみでなく，各面の中心にも格子点が存在するものである．立方体の一辺を a とすると，立方体ごとに $(0, 0, 0)$，$a(0, 1/2, 1/2)$，$a(1/2, 0, 1/2)$，$a(1/2, 1/2, 0)$ の 4 つの位置に格子点があることになる．

この系の基本ベクトル（実空間，および，逆格子空間におけるもの），最隣接原子の位置と数，最隣接近似によるエネルギー準位が，付録 E.4 で与えられる．エネルギー準位は次の形になることが示されている．

$$\varepsilon_{\bm{k}} = -12\gamma(R_{\mathrm{nn}}) \left[\cos\left(\frac{k_y a}{2}\right) \cos\left(\frac{k_z a}{2}\right) + \cos\left(\frac{k_z a}{2}\right) \cos\left(\frac{k_x a}{2}\right) \right. \\ \left. + \cos\left(\frac{k_x a}{2}\right) \cos\left(\frac{k_y a}{2}\right) \right] \tag{4.32}$$

第 1 ブリユアン帯域は逆格子空間中で，図 4.5(c) で表されるような形になる．これは正八面体の頂点を切断したものに相当する．この図に示される対称性の高い点（Γ-X-W-L-Γ-K-W）を結ぶ線上での電子エネルギー準位（(E.8) 式）の具体的な形が付録 F.3 で計算されている（(F.6) 式）．

(F.6) 式を具体的に表示したものが，図 4.6(c) である．エネルギーバンドは，負の範囲では $-z_{\mathrm{nn}}\gamma(R_{\mathrm{nn}} = -12\gamma(R_{\mathrm{nn}})$ まで広がっているが，正の範囲では $4\gamma(R_{\mathrm{nn}})$ にまでしか広がっていない．

面心立方格子では，ある格子点から出発して，最隣接格子を伝わって移動したとき，元の格子点に戻ってくる道筋として，偶数ステップのもののみでなく，奇数ステップのものも存在することが関係している．これに対して，単純立方格子や体心立方格子では，偶数ステップの道筋しか現れない．

図 4.2 に描かれている有限原子分子のエネルギー準位を見ると，4 原子以上の偶数原子から成る分子では負の方向にも正の方向にも，それぞれに $z_{nn}\gamma(R_{nn}) = 2\gamma(R_{nn})$ だけの広がりがあるが，奇数原子分子ではこの大きさだけの広がりは負の方向のみに現れ，正の方向の広がりはこれより小さい．ここでも同様に，奇数原子分子では，ある原子から出発して元の原子に戻ってくる道筋に奇数ステップのものが現れるのに対して，偶数原子分子では偶数ステップの道筋しか存在しないことが関係している．

e. 六方最密結晶

ここでは，六方最密結晶（hexagonal closest packed crystal：hcp と省略）について述べる．

2 次元での最密構造は三角格子である．ベアリングボールのような球形のものを四角い器に入れてかたむけると，最稠密な三角格子の形に集まる．その三角格子の上に三角格子を乗せて鉛直方向にも稠密にするとき，積み重ね方（スタックの仕方）が 2 種類ある．三角格子を ABCABC ··· の順に積み重ねると面心立方格子になる．一方，ABABAB ··· の順に積み重ねたものが，六方最密結晶である．

この系の基本ベクトル（実空間，および，逆格子空間におけるもの），最隣接原子の位置と数，最隣接近似によるエネルギー準位が，付録 E.5 で与えられる．エネルギー準位は次の形になることが示されている．

$$\varepsilon_{\bm{k}} = -\gamma(R_{nn})\left[2\cos(k_x a) + 4\cos\left(\frac{1}{2}k_x a\right)\cos\left(\frac{\sqrt{3}}{2}k_y a\right)\right.$$
$$+4\cos\left(\frac{1}{2}k_x a\right)\cos\left(\frac{\sqrt{3}}{6}k_y a\right)\cos\left(\sqrt{\frac{2}{3}}k_z a\right)$$
$$\left.+2\cos\left(\frac{1}{\sqrt{3}}k_y a\right)\cos\left(\sqrt{\frac{2}{3}}k_z a\right)\right] \quad (4.33)$$

第 1 ブリユアン帯域は逆格子空間中で，図 4.5(d) で表されるような六角柱の

形になる.

この図に示される対称性の高い点を結ぶ線上（L-A-Γ-H-K-M-Γ）の電子エネルギーは (F.8) 式に示されている．(F.8) 式を具体的に描いたものが，図 4.6(d) である．エネルギーバンドは，負の範囲では $-z_{\rm nn}\gamma(R_{\rm nn}) = -12\gamma(R_{\rm nn})$ まで広がっているが，正の範囲では $3\gamma(R_{\rm nn})$ にまでしか広がっていない．

六方最密格子においても，面心立方格子の場合同様，ある格子点から出発して，最隣接格子を伝わって移動したとき，元の格子点に戻ってくる道筋として，偶数ステップのもののみでなく奇数ステップのものも存在する．この事実が，エネルギーのゼロ点のまわりのエネルギーバンドの非対称性に関係している．

4.1.4 バンドの広がりと重なり（交差）— 準位差（$\Delta\varepsilon_{\mu+1,\mu}$）とバンド幅（$W$）—

前小節で確認したように，結晶中の電子準位はエネルギーのゼロ点（$\varepsilon_0 - \mathcal{T}$）の上下に広がる．その広がり方は，結晶の種類によってエネルギーのゼロ点に関して対称的である場合とない場合があるが，どちらの場合にもエネルギーバンドの幅は移動積分 $\gamma(\bm{R}_{\rm nn})$ に比例する．

その移動積分 $\gamma(\bm{R}_{\rm nn})$ の基本的な形は，4.1.1 小節の (4.23) 式で次のように定義されている．

$$\gamma(\bm{R}_{\rm nn}) \equiv -\langle \phi_0(\bm{r}) | \Delta \mathcal{V}(\bm{r}) | \phi_0(\bm{r} - \bm{R}_{\rm nn}) \rangle \tag{4.34}$$

4.1.1 小節でも述べたように，$\mathcal{V}(\bm{r}) < 0$ であることを考慮して，$\gamma(\bm{R}_{\rm nn}) > 0$ となるように，(4.34) 式の定義で右辺にマイナスがつけられている．

$\phi_0(\bm{r})$ が s 軌道なら $\gamma(\bm{R}_{\rm nn})$ は，$\bm{R}_{\rm nn}$ の絶対値 $R_{\rm nn} = |\bm{R}_{\rm nn}|$ のみの関数となる．一方，$\phi_0(\bm{r})$ が s 軌道でない場合には，$\gamma(\bm{R}_{\rm nn})$ は，$\bm{R}_{\rm nn}$ の関数ではあるが，$R_{\rm nn} = |\bm{R}_{\rm nn}|$ のみの関数ではない．しかしいずれの場合にも，$R_{\rm nn}$ の増加と共に $\gamma(\bm{R}_{\rm nn})$ は減少し，したがってバンド幅も減少する．

これらの事実も念頭において，以下の議論では $R_{\rm nn}$ または $R_{\rm nn}^{-1}$ を変数として，バンドの幅と準位の差などに関する話を進める．

孤立原子は，原子間距離 $R_{\rm nn}$ が無限大の極限（$R_{\rm nn} = \infty$）に相当する．これは原子間距離の逆数でみると，$R_{\rm nn}^{-1} = 0$ の極限に当る．この場合はバンド幅

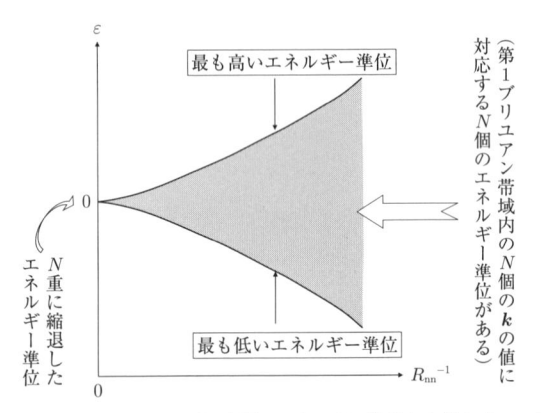

図 4.7 エネルギー準位の広がり（最も低いエネルギー準位から最も高いエネルギー準位までの間）を原子間距離の逆数（$R_{\rm nn}^{-1}$）の関数として模式的に表したもの

もゼロである．

　バンド幅を原子間距離の逆数 $R_{\rm nn}^{-1}$ の関数として描くと，図 4.7 のようになる．バンド幅は模式的に描かれているので，定量的な意味はなく定性的にのみ正しい．結晶中の原子の数を N としたとき，$R_{\rm nn}^{-1}=0$ の極限では，エネルギーのゼロ点に準位が N 重に縮退している．有限の $R_{\rm nn}^{-1}$ においては，バンド幅（最も高いエネルギー準位と最も低いエネルギー準位の差）は有限で，その幅のなかに N 個のエネルギー準位がある．この N 個の準位は，対象となっている結晶の第 1 ブリユアン帯域内の N 個の波数ベクトル $\boldsymbol{k}$ のそれぞれに対応するものである．

　各準位にはスピンの自由度がある．したがって，各バンドにはスピン自由度まで含めて $2N$ 個の電子準位が存在することになる．

　一方，$1s$ 準位以外の準位を考慮したものが，図 4.8 に模式的に示されている．孤立原子の全てのエネルギー準位が，有限の $R_{\rm nn}^{-1}$ に対して有限のバンド幅をもつ．バンド幅の大きさを，オーダーとして W で表現することにする．

　それぞれのバンド幅 W は，その準位に対応する移動積分の大きさに比例する．したがって，それぞれのバンド幅 W は，原子間距離の逆数 $R_{\rm nn}^{-1}$ の増加に伴って増加する．

　隣り合う準位（μ 番目と $\mu+1$ 番目）のエネルギー差を

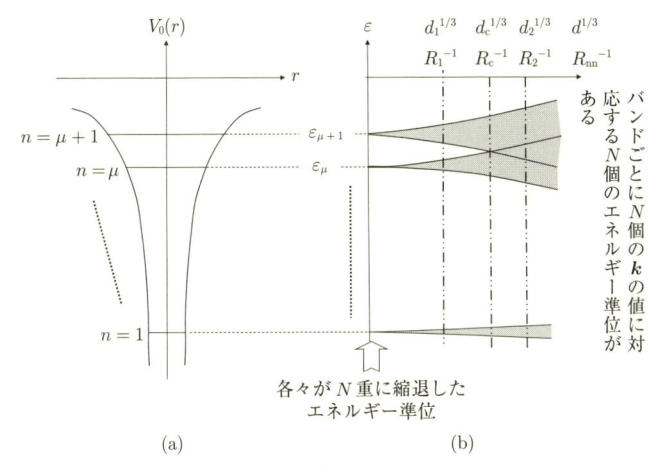

図 4.8　エネルギーバンドの重なりかたによって，金属になったり非金属になったりする．(a) 孤立原子のエネルギー準位（$n=1, n=2, n=3$ などで表されている）．(b) 結晶中でそれぞれのエネルギー準位が広がった状況．原子間距離の逆数（R_{nn}^{-1}）の関数として描かれている．例えば，$n=\mu$ の準位がちょうどいっぱいになるだけの電子がある場合を考えてみよう．原子間距離が R_1 の場合には，$n=\mu$ に相当するバンドがちょうどいっぱいにつまっていて，その上のバンドとの間にエネルギーギャップがあるので，系は非金属である．一方，原子間距離が R_2 の場合には，フェルミエネルギーはバンドの途中にあるので，系は金属である．

$$\Delta\varepsilon_{\mu+1,\mu} \equiv \varepsilon_{\mu+1} - \varepsilon_\mu \tag{4.35}$$

と表すことにしよう．R_{nn}^{-1} が十分に小さい場合には，バンド幅 W は $\Delta\varepsilon_{\mu+1,\mu}$ と比較して十分に小さい（$W/\Delta\varepsilon_{\mu+1,\mu} \ll 1$）ので，2つのバンドは独立したものになり，バンド間にギャップ（ε_g）が存在する．図 4.8(b) では，$R_{nn}^{-1}=R_1^{-1}$ での状況がこの場合に相当する．

R_{nn}^{-1} が増加すると，バンド幅 W も増加する．W が十分大きくなると，バンド幅がエネルギー準位差と比較して十分大きくなる（$W/\Delta\varepsilon_{\mu+1,\mu} \gg 1$）ので，バンド幅 W がエネルギー準位差 $W/\Delta\varepsilon_{\mu+1,\mu}$ と比較して十分に大きい場合（$W/\Delta\varepsilon_{\mu+1,\mu} \gg 1$ が満たされる場合）には，2つのバンドが重なって，エネルギーギャップは消失する．図 4.8(b) では，$R_{nn}^{-1}=R_2^{-1}$ での状況がこの場合に相当する．

図 4.8(b) で示される例では，原子間距離の逆数が $R_{nn}^{-1}=R_c^{-1}$ のとき，μ バンドと $(\mu+1)$ バンドとが出会って，エネルギーギャップはその点で消滅する．

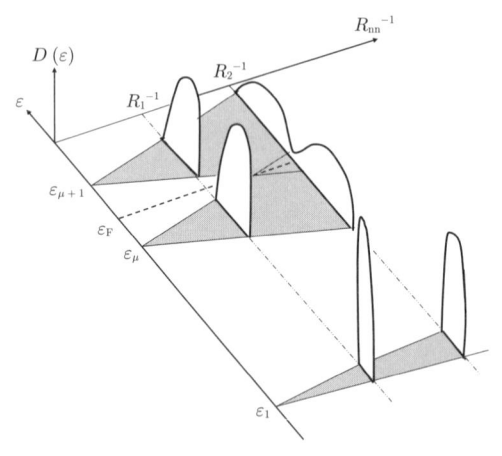

図 4.9 エネルギー準位の広がり（エネルギーバンド）と原子間距離の逆数（R_{nn}^{-1}）の関係を示す図（図 4.8）に, R_1^{-1} および R_2^{-1} における状態密度 $D(\varepsilon)$ を描き込んだもの. この図は, タイプ I のブロッホ–ウィルソン転移の原理を説明する図になっている.

この図の特徴的な点は, 原子間距離が変わってもエネルギー準位差 $\Delta\varepsilon_{\mu+1,\mu}$ は不変で, バンド幅 W のみが変化することである. すなわち, 原子間距離の逆数 R_{nn}^{-1} の増加に伴って, バンド幅 W は増加するのに対して, エネルギー準位差 $\Delta\varepsilon_{\mu+1,\mu}$ は一定のままである. その当然の帰結として, R_{nn}^{-1} の増加に伴い, バンドギャップ ε_g が減少し, $R_{nn}^{-1} = R_c^{-1}$ において $\varepsilon_g = 0$ となるのである.

図 4.9 は, R_1^{-1} と R_1^{-2} における各バンドの状態密度を模式的に描き込んだものである.

いま, μ 番目より低いバンドの準位は全て電子で占有されていて, μ 番目のバンドの準位に原子あたり 2 個の電子が割り当てられている場合を考えよう.

$R_{nn}^{-1} < R_c^{-1}$ の場合には, 図 4.8(b) と 図 4.9 の両方から明らかなように, フェルミ準位 ε_F （あるいは「化学ポテンシャル」と呼ぶこともある）はエネルギーギャップの中にあるために, そのエネルギーに対する電子の状態密度は $D(\varepsilon_F) = 0$ となる. 2.2.3 小節で, 任意の物質が金属であるための必要条件は, $D(\varepsilon_F) \neq 0$ であると述べた. $R_{nn}^{-1} < R_c^{-1}$ ではこの条件が満たされていないので, 系は非金属である.

それに対して，$R_{nn}^{-1} > R_c^{-1}$ の場合には，μ 番目のバンドと $\mu+1$ 番目のバンドとが重なっていて，フェルミ準位 ε_F はこの重なりの部分にくる．図 4.9 からも明らかなように，この部分の状態密度は有限で，$D(\varepsilon_F) \neq 0$ が満たされている．したがって，系は金属である．

4.1.5　いくつかの元素金属のエネルギーバンド

この小節では，いくつかの元素金属のエネルギーバンドを具体的に示す．実際の物質に対するバンド計算は，強束縛近似のように単純なもののみではない．まず，結晶内の電子の様子を反映したポテンシャル $\mathcal{V}(\boldsymbol{r})$ を導出する方法がいくつも提案されている．さらに，相対論的効果を取り入れたバンド計算などさまざまな工夫が重ねられている．これらの手続きを経て求められたエネルギーバンドは，手続き（バンド計算の方法）ごとにそれぞれ詳細が異なっている．しかし，以下に述べるような大まかな本質は，どの方法を使っても等しく得られるものである．

付表 1 に示されるように，表の中の太線の左および下にある元素は常温常圧で金属または半金属である．本小節では，それらのなかの典型的な例を取り上げる．一方，非金属単体に関しては，4.2 節で議論する（図 1.1 も参照）．

a.　ナトリウム（Na）などのアルカリ金属

まず，代表的な金属であるナトリウムを見てみよう．付表 1 の元素周期表から，ナトリウム孤立原子の外殻電子は $3s^1$ であることがわかる．周期表の説明にも書いたように，内殻電子は，周期表上でナトリウムが属する周期（第 3 周期）の 1 つ上の周期（第 2 周期）の最後の元素（18 族の希ガス）の電子配置と等しいことをつけ加えておこう．

ナトリウムの孤立原子の外殻には s 電子が 1 個しかない．したがって，結晶になったとき，$3s$ バンド（スピン自由度を含めて $2N$ 個の電子準位を含むもの）には N 個の電子が割り当てられていることになる．したがって，$3s$ バンドは半分だけつまることになる．

図 4.10(a) にナトリウム結晶（bcc 構造）のエネルギーバンドが示されている．縦軸のエネルギーのゼロ点はフェルミ準位である．フェルミ準位はバンドの底からも頂上からも離れていて，フェルミ準位付近のバンドの様子は自由電

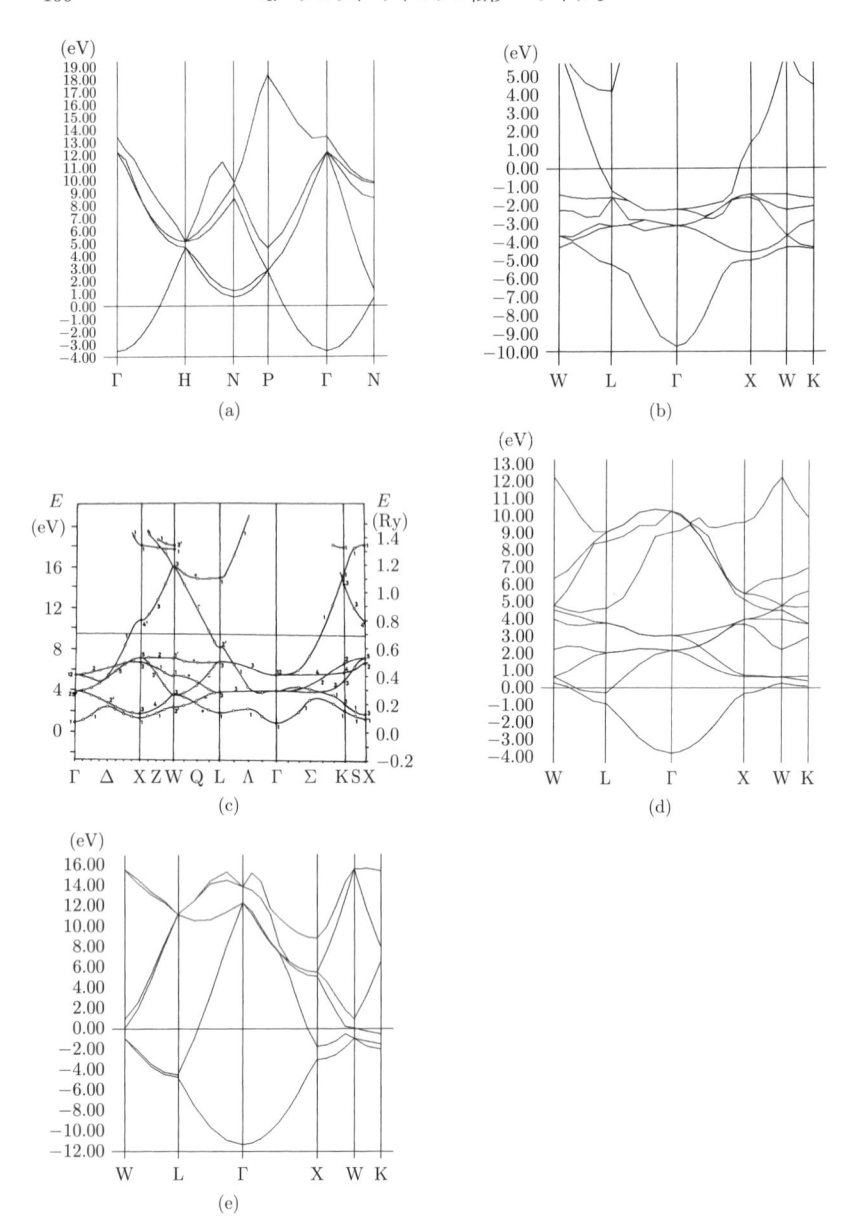

図 4.10 いくつかの元素物質のバンド構造（常温常圧の条件に対する計算結果）
(a) ナトリウム Na（bcc 構造），(b) 銅 Cu（fcc 構造），(c) 金 Au（fcc 構造），(d) カルシウム Ca（fcc 構造），(e) アルミニウム Al（fcc 構造）．

子の場合（図 3.1）と似通っている．ナトリウムが代表的な金属である原因がエネルギーバンドからも明らかである．他の軽いアルカリ金属（リチウム（Li）とカリウム（K））のバンドにおいても同様の傾向が見られる．

b. 銅（Cu）や金（Au）など 11 族の金属

11 族の銅は，外殻電子の配置が $3d^9 4s^2$ である．結晶（fcc 構造）になった場合のエネルギーバンドは，図 4.10(b) に示されている．結晶においては，$4s$ 電子が $3d$ 電子と相互作用していてフェルミ準位から $2 \sim 3$ eV ほど低いエネルギー領域では $3d$ 電子のバンドが現れる．しかし，フェルミ準位近傍では $3d$ 電子の影響もなく，軽いナトリウムや自由電子の場合のフェルミ準位近傍の様子と似通っている．同じ 11 族の銀（Ag）と金（Au）のバンドも，銅と同じ傾向にある（金のバンド構造は図 4.10(c) に示されている）．これら 11 族の金属は，伝導度も高く，1 族のアルカリ金属に次いで，典型的な金属の性質を示すが，その原因がエネルギーバンドにも現れていることになる．

c. カルシウム（Ca）などのアルカリ土類

2 族（アルカリ土類）のカルシウム（Ca）については，孤立原子の外殻電子は $4s^2$ の形である．結晶になった場合には $4s$ バンド（スピン自由度を含めて $2N$ 個の電子準位を含むもの）に，$2N$ 個の電子が割り当てられている．したがって，もし $4s$ バンドが独立に存在しているのであれば，このバンドはちょうどいっぱいに詰まっていて，上の伝導帯との間にエネルギーギャップが存在することになる．その見地からすれば，結晶カルシウムは非金属になるはずである．しかし，実際にはカルシウム結晶（fcc 構造：常温常圧において）のエネルギーバンドは，図 4.10(d) に示される形になる．すなわち，$4s$ バンドが $4p$ バンドと重なっているために，フェルミ準位のエネルギーはバンドの重なりの部分にくるので，状態密度は有限になり，系は金属になる．

すなわち，結晶カルシウムでは，図 4.8(b)，図 4.9 の R_2^{-1} に相当する状態が実現されていることになる．

d. アルミニウム（Al）

13 族のアルミニウム（Al）の孤立原子は，外殻電子配置 $4s^2 4p^1$ をもち，外殻電子の数は 3 で奇数なので，結晶はもともと金属になるはずである．実際，結晶アルミニウム（fcc 構造）は図 4.10(e) に示される形になる．$4s$ バンドと

4p は重なっており,その重なり部分にフェルミ準位がくる.当然,系は金属である.

4.1.6 ブロッホ–ウィルソン転移 — タイプ I とタイプ II

図 4.9 で示されるように,ある物質が金属であるか非金属であるかは,フェルミ準位(エネルギー ε_F)におけるバンドの状態によって決まる.すなわち,フェルミ準位において,

    [a] バンドが重なっていて(言い換えると,エネルギーギャップがなくて)$D(\varepsilon_\mathrm{F}) \neq 0$ である場合 　　(図 4.9 の $R_\mathrm{nn}^{-1} = R_2^{-1}$ に相当).
        このとき,「系は金属」.

    [b] バンドが開いていて(言い換えると,エネルギーギャップが存在し)$D(\varepsilon_\mathrm{F}) = 0$ である場合 　　(図 4.9 の $R_\mathrm{nn}^{-1} = R_1^{-1}$ に相当).
        このとき,「系は非金属」.

のいずれかの状態が現れることになる.

ある物質が [a] の状態にあるか [b] の状態にあるかは,物質固有の性質ではなく,与えられた環境条件(温度や圧力など)によって決まることに注意しよう.第 1 章で付表 1 の元素周期表に関して,「太い線の左と下にある元素は金属で,それ以外は非金属である」と述べたが,これはあくまでも常温常圧においてそのようになるというにすぎない.

環境条件(温度や圧力)を変えることによって,同じ物質でも [a] の状態から [b] の状態へ,あるいは [b] の状態から [a] の状態へと変わることがある.前者の場合には「金属から非金属への転移」,後者の場合には「非金属から金属への転移」が起こる.

[a] の状態から [b] の状態へ変化させるには,図 4.9 からも示唆されるように,何らかの方法によってバンド幅と準位差の比 $W/\Delta\varepsilon_{\mu+1,\mu}$ を大きな値から小さな値へと減少させることが必要である.逆に,[b] の状態から [a] の状態へ変化させるには,この比を小さな値から大きな値へと増加させなければならない.

4.1.4 小節では,比 $W/\Delta\varepsilon_{\mu+1,\mu}$ の増減は,バンド幅 W の増減によって引き起こされる場合を論じた.そこでは,準位差 $\Delta\varepsilon_{\mu+1,\mu}$ はほとんど変化しないという暗黙の了解で話を進めた.このように,バンド幅 W の増減に伴う金属–

非金属転移を伝統的に「ブロッホ–ウィルソン転移」と呼んできた.

しかし,より詳しい研究の結果,比 $W/\Delta\varepsilon_{\mu+1,\mu}$ の増減は,バンド幅 W の増減に起因するもののみでなく,準位差 $\Delta\varepsilon_{\mu+1,\mu}$ の大幅な増減によっても引き起こされることが判明した.後者の場合には,準位差 $\Delta\varepsilon_{\mu+1,\mu}$ の増減によって金属–非金属転移が生じるわけである.

この知見に基づき,前者と後者をタイプ I とタイプ II と呼び分けるようになった.すなわち,

[I]　タイプ I のブロッホ–ウィルソン転移

バンド幅 W の増減が金属–非金属転移の主たる原因となっているもの

[II]　タイプ II のブロッホ–ウィルソン転移

準位差 $\Delta\varepsilon_{\mu+1,\mu}$ の増減が金属–非金属転移の主たる原因となっているもの

という形で,区別して扱われることになったのである.

本章の 4.2 節では,タイプ I のブロッホ–ウィルソン転移を起こす元素物質を例にとって,この転移を論ずる.また次章(第 5 章)では,タイプ II のブロッホ–ウィルソン転移を解説する.

ブロッホ–ウィルソン転移の議論においては,構造相転移(原子の配置の仕方そのものが変わるような転移)に伴う金属–非金属転移や,原子の結合の種類(金属結合とか共有結合とか)の変化に伴う金属–非金属転移は対象にしない.あくまでも,原子の配置(原子構造)は同じものでありながら,密度(換言すれば,最隣接原子間距離の平均値 $\bar{R}_{nn}$)の変化に伴って実現される金属–非金属転移のみを取り上げるのである.

ちなみに,結晶の場合には,最隣接原子間距離 R_{nn} は 1 つの値しか持たないが,液体やアモルファス固体の場合には,R_{nn} の値は,平均値 $\bar{R}_{nn}$ のまわりに分布する.

ある物質の密度 $d(\mathrm{g/cm^3})$(すなわち,原子の数密度 N_{atom})が変わるとき,原子構造が不変のままならば,$\bar{R}_{nn} \propto N_{\mathrm{atom}}^{-1/3}$ が成り立つ.

この $\bar{R}_{nn}$ の変化は,バンド幅 W やエネルギー準位差 $\Delta\varepsilon_{\mu+1,\mu}$ の変化を引き起こす.前者に関しては 4.1 節で詳しく述べた.後者に関しては,5.1 節で説

表 4.1 金属–非金属（M-NM）転移の代表的な機構（表 2.3 におけるブロッホ–ウィルソン転移に関連する部分を詳細に記述したもの）．図中の〜は「ほぼ一定」を意味する

転移の通称	転移の機構	密度 (d)	バンド幅 (W)	準位差 $(\Delta\varepsilon_{\mu\nu})$	比 $(W/\Delta\varepsilon_{\mu\nu})$	転移の方向	議論する章	1電子近似
1 パイエルス転移	周期の変化						第3章	○
2 ブロッホ–ウィルソン転移	バンド交差						第4章	
① タイプ I		↗	↗	〜	↗	NM → M	§4.2.1 黒リン §4.2.2 ヨウ素（ハロゲン族） §4.2.3 臭素（ハロゲン族）	○
		↘	↘	〜	↘	M → NM	§4.2.4 水銀	
② タイプ II		↘	〜	↗	↗	NM → M	第5章 §5.2.1 14族 §5.2.2 共有結合 §5.2.3 セレン	○
3 アンダーソン転移	ポテンシャルの乱れ	↘	（乱れの大きさほぼ一定のとき）			M → NM	第6章	○
4 モット転移	電子相関	↘	（電子相関の大きさほぼ一定のとき）			M → NM	第7章	×
5 パーコレーションによる転移	金属的部分の増減	金属部分				M → NM	巻末付録B	

転移は構造変化を伴わないもののみを対象としている．

明する．

　元素物質のみではなく，2種類以上の原子によって構成される混合系においても，原子構造を変えることなく密度（あるいは $\bar{R}_{\mathrm{nn}}$）が大幅に変化してブロッホ–ウィルソン転移が出現することは起こりうる．ただ後者の場合には，混合系であるがゆえの複雑な要素が不可避的に混入する．本書では，問題の本質を曖昧にしないために，余分な要素が入り込む混合物質を避け，単体物質のみを議論の対象として取り上げる．

　第2章で示した表2.3で，ブロッホ–ウィルソン転移に関連する部分を詳細に記述すると，表4.1になる．その部分を文章でまとめると次のようになる（議論する節も同時に示す）．

[i] タイプ I のブロッホ–ウィルソン転移

  (1) 密度の増加 ⇒ $\bar{R}_{nn}$ の減少 ⇒ バンド幅の増加 ⇒「NM→M」転移

  4.2.1 小節の 15 族（P：黒リン）
  4.2.2 小節の 17 族（I：ハロゲン）
  4.2.3 小節の 17 族（Br：ハロゲン）

  (2) 密度の減少 ⇒ $\bar{R}_{nn}$ の増加 ⇒ バンド幅の減少 ⇒「M→NM」転移

  4.2.4 小節の 12 族（Hg：水銀）

[ii] タイプ II のブロッホ–ウィルソン転移

  密度の減少 ⇒ $\bar{R}_{nn}$ の増加 ⇒ 準位差の減少 ⇒「NM→M」転移

  5.2.1 小節の 14 族（C, Si, Ge, Sn）
  5.2.2 小節の 16 族（Se：膨張した仮想結晶）
  5.2.3 小節の 16 族（Se：高温高圧での液体）

上記の [i] に示される物質（タイプ I の転移が現れる物質）のうち，[i] の (1) に分類されるものは，常圧で非金属になっていて，加圧したときに「原子間距離が減少」し，系は金属に変わる．

[i] の (2) に分類される水銀は，第 1 章で述べたように，常温常圧で液体状態にある唯一の金属単体である．この水銀を高温高圧にすると，密度が減少し，やがて非金属になる．

上記の [ii] に分類される物質（タイプ II の転移が現れる物質）では，何らかの方法によって「原子間距離が増加」したときに，系は非金属から金属への転移を起こす．図 1.1 の電気伝導度 σ（あるいは，比抵抗 ρ）による分類でみるなら，常温常圧において，14 族のダイヤモンドも 16 族の硫黄もともに絶縁体である．一方，14 族のシリコンとゲルマニウム，および 16 族のセレンとテルルは，いずれも半導体の仲間になる．

ここで特筆すべきことは，[i] の (2) に分類される仲間では，〈密度の減少〉に伴って「金属から非金属」への転移が起こるのに対して，[ii] に分類される仲間では，〈密度の減少〉に伴って「非金属から金属」への転移が起こることである．

表 4.2　4.2 節と 5.2 節で議論する元素物質（高圧下，あるいは，高温高圧下でブロッホ–ウィルソン転移を起こすもの）

周期＼族	12族	13族	14族	15族	16族	17族
1						
2			C			
3			Si	P		
4			Ge		Se	Br
5			Sn		Te	I
6	Hg					
ブロッホ–ウィルソン転移のタイプ	高温 & 高圧でタイプ I		ボンド長の増大でタイプ II	加圧でタイプ I	高温 & 高圧でタイプ II	加圧でタイプ I
転移	M→NM		NM→M	NM→M	NM→M	NM→M
議論するセクション	§4.2.4		§5.2.1	§4.2.1	§5.2.2 §5.2.3	§4.2.2 §4.2.3

同じ〈密度の減少〉というマクロな変化に対応して，ミクロには完全に逆の現象が現れる点が興味深い．

　上の [i]（タイプ I のブロッホ–ウィルソン転移を起こすもの）および [ii]（タイプ II のブロッホ–ウィルソン転移を起こすもの）として挙げられている単体物質は，付表 1 の元素周期表でみると，常温常圧で金属と非金属を隔てる黒い太線の周辺にある．元素周期表のこの部分を拡大したものが，表 4.2 である．周期表上のこの境界線から大きくはずれた物質では，密度が多少変化しても，直ちに金属–非金属転移を引き起こすことはないのである．

4.2　タイプ I のブロッホ–ウィルソン転移

　この節では，タイプ I のブロッホ–ウィルソン転移が観測される具体的な例を紹介する．前節でも述べたように，このタイプの金属–非金属転移は，バンド幅の増減に伴う「バンド交差」や「バンドギャップの出現」に起因するものである．

具体的には，前節の最後に述べたように，密度の増加に伴って非金属から金属への転移をみせる黒リンとハロゲン族（ヨウ素と臭素），および，密度の減少に伴って金属から非金属への転移をみせる水銀が，本節のテーマになる．

4.2.1 黒　　リ　　ン

この小節では，結晶黒リンを静水圧で加圧したときの，非金属から金属への転移を議論する．「静水圧」というのは，物体をすべての方向から均等に圧縮するような圧力だけが働く系を表すのに使われる表現である．高圧実験の際には，超高圧を発生する装置（ダイヤモンド・アンビルなど）のセルの中に，一軸性が生じないような圧力媒体を注入して，その媒体の中に対象の試料を置くことで，静水圧を実現することができる．

黒リンに関しては，4.2 K から室温 (300 K) までの温度範囲でいくつかの物性に対する測定結果が得られている．a. 項では結晶黒リンの原子構造を記述し，b. 項ではエネルギー準位を紹介する．さらに c. 項では，電気伝導度，エネルギーギャップ，反射率などの実験結果の解析から，結晶構造自体は不変のままで，系が非金属から金属に転移する様子を論じる．

a.　黒リンの構造

結晶のリンはいくつかの同素体があるが，そのなかで黒リンは常温常圧で最も安定な同素体として知られている．そこでは，黒リンは固体結晶で，図 4.11 で示されるような「ひだのある層 (puckered layer)」（xy 平面に平行）が，z 軸方向に積み重なった構造になっている．結晶は斜方晶系である．本節では便宜上，直交座標 x, y, z を，結晶軸の c, a, b に選ぶ．図では，原子を黒丸で表し，共有結合の手（ボンド）を原子間の線分で表現している．

まず，1 つのパッカード層を考えてみよう．各々のリン原子は 3 つの最隣接のリン原子に共有結合でつながっている．共有結合はリン原子ごとに，xy 平面内のもの（長さが $d_1 = 2.22$ Å）が 2 本とそれと直角な z 軸方向に近い向きのもの（長さが $d_2 = 2.28$ Å）が 1 本である（図 4.11 参照）．このように 2 種類の共有結合の長さは，ほぼ等しい．

それぞれのパッカード層のなかの結合角も，2 種類のものがある（図 4.11 参照）．2 本の d_1 ボンド間の結合角は $\alpha_1 = 95.6°$ で，d_1 ボンドと d_2 ボンドの

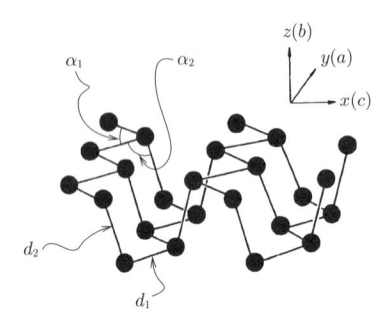

図 4.11 黒リンの斜方晶系結晶における (010) 面に平行な無限の「パッカード層（波を打つような層）」の一部

3つの結晶軸も示されている．また，共有結合のボンドの長さ d_1 と d_2，およびボンド角 α_1 とボンド角 α_2 も描き込まれている．

間の結合角は $\alpha_2 = 101.9°$ である．ともに，90°に近いことから，共有結合はほとんど $3p$ 軌道から構成されていて，$3s$ 軌道がわずかに混成したものであることがわかる．

単層のパッカード構造に関していうと，リン原子ごとの6つの外殻電子のうち，3つだけが共有結合に関与しており，残りの3つは，非結合軌道を占めている．このように，パッカード層ごとに電子が化学的に飽和しているので，これらの層が重なってできた3次元結晶のなかでは，層間の相互作用はファン・デル・ワールス型になる．層内の共有結合の長さ d_1 と d_2 がともに，$2.2 \sim 2.3$ Å であるのに対して，層間の最隣接原子間距離はそれよりはるかに長い ~ 3.6 Å であることも，層間の結合がファン・デル・ワールス型であることを示している．

b. 黒リンの電子エネルギー準位

付表1の元素周期表からもわかるように，リン原子の外殻電子配置は，$3s^2 3p^4$ である．リンの $3p$ 電子のエネルギー準位については，図 4.12(a) に，①原子，②分子，③単層のパッカード構造，および，④黒リン結晶に対するものが，模式的に示されている[18]．

まず，①の原子の場合には，$3p$ 原子軌道は縮退していて，1つだけの準位になる．

次に，②の分子の場合には，隣接する2つのリン原子の $3p$ 軌道が共有結合を構成して，結合軌道と反結合軌道に相当するエネルギー準位に分離する．

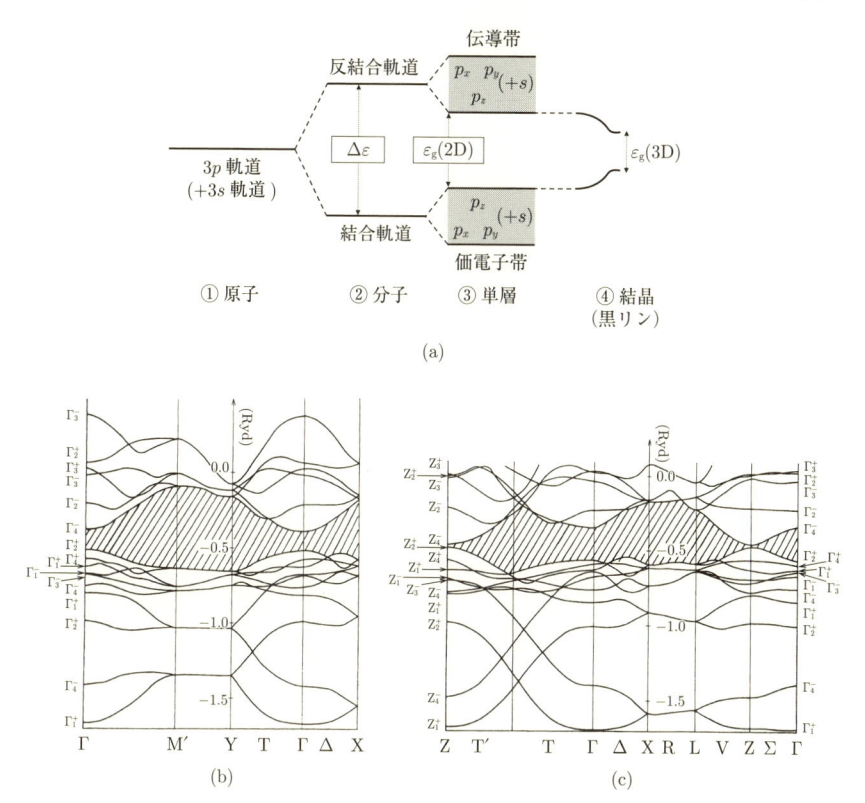

4.2 タイプIのブロッホ–ウィルソン転移　　109

図 4.12 黒リンのいくつかのエネルギー準位の模式図と黒リン結晶のエネルギーバンド (a) 黒リンのエネルギー準位の模式的な説明．① 原子のエネルギー準位，② 分子のエネルギー準位，③ リンの1パッカード層（単層）のエネルギーバンド，④ 黒リン結晶のエネルギーバンド[18]．(b) 単層のパッカード構造リンに対するエネルギーバンド[19, 20]．(c) 黒リンの3次元結晶に対するエネルギーバンド[19, 20]．

③には，単層のパッカード構造をもつ2次元結晶のエネルギーバンドが描かれている．②の結合準位と反結合準位とがそれぞれに，単層内の相互作用によって幅のあるバンドになり，価電子帯と伝導帯を形成する．

単層パッカード構造のエネルギーバンドに関して興味深いことは，価電子帯と伝導帯の各々に関して，「共有結合に関与する電子のうち，どの種類の電子がバンド内のどのあたりのエネルギーを占めているのか」ということが，大体わかることである．そもそも，反結合準位と結合準位のエネルギー差は，ボンドの長さによって異なり，ボンドが短いほどエネルギー差は大きく，ボンドが長

いほどエネルギー差は小さい．

　単層のパッカード構造に表れる2種類のボンドは，前述のように，それぞれに $d_1 = 2.22$ Å と $d_2 = 2.28$ Å である．したがって，前者の d_1 のほうがわずかに短く，対応するエネルギー差は大きい．図4.11から示唆されるように，このボンド d_1 は主として，p_x 軌道 と p_y 軌道から構成されている．その結果，「価電子帯の底に近い部分」と「伝導体のトップに近い部分」にいる電子の軌道は，p_x 型と p_y 型であることがわかる．この状況は，図4.12(a) にも模式的に描き込まれている．

　一方，後者の d_2 のほうがわずかに長く，対応するエネルギー差は小さい．このボンド d_2 は主として，p_z 軌道から構成されていることが，図4.11 から示唆される．結果として，「価電子帯のトップに近い部分」と「伝導体の底に近い部分」にいる電子の軌道は，p_z 型のものになる．したがって，価電子帯と伝導体の間のエネルギーギャップ近傍には，p_z 型の軌道をもつ電子がいることになる．

　単層パッカード構造のリンに対するエネルギーバンド計算の結果が，図4.12(b)に示されている[19,20]．バンド計算は，8番目までの隣接原子間の相互作用を考慮して強結合近似で行われた．図から明らかなように，単層パッカードのリンは，ブリユアン帯域の Γ 点で直接ギャップをもつ半導体で，エネルギーギャップは，$\varepsilon_g(2D) \sim 1.8$ eV と求められている．

　これに対して，黒リンの3次元結晶は，前述のように単層のパッカード構造が重なって構成される．層間にはファン・デル・ワールス相互作用が働くため，エネルギーバンドは単層のものより広くなる．具体的には，図4.12(a) の④に模式的に示されるように，「価電子帯のトップのエネルギー準位が上方に広がり」かつ「伝導体の底のエネルギー準位が下方に広がる」はずである．「価電子帯のトップ」および「伝導体の底」には主として p_z 電子が存在していることは上で述べた．バンドギャップの付近でファン・デル・ワールス相互作用の影響を最も大きく受けるのは，これらの p_z 電子である．

　3次元の黒リン結晶に対するバンド計算の結果が，図4.12(c) に示されている[21]．価電子帯と伝導体の広がりのためにエネルギーギャップは単層に対するものより小さくなることが，図から明らかにみてとれる．上述の予想通り，バンドギャップ最小が現れるのは，ブリユアン帯域の Z 点の部分であり，直接

バンドギャップになる．ギャップの上下の準位は縮退していない．言い換えると，Z 点においては，価電子帯のトップには正孔の谷が 1 つだけあり，かつ，伝導体の底には電子の谷が 1 つだけあることになる．Z 点でのギャップの大きさは，$\varepsilon_g(3D) \sim 0.3$ eV となり，黒リンがギャップの狭い半導体に属することが判明する．バンド計算から得られたこれらの結論は，さまざまな物性の測定から推定されたものと完全に一致している．

黒リンのバンド計算は，強結合近似のみでなく，セルフ・コンシステントな擬ポテンシャル法などいくつかの方法で行われているが，いずれも同様の結果が得られている．

c. 圧力下での黒リンの物性

図 4.13 に黒リンの圧力–温度相図が示されている．黒リンに圧力を加えていくと，常温では 4.2 GPa で斜方晶系から菱面体晶系に構造転移する．さらに加圧すると，10.8 GPa で菱面体晶系から単純立方構造に構造転移する．単純立方構造は，60 GPa あたりの高圧に至っても安定に存在する．単純立方構造は原子のパッキングの仕方としては，かなり疎な構造である．このような構造が高圧下で実現されるのは，非常に顕著なことである．単体結晶で単純立方構造をとることが知られているのは，高圧下の黒リン以外に高圧下の 15 族元素物質や常温常圧でのポロニウム（Po：半金属）など例は少ないという事実も興味深い．

共有結合の長さは，加圧によってほとんど影響を受けない．圧力の効果は主として，層間の距離や層相互の配置，および結合角に吸収される．斜方晶系か

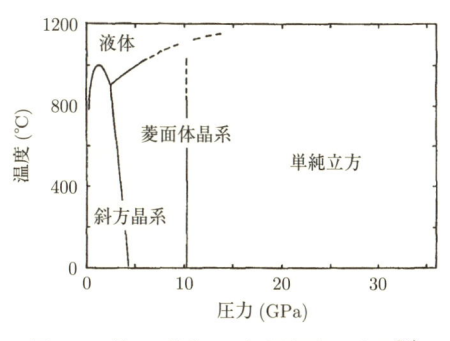

図 4.13　黒リン結晶の圧力–温度面上の相図[21]

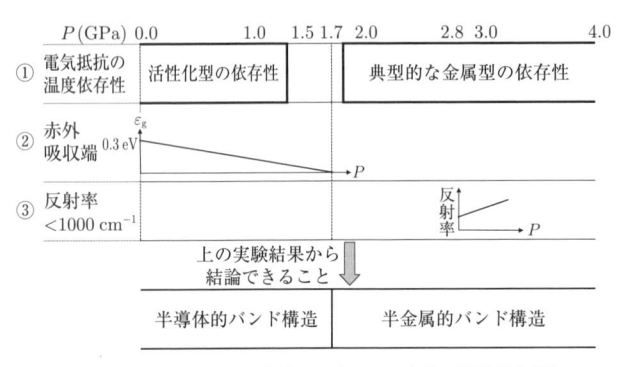

図 4.14 黒リン結晶の物性の圧力による変化（模式的な図）

ら菱面体晶系への構造転移は，z 軸方向に重なり合うパッカード層が（xy 面に平行に）相互にずれて全体の体積を減少させることにより生じる．一方，菱面体晶系から単純立方構造への構造転移は，層間距離が縮むことと，結合角が 90°に近づくことの，両方の結果として起こる．

斜方晶系から菱面体晶系への構造転移が出現する圧力（ほぼ，4 GPa あたり）以下の圧力では，系はひたすら斜方晶系を保ちつつ，層間距離は減少し，結合角は 90°のほうに向けて減少する．その結果，層間のファン・デル・ワールス相互作用が大きくなり，バンド幅 W が広がる．一方，ボンド長は圧力の影響をあまり受けないので，図 4.12(a) の結合軌道と反結合軌道のエネルギー準位の差 $\Delta\varepsilon$ はほとんど不変である．こうして，加圧に伴って W は増加で，かつ $\Delta\varepsilon$ はほぼ一定の結果として，$W/\Delta\varepsilon$ は増加することになる．

黒リンが斜方晶系を保つ圧力範囲（$P < 4$ PGa）でのいくつかの物性の振る舞いが，単結晶の状態で測定されている．その結果の概要が図 4.14 にまとめられている．

(i) 比抵抗の温度依存性　　図 4.15(a) には比抵抗 ρ が温度 T の関数として，さらに図 4.15(b) には温度の逆数に 1000 を掛けたものが描かれている[22]．非金属から金属への転移が起こる付近での比抵抗は，結晶の向きに依存するので，図では結晶の c 軸方向の電気抵抗のみが記されている．

$P \leq 1.3$ GPa では，高温領域で半導体特有の活性化型伝導になっている．一方，$P \geq 1.8$ GPa では，典型的な金属伝導が観測される．さらに図 4.15 から明

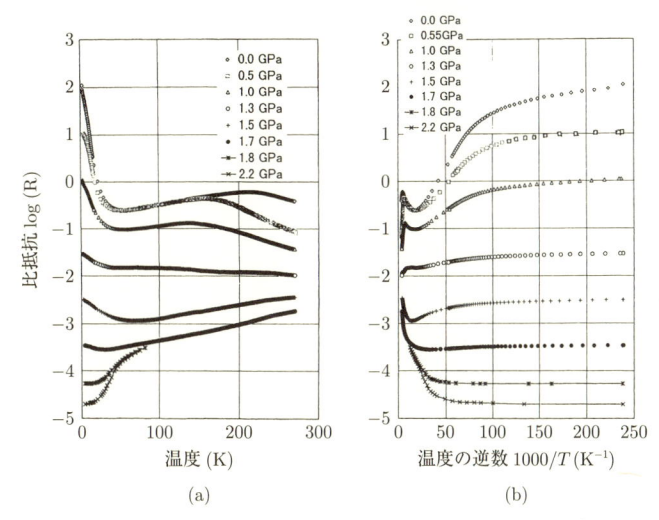

4.2 タイプIのブロッホ-ウィルソン転移

図 4.15 黒リンの（c 軸方向の）比抵抗 ρ の対数 $\log_{10}\rho$ [22]
(a) 温度（T）の関数として表した図．(b) 温度の逆数（$1000/T$）の関数として表した図．さまざまな圧力下での結果が示されている．

らかにわかるのは，全ての温度領域において，圧力が高いほど比抵抗が小さいことである．加圧によって非金属的な状態から金属へと移行することが，この事実だけからも明白である．特に低温領域においては，圧力ゼロの $P = 0$ GPa では比抵抗は 10^2 Ω cm と半導体特有の値であるのに対して，高圧の $P = 2.2$ GPa では 10^{-5} Ω cm と 7 桁も小さくなって，金属の領域に及んでいる点が注目に値する（比抵抗の典型的な値については，図 1.1 参照）．

(ii) 赤外線吸収端　　常温での黒リンの光学的性質は，大きな異方性がある．直接ギャップを越えての双極子転移は，偏光の電場ベクトル E が結晶の c 軸に平行な場合（$E/\!/c$）は許されるが，a 軸に平行な場合（$E/\!/a$）は禁止されている．

図 4.16 には $E/\!/c$ に対する赤外線吸収スペクトルが，いくつかの圧力について示されている[23]．温度 300 K における実験結果である．圧力ゼロにおいて，赤外線吸収率は 2280 cm^{-1}（0.28 eV）で立ち上がる．したがって，このときのエネルギーギャップ ε_g は $\varepsilon_\mathrm{g} = 2280$ cm^{-1} である．ε_g は圧力の増加に伴って減少し，$P = 1.2$ GPa では $\varepsilon_\mathrm{g} = 680$ cm^{-1}（0.08 eV）になる．

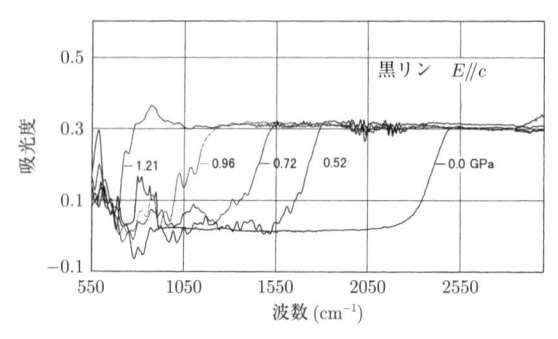

図 4.16 300 K における赤外線吸収の大きさを波数 (cm^{-1}) の関数として表したもの[23] さまざまな圧力下で観測されたもの。なお観測装置は偏光の電場ベクトル $\boldsymbol{E}$ が結晶の c 軸に平行になるように設置された.

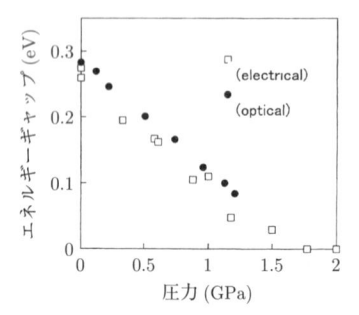

図 4.17 黒リンのエネルギーギャップ ε_g の圧力依存性[23] 黒丸は吸収端のエネルギーから求めた値。白い四角は比抵抗から求めた値.

図 4.17 には,エネルギーギャップ ε_g が圧力の関数として与えられている[23]. 白い四角は比抵抗から算定された値で,黒丸は図 4.16 の赤外線吸収スペクトルから見積もられた値である.エネルギーギャップは,$P \sim 1.7$ GPa あたりで閉じることが図から示唆され,$P \geq 1.7$ GPa では金属的なバンド構造になっていると考えられる.

(iii) 赤外線反射率 図 4.18 には,$P \geq 2.8$ GPa における赤外線反射率が示されている[23]. 低波数領域で,加圧とともに反射率が増加することが図からわかる.伝導電子が存在すると反射率が増加する事実を思い出そう.したがって,図 4.18 の実験結果が意味するところは,$P \geq 2.8$ GPa の圧力範囲では,系がすでに金属状態にあり,自由電子の数が加圧にしたがって増加するこ

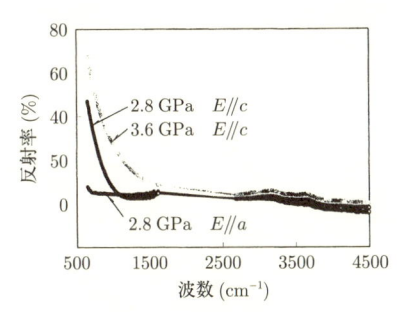

図 4.18 金属状態にある黒リンの赤外線反射率（300 K におけるもの）[23] 1600 cm^{-1} と 2600 cm^{-1} の間の波数領域は，圧力装置（ダイヤモンド・アンビル）による吸収のために正確さが損なわれるので，図からは省かれている．

とである．

以上の3つの物性に関する結果が，図 4.14 にまとめて示されている．これらの実験事実から，1.7 GPa 付近で半導体から金属への転移が起こったことが示唆される．この転移は，加圧に伴い価電子帯と伝導帯がそれぞれに幅を広げて，両者の間のエネルギーギャップを減少させ，やがて圧力が 1.7 GPa に達したあたりでギャップが消滅するために起こるものである．したがって，高圧下の黒リンで観測される非金属 → 金属転移は，タイプ I のブロッホ–ウィルソン転移である．

4.2.2 ヨ ウ 素

この小節では，ハロゲンの仲間である結晶ヨウ素を静水圧で加圧したときの，非金属から金属への転移を議論する．ハロゲンは元素周期表の 17 族のフッ素，塩素，臭素，ヨウ素，アスタチンの 5 元素の総称である．a. 項では結晶ヨウ素の原子構造を記述し，b. 項ではヨウ素を加圧した際の電気抵抗の変化を示す．さらに c. 項では，常圧下と高圧（15.3 GPa）下におけるエネルギーバンドの計算結果を紹介する．実験結果およびバンド計算の解析から，圧力下での固体ヨウ素は結晶構造自体が不変のままで，非金属から金属に転移することがわかる．

本小節の最後に，d. 項では，高圧下のヨウ素の結晶構造に簡単にふれる．

a. ヨウ素の構造

常温常圧のヨウ素は，図 4.19(a) で示されるように，ヨウ素分子（I_2）から

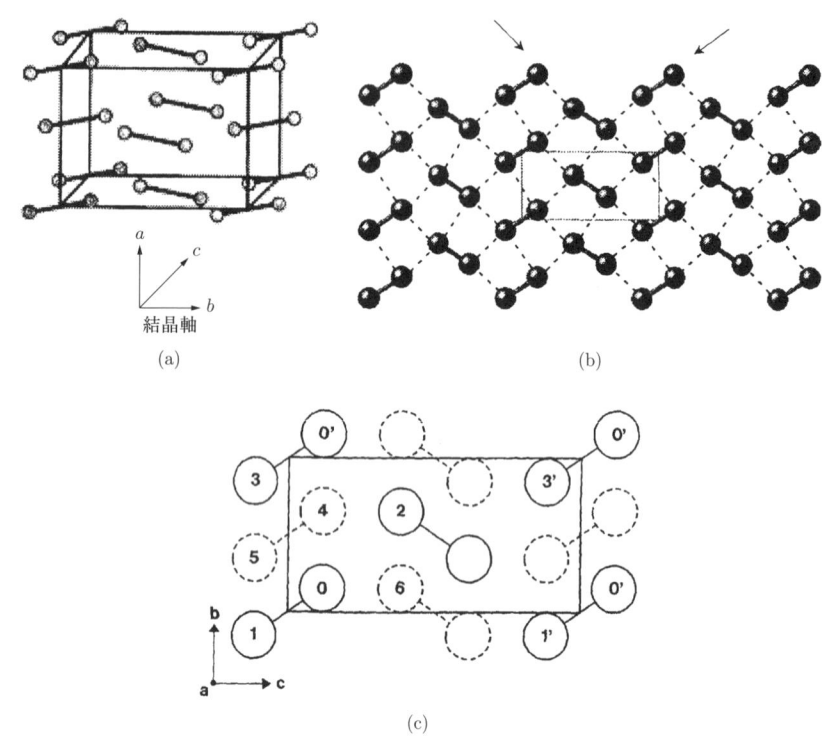

図 4.19 ヨウ素の結晶構造のいくつかの切り口での説明
(a) ヨウ素の結晶構造（斜方晶系結晶）．直交直線座標軸（結晶軸）は図下に示されている．(b) ヨウ素結晶の層構造．(a) に示されたヨウ素結晶の (010) 面に平行な層の構造．分子間結合は実線で描かれている．2 本の矢印の方向に 1 次元パイエルス絶縁体ができている．図の中央の長方形は単位胞を表す．(c) ヨウ素構造を結晶の a 軸方向（層に垂直な方向）から見た図．(a) に示される 3 次元構造は，層に垂直な方向に，$(0,1/2,0)$ ずつずらしながらスタックする（積み重ねる）ことによって得られる．実線で描かれた分子と破線で描かれた分子とは，互いに最隣接層に属していて，層間の距離は（a 軸方向に）$a/2$ である．ここで，a は，単位胞の a 方向の長さである．白丸（原子）のなかの数字は，0 番の原子からの距離の順番を表している．

なる分子結晶になり，斜方晶系に属する．図で小さい白丸はヨウ素原子を表し，隣接の原子を結ぶ黒い実線は共有結合のボンドに相当する．図 4.19(a) のヨウ素構造は，図 4.19(b) に示されるような層構造（結晶の a 軸に垂直な bc 面に平行なもの）が，a 軸方向に積み重なった形になっている．層間の相互作用も層内の分子間の相互作用も，共にファン・デル・ワールス型である．

付表1の元素周期表からもわかるように，ヨウ素はハロゲン族の仲間である．ヨウ素原子の外殻電子配置は，$5s^25p^5$ である．p 電子の数は5なので，そのまま考えると p バンドは途中までしか詰まっていないことになり，その場合には系は金属的になる．そもそもヨウ素原子間の共有結合がないとすると，系は分子結晶ではなく，単純立方格子になるはずのものだと，以前から指摘されてきた．

しかし現実にはパイエルス歪みが生じて，系は非金属になっている．その機構は次のように説明される．一般にパイエルス型の周期的な歪みが起こる場合には，歪みの周期の波長は関与する電子の数によって決まる（第3章参照）．ヨウ素についていうと，p バンドは 5/6 が詰まった形になるので，もし空間の3方向が等価なら，もとの単純立方格子の周期の6倍の周期をもつ歪みが生ずるはずである．しかし，ヨウ素は図 4.19(b) に示されるような層構造なので，層内には原子あたりの p 電子は3個だけになり，バンドは 3/4 が満たされる．したがって，もとの周期の4倍の周期をもつパイエルス歪みが，図 4.19(b) の矢印の方向に発生していることがわかる．その結果，フェルミ準位でエネルギーバンドにギャップが現れ，系は非金属になる．実際，固体ヨウ素は，常温常圧でバンドギャップ $\varepsilon_g = 1.35$ eV の半導体である．

この固体ヨウ素に，常温で圧力をかけていくと，21 ± 2 GPa で1次の相転移が起こり，ヨウ素固体は，図 4.19(a) のヨウ素構造から体心斜方結晶になることが，X 線回折から示されている．21 GPa 以上では，2次元層内で，ヨウ素の〈分子内での原子間距離〉と〈分子間距離〉とが等しくなる（ちなみに，前者は分子結晶のなかの共有結合の長さに相当するものである）．言い換えると，系は「分子結晶」から「単原子相」に移ったことになる．この相転移は，「分子解離」と呼ばれている．

21 GPa 以下の圧力で，結晶は基本的に図 4.19(a) のヨウ素構造を持ち，その領域内で非金属から金属に転移する．これは，実験（以下の b. 項参照）によっても理論的バンド計算（以下の c. 項参照）によっても確かめられる．

なお，圧力が 15 GPa 以上になると，ヨウ素の原子間距離は幅をもって分布することが実験から確かめられている．これについては，以下の d. 項で詳しく述べる．

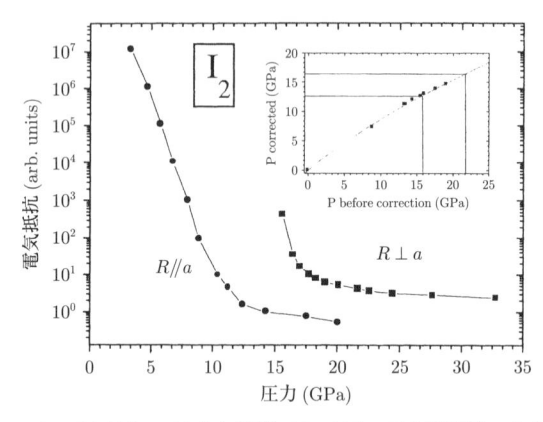

図 4.20 ヨウ素の電気抵抗の圧力依存性[24]（それ以前の測定結果[25]）の目盛を調整したもの）

b. ヨウ素の電気抵抗

ヨウ素を常温で加圧すると，結晶の a 軸に平行な方向（すなわち，層に垂直な方向）の電気抵抗 $R/\!/a$ は，図 4.20 にみられるように圧力とともに低下し，13 GPa あたりで常圧の値より 7 桁も小さくなって，金属的な値に移る[24,25]．前述のとおり，ヨウ素分子が解離して構造相転移を起こす圧力は 21 ± 2 GPa であることが，X 線回折から示唆されている．言い換えると，13 GPa 付近では結晶構造に転移はなく，原子の配置はヨウ素構造のままである．したがって，この圧力付近における非金属から金属への転移は，タイプ I のブロッホ–ウィルソン転移である．

一方，a 軸に垂直な（すなわち，層内の）電気抵抗 $R \perp a$ は，20 GPa 付近で大幅に減少することが，図 4.20 から明らかである．分子解離による構造相転移が 21 GPa で起こることを勘案すれば，この際の非金属 → 金属転移は，分子解離に伴う構造相転移に伴うものであることがわかる．

単原子相になったあとは，層内のパイエルス歪みはなくなり，普通の正方格子になる．前述のように，ヨウ素の外殻電子配置は $5s^2 5p^5$ なので，7 個の価電子がバンドに供給される．これは，1 個の正孔が存在することに相当する．したがって，金属相での伝導は正孔が担うことになり，系は「正孔伝導体」になることが理論的に結論される．

表 4.3 ハロゲン族の臭素とヨウ素の非金属–金属転移圧力と構造相転移の圧力(いずれも常温において)

	NM-M の圧力 (GPa)			構造相転移の圧力 (GPa)		
	実験		理論	実験		理論
臭素	60	1. 電気抵抗[42] 2. 反射率[41]	55 バンドの重なり[43]	65 ± 5 80 ± 5 115	X線吸収分光法[40] 不整合相へ X線回折[41] 単原子相へ ラマン分光法[36] 単原子相へ	75 不整合相へ[43] 100 単原子相へ[43]
ヨウ素	13 ± 2	1. 電気抵抗[24,25] 2. 光学ギャップ[26] 3. 電気抵抗の温度係数[27]	<15 バンドの重なり[29]	21 ± 2 $15\sim30$ 30	X線回折[37,38] 直接の分子解離 メスバウアー効果[33] ラマン分光法[34] 中間的な分子相 X線回折[35] ラマン分光法[36] 単原子相へ	

15 GPa 以上の圧力においては,光学エネルギーギャップがゼロであること[26]や電気抵抗の温度係数が正であること[27]なども実験的に調べられていて,この領域で系は確かに金属的になっている.また,この金属相においては,ホール係数が正になり,伝導の担い手が正孔であることが実験からも示されている[28].

高圧下でのヨウ素の電気抵抗に関する振る舞いは,表 4.3 の真ん中から下の最初の欄にまとめられている.

c. ヨウ素のバンド構造

ヨウ素を加圧したときに観測される非金属から金属への転移は,加圧によってバンド幅が広がったことによって起こる「タイプ I のブロッホ–ウィルソン転移」であることが,バンド計算から示される.図 4.21(a) には常圧の場合のヨウ素のエネルギーバンドが,また図 4.21(b) には 15.3 GPa の場合のバンドが描かれている[29].このバンド計算は,第一原理擬ポテンシャル法で行われ[30],交換相関ポテンシャルは局所密度関数法[31]で求められた.この計算ではまた,原子密度(言い換えると,原子間距離)や原子間相互作用の圧力依存性も考慮されている.

まず,図 4.21(a) を見てみよう.ヨウ素の最外殻の $5p$ 電子に相当して,12

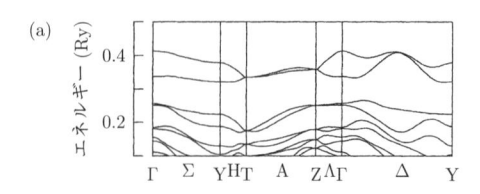

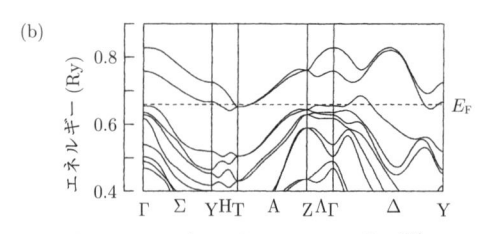

図 4.21 ヨウ素のエネルギーバンド構造[29]
スピン–軌道相互作用を考慮したバンド計算で求めた．(a) 大気圧におけるもの，(b) 15.3 GPa．バンドギャップ付近のエネルギー領域のみが表示されている．

の準位が計算されている．ヨウ素の $5p$ 電子の数は 10 個なので，12 の準位のうち，低いエネルギーをもつ 10 個の準位が電子で占められ，価電子帯を構成する．残りの 2 個の準位は伝導帯を構成する．価電子帯と伝導帯の間のバンドギャップは 0.08 Ry（1.07 eV）で，これは実験から観測された値 1.3 eV の 80% にあたる．

加圧の効果が，バンド計算によって次のように調べられている．すなわち，上から 3 番目の準位が，k 空間の Δ 軸の途中のところで圧力と共に上昇して，やがて価電子帯のトップになる．伝導帯のほうは，上から 2 番目の準位が，k 空間の H 軸の途中のところで圧力と共に減少して，やがて伝導子帯のボトムになる．この価電子帯のトップと伝導子帯のボトムのエネルギー差が，バンドギャップの大きさになる．

図 4.22 には，バンドギャップが圧力の関数として与えられている．図では，黒丸がバンド計算の結果である．白いダイヤは，電気抵抗の実験値から導かれたものである．いずれの結果も，バンドギャップが圧力とともに減少し，13 GPa あたりでギャップが消滅することを示している．

15.3 GPa まで加圧したときのバンドの様子が，図 4.21(b) に示されている．この圧力では，価電子帯と伝導帯がフェルミエネルギー付近で重なっている．

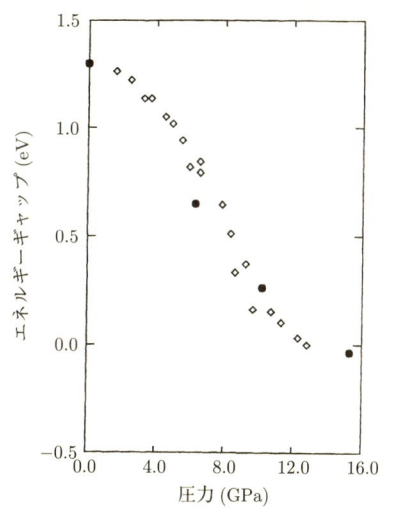

図 4.22 ヨウ素のバンドギャップの圧力依存性[29]
白の四角は測定値.黒丸はバンド計算から求められたもの.

図から明らかなように,重なりは k 空間の異なる点で起こっているため,15.3 GPa におけるヨウ素は半金属状態になる.

こうして,加圧下のヨウ素で起こる非金属 → 金属転移は,結晶構造はそのままで,バンド幅が広がることによるバンドの重なりが原因で起こるものであり,「タイプ I のブロッホ–ウィルソン転移」そのものであることが確認された.この結果も,表 4.3 のヨウ素の部分に示されている.

d. 中間相の存在

本書の目的はあくまでも金属–非金属転移を議論することなので,結晶構造や原子配置についてはわれわれの議論に必要不可欠な最小限の言及にとどめる.ただ,圧力下のヨウ素の構造に関しては,最近注目が集まっているので,新しい成果のいくつかを参考のために紹介しよう.

圧力下の結晶ヨウ素が構造相転移を起こす圧力に関しては,先に述べたように,21 ± 2 GPa で分子解離してそのまま単原子相(体心斜方晶系)になることが,X 線回折から確認されている[32].一方,メスバウアー効果[33]やラマン分光[34]による実験からは,15 〜 30 GPa の間で中間的な相の出現が示唆される.

こういう経緯を背景に,パウダー状のヨウ素を対象にした X 線回折実験が行

われ，中間相が詳細に解析された[35]．その結果，中間相では，原子間距離は 2.86 ～ 3.11 Å の間に連続的に分布することが明らかにされた．この原子間距離の長短の現れ方は，ヨウ素結晶の周期とは不整合になっていることも示された．

低圧側（斜方晶系ヨウ素構造）での分子結晶におけるヨウ素分子のボンドの長さ（原子内距離）は，2.75 Å である．一方，完全に分子解離した高圧側の単原子結晶（体心斜方晶系）におけるヨウ素の原子間距離は，2.89 Å である．この事実から，次の結論が導ける．すなわち，中間相における原子間距離の上記のような分布は，中間相が，「分子結晶から単原子結晶（完全な分子解離）へと向かう途中経過的な状態」であることを意味している．圧力が 30 GPa になると，系の分子解離は完了することが，ラマン分光の解析から示されている[36]．これらの結果は，表 4.3 の下半分の右側にまとめられている．

30 GPa 以上に加圧すると，面心斜方晶系などを経て，最終的には 55 ± 2 GPa あたりで，最稠密な面心立方（fcc）になることが，X 線回折の実験から明らかにされている[32,37,38]．

高圧下のヨウ素の構造に関しては，現在も研究が進行中であり，解明が不十分な部分もある．

4.2.3 臭　　　素

この小節では，ハロゲンの仲間である臭素を静水圧で加圧したときの，非金属から金属への転移を議論する．a. 項では臭素の原子構造を記述し，b. 項では比抵抗の圧力依存性に関する実験結果を紹介する．さらに c. 項では，低圧での絶縁相（非金属相）と高圧（55 GPa）での金属相におけるエネルギーバンドの計算結果を紹介する．実験結果およびバンド計算の解析から，圧力下で臭素は結晶構造自体は不変のままで，非金属から金属に転移することが示される．したがって，この転移はタイプ I のブロッホ–ウィルソン転移であることがわかる．

a．臭素の構造

付表 1 の元素周期表は，常温常圧（20°C で 1 気圧）における元素物質の状態を示している．常温常圧で液体状態にある元素物質は，水銀と臭素のみである．その状態で，水銀は金属であり，臭素は非金属である．ちなみに，常圧のままで温度を少し上げると液体になる元素物質はいくつかあり，セシウム（融

4.2 タイプ I のブロッホ–ウィルソン転移

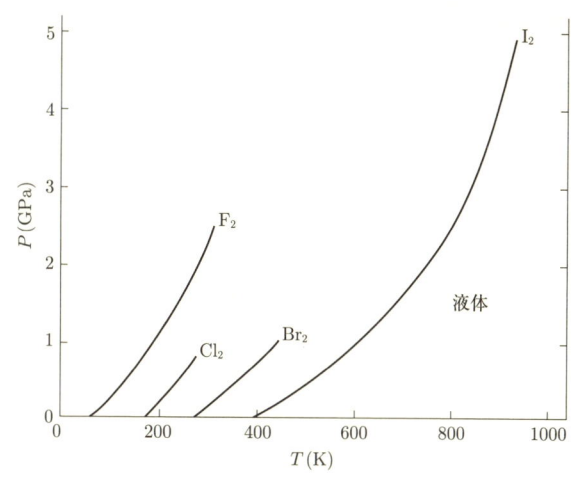

図 4.23　ハロゲン族の分子性結晶の融解曲線[39)]

点：28.45°C)，ガリウム（融点：29.7°C)，ルビジウム（融点：38.5°C）などがその例である．

「常温常圧」で非金属液体である臭素を，圧力は「常圧のまま」で温度を下げていくと，$-7.2°C$（= 約 266 K）で固化し，斜方晶系ヨウ素構造になる．一方，「常温常圧」の臭素を，温度は「常温のまま」で圧力を少し加えると，やはり固化して斜方晶系ヨウ素構造になる．この2つの斜方晶系ヨウ素構造は，臭素の温度–圧力相図上で，連続した1つの相である．

実際，ハロゲンの仲間のフッ素，塩素，臭素，ヨウ素の（温度–圧力相図上の）融解曲線が，実験から図 4.23 のように求められている[39)]．この図からわかるように，常温常圧では液体状態にある臭素も，常圧のままで圧力をかけると，0.2 GPa あたりで固化し，得られた固体結晶は斜方晶系ヨウ素構造になる．ちなみに，常温常圧では気体状態にある塩素は，20°C では 6.6 気圧（1 気圧は 10^3 hPa = 10^{-4} GPa）で液化し，さらなる加圧（1 〜 2 GPa）で固化する．このときも得られる結晶固体は斜方晶系ヨウ素構造をとる．

臭素はヨウ素と同様に，ハロゲンの仲間に属していて，元素周期表ではヨウ素（第4周期）の1つ上の第3周期に属している．臭素原子の外殻電子配置は $4s^2 4p^5$ で，外殻電子的にはヨウ素の場合と同じ状況にある．実際，低圧下で斜

方晶系ヨウ素構造をとる臭素結晶においては，図 4.19(b) に示されるヨウ素の場合と同様に，矢印の方向にパイエルス歪みが生じている．その結果，低圧での臭素結晶はパイエルス絶縁体になり，非金属である．

この臭素結晶をさらに加圧したときの構造が X 線吸収分光法[40], X 線回折[41], ラマン分光法[36] などによって調べられている．それらの実験から得られた知見は，表 4.3 の上半分の右側にまとめられている．圧力下での構造の変化は，ヨウ素の場合と似通っている．65 GPa から 80 GPa にかけての圧力でヨウ素構造からずれ出して，中間相が現れる．この中間相は，ヨウ素の場合と同じように不整合な結晶である[40]．中間相の詳細な構造の解明に関しては，現在も研究が続けられている．それより高圧になると，80 GPa から 115 GPa のあたりで 1 次の構造相転移を起こして，体心斜方晶系になる．

圧力下での臭素の構造に関しては，系の全エネルギーが第一原理計算から求められている[43]．この計算から，結晶臭素は 75 GPa でヨウ素構造から不整合相に転移し，100 GPa で不整合相から単原子相に転移することが示唆される．この結果も，表 4.3 の上半分の右端の欄にまとめられている．

b. 臭素の比抵抗

臭素を常温（300 K）で加圧すると，電気比抵抗 ρ は図 4.24 に示されるよう

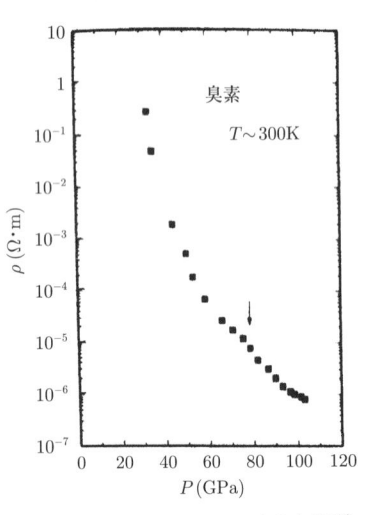

図 4.24　臭素の電気抵抗の圧力依存性[42]

な圧力変化をする[42]．圧力の増加とともに ρ は数桁も減少し，60 GPa を超えると 10^{-5} Ω m 程度になる．図 1.1 の電気伝導度の一覧でも示されているように，この値は半金属の領域に属するものであり，60 GPa で臭素は金属になっていることがわかる．

顕微鏡で臭素の試料を観察すると，常圧では暗赤色であったものが，加圧に伴って黒くなる．圧力が 60 GPa あたりになると，試料は光を反射して輝き出す[41]．1.3.3 および 2.1.4 小節で述べたように，金属表面からの反射率が高く，いわゆる金属光沢が現れるのは，可視光線が自由電子のプラズマ振動によって弾かれるためである．したがって，60 GPa で臭素が光を強く反射するのは，その圧力では金属に転移している証拠である．

先の a. 項でも記したように，臭素がヨウ素構造からずれ出すのは 65 〜 80 GPa なので，60 GPa における非金属 → 金属転移は結晶構造が不変のままで起こるものであり，タイプ I のブロッホ–ウィルソン転移である．

高圧下での臭素の比抵抗の振る舞いについては，表 4.3 の上半分の第 1 欄にまとめられている．

なお，図 4.24 において 80 GPa あたり（図中の矢印の部分）で比抵抗 vs 圧力の曲線に肩が現れるのは，分子解離の兆しであると考えられる．

c. 臭素のバンド構造

臭素を加圧したときに観測される非金属から金属への転移は，加圧によってバンド幅が広がったことによって起こる「タイプ I のブロッホ–ウィルソン転移」であることが，バンド計算からも示される．図 4.25(a) には常圧の場合の臭素のエネルギーバンドが，また図 4.25(b) には 55 GPa の場合のバンドが描かれている[43]．

このバンド計算は，第一原理擬ポテンシャル法で行われ[30]，原子の位置や格子定数に関して最適化がなされている．

まず，常圧の場合のバンド（図 4.25(a)）を見よう．ヨウ素の場合と同様に，臭素の最外殻の $4p$ 電子に相当して，12 の準位が計算されている．臭素の $4p$ 電子の数は 10 個なので，12 の準位のうち，低いエネルギーをもつ 10 個の準位が電子で占められ，価電子帯を構成する．残りの 2 個の準位は伝導帯を構成する．価電子帯と伝導帯の間のバンドギャップは，1.64 eV である．

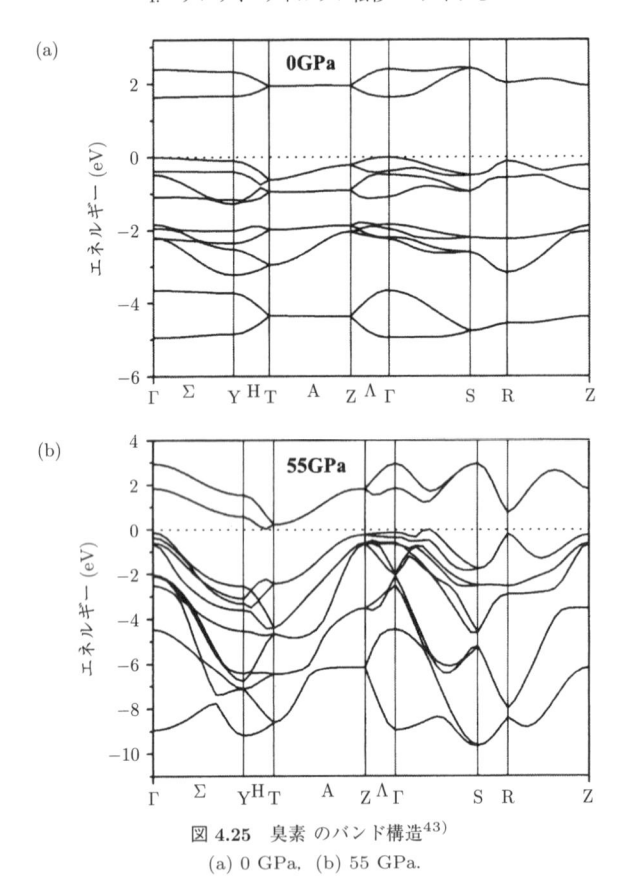

図 4.25 臭素のバンド構造[43)]
(a) 0 GPa, (b) 55 GPa.

加圧とともにバンドギャップの大きさは減少する．図 4.26 には，臭素のバンドギャップの大きさが圧力の関数として描かれている[43)]．圧力が 55 GPa になると，結晶は斜方晶系ヨウ素構造のままで，バンドギャップは閉じる．

55 GPa まで加圧したときのバンドの様子が，図 4.25(b) に示されている．この圧力では，価電子帯と伝導帯がフェルミエネルギー付近で重なっている．図から明らかなように，重なりは k 空間の異なる点で起こっているため，臭素は半金属状態である．そのときのバンドの様子（図 4.25(b)）は，半金属になったときのヨウ素のバンドの様子（図 4.21(b)）と似通っていることに注意しよう．

バンド計算の結果は，表 4.3 の上半分の第 2 欄に記されている．

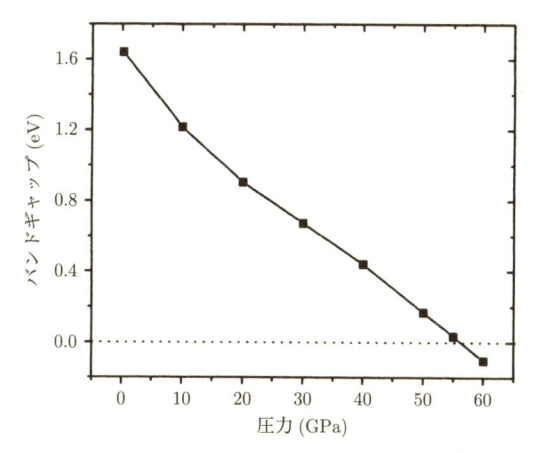

図 4.26 臭素のバンドギャップの圧力依存性[43]

4.2.4 水　　　銀

前の3つの小節（4.2.1〜4.2.3）では，常温常圧で非金属状態にある元素物質（具体的には，黒リン，ヨウ素，および，臭素）に圧力をかけることにより，タイプIのブロッホ–ウィルソン転移が引き起こされて，系が金属になる場合を紹介した．加圧によって原子間距離が減少し，重なり積分が大きくなってバンド幅が広くなる．したがって，圧力の増加とともにバンドギャップが次第に狭くなり，遂にはギャップが消失して，系が金属に移行するという筋書きであった．非金属から金属への転移の前後で結晶構造は不変のままで，原子の配置には転移がないというのが，この転移の特徴である．

それでは逆に，常温常圧で金属状態にある物質の原子間距離を何らかの手段で大幅に増加させることができれば，金属から非金属への転移が実現されるのだろうか．この問題をテーマに，本小節では水銀を例にとって話を進める．

a. 水銀のバンド

これまでにも何度も述べたように，水銀は常温常圧において液体であるが，そこでの電気伝導度は 10^6 S/m より大きく，立派な金属である．図1.1の電気伝導度の比較図においても，液体水銀は金属の仲間であることが示されている．

付表1の元素周期表からわかるように，水銀の外殻電子は $6s^2$ で，2価原子である．密度があまり大きくないときには，$6s$ バンドも，すぐその上にある $6p$

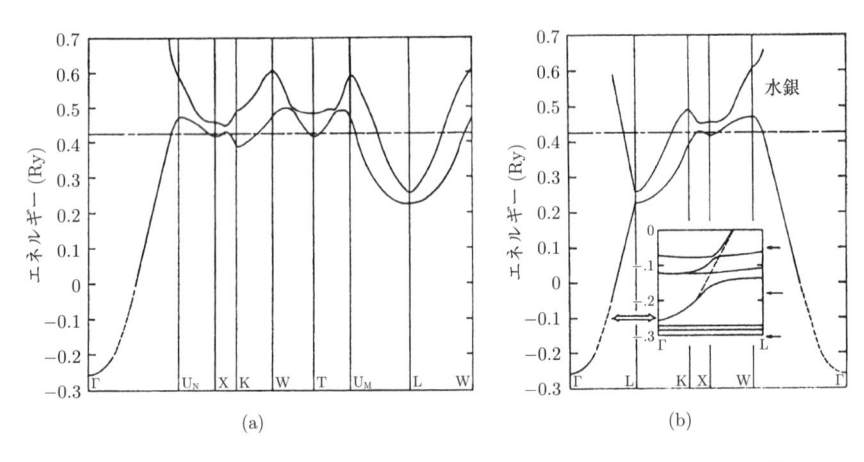

図 4.27 結晶水銀のエネルギーを，逆格子空間内の 2 つの異なる経路について示した図
(a) 結晶水銀のエネルギーバンド[44]．(b) 別の経路での表示．

バンドも，いずれも幅がそれほどには広くならない．したがって，$6s$ バンドと $6p$ バンドの間にはエネルギーギャップが存在し，図 4.9 の R_1^{-1} に相当する形になる．そのときには，フェルミ準位がギャップの中にあるため，系は非金属になるはずである．しかし実際には，常温常圧における水銀は金属である．この事実は，図 4.9 の R_2^{-1} に相当する状況が実現されていることを意味している．

この様子を理解するために，（融点以下で）結晶化した水銀に対するバンド計算の結果を見てみよう．水銀は常圧では，$-38.83°C$ で固化することは，第 1 章でも述べた（表 4.4 にも記されている）．固化して得られた結晶は菱面体晶系（水銀の α 相）をとる．その水銀結晶に対して計算されたバンドが図 4.27(a) と (b) に与えられている[44]．$6s$ バンドと $6p$ とは大きく重なっていて，実質的に $6s6p$ バンドを構成している．フェルミ準位（一点鎖線で示されている）における電子の状態密度は大きい．図 4.27(b) の挿入図には，（満たされた）$5d$ バンドの位置が示されている．5 つの $5d$ バンドのうちの 3 つは $6s6p$ バンドの底の少し上を横切っており，残りの 2 つの $5d$ バンドは $6s6p$ バンドの底より低いエネルギー領域にくる．したがって，$6s6p$ バンドの底から離れたフェルミ準位付近の電子状態に対して，$5d$ バンドの存在が及ぼす影響は小さく，電子は十分に自由に振る舞うことができる．

ちなみに表 4.4 には，常温常圧における液体水銀の密度や，気体–液体の臨界

表 4.4 水銀とアルカリ金属の融点，沸点，常温常圧での密度，液体-気体臨界点における温度，圧力，密度

	融点	常温	沸点	気体-液体の臨界点
圧力 (GPa)	0	0	0	0.172
温度 (℃)	−38.83	20	356.73	1477
密度 (g/cm^3)		13.534		5.7

点における臨界圧力，臨界温度，臨界密度も表示されている．

b. 水銀の電気抵抗

前 3 小節の例では加圧によって原子間距離を縮めた経緯からすれば，反対に原子間距離を広げるためには減圧するという案が，自然の成り行きとして出てくるかもしれない．しかし，これがなかなか難しい．減圧技術もないわけではないが，本節の目的に沿うような実験は行われていない．

原子間距離を広げるための 1 つの代案は，減圧ではなく，加圧と同時に加熱して，高温高圧の流体をつくることである．表 4.4 からわかるように，水銀の常圧での沸騰温度は 356.73℃ なので，常圧のままで加熱するとこの温度で気化してしまう．しかし，図 4.28 の温度-圧力面上の相図からも明らかなように，加圧しながら加熱して，融解曲線（気体と液体との境界曲線）を横切らないように上手に系を液体相にとどめながら気体-液体の臨界点にまで近づけることができれば，本節でのわれわれの目的は達成される．表 4.4 に示されるように，臨

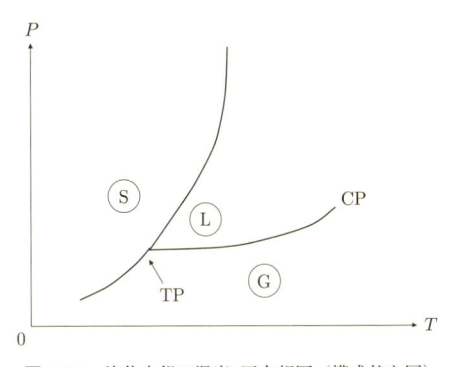

図 4.28 液体水銀の温度-圧力相図（模式的な図）

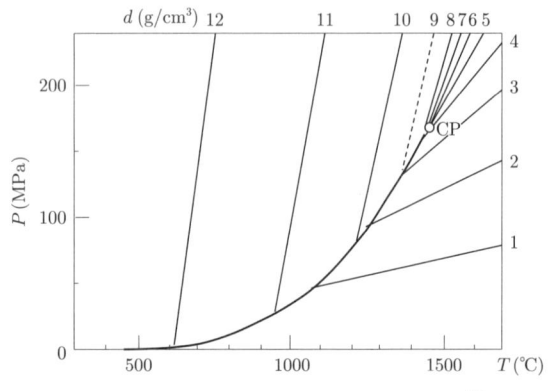

図 4.29 液体水銀の温度–圧力相図上の等密度線[45]

界点での水銀の密度は 5.7 g/cm^3 で，常温常圧における水銀の密度の 40 パーセント程度である．臨界点近傍で水銀は常温常圧の場合と比べて，約 2.5 倍にまで膨張し，原子間距離は $2.5^{1/3} = 1.357$ 倍にまで広がるのである．

　こうして高温と高圧を同時に実現することによって，常温常圧の水銀から出発して，液体相を辿りながら臨界点に至る道筋はいくつもあるが，1 つの例を図 4.29 で説明しよう[45]．この図には，水銀の温度–圧力面上に流体相における等密度線が描かれている．そこに，例えば温度が 1300°C の位置が一点鎖線で加えられている．この 1300°C の線と 10 g/cm^3 の等密度線との交点の圧力をまず探す．いまその圧力は，ほぼ 0.125 GPa である．したがって，温度を 1300°C に保ったままで，0.125 GPa より少し低い圧力から少し高い圧力までの「密度」と「目的の物理量」を測定する．このプロセスを，常温から臨界温度までの間のいくつかの温度に関して繰り返すことによって，「目的の物理量」の「密度」依存性を求めることができる．

　このような手続きを経て測定された電気伝導度 σ が，図 4.30 に密度の関数 d として描かれている[46]．常温常圧における $[d = 13.534 \text{ g/cm}^3 ; \sigma \geq 10^6 \text{ S/m}]$ から，臨界点近傍の $[d \sim 6 \text{ g/cm}^3 ; \sigma \sim 10^2 \text{ S/m}]$ まで，伝導度が 4 桁程度も減少する様子がわかる．

　伝導度の値そのものから，金属から非金属への転移がどの密度で起こったのかを特定するのは困難であるが，さまざまな物性の測定から，9 g/cm^3 付近で

図 4.30 液体水銀の比抵抗[46]

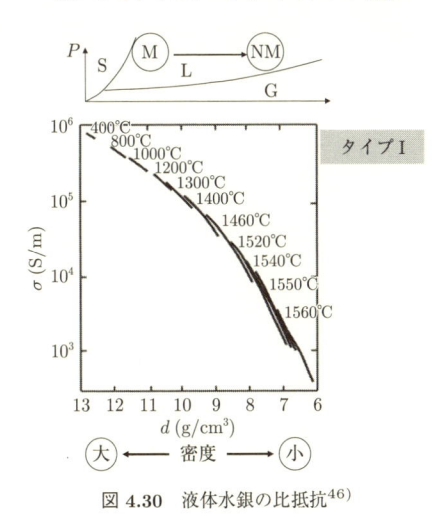

転移していると結論づけられている．図 4.30 から，この密度での伝導度の値は，$\sigma \sim 5 \times 10^4$ S/m で，図 1.1 の伝導度の比較図において「金属（広義）」の最小値あたりに相当する．

この金属 → 非金属転移は，密度の減少に伴って「原子間の距離が広がった」ために，「$6s$ バンドと $6p$ バンドの幅がともに狭くなり」，その結果，両バンドの間にエネルギーギャップが出現したことによるものである．水銀の原子の配置は，常温常圧においても臨界点近傍においても，等方的な流体であることは変わりないので，この転移は「原子の配置についての転移を伴わない」「タイプ I のブロッホ–ウィルソン転移」である．

c. 水銀の状態密度

膨張した液体水銀の電子状態密度が理論的に計算されており，その結果が図 4.31 に与えられている．計算には，$6s$ 準位と $6p$ 準位が考慮されている．見やすいように電子状態密度 $D(\varepsilon)$ のゼロ点をずらして表示されている．結果は上から，密度 d (g/cm^3) が，$d = 13.6$（常温常圧に相当する），9，7，4，2 のものである．密度が 4 g/cm^3 および 2 g/cm^3 の系は，超臨界領域（臨界点より高い温度・圧力領域）の流体に対する値になる[47–50]．

図の中で下向きの矢印は，フェルミ準位の位置を示す．常温常圧では $6s$ バンドと $6p$ バンドが大きく重なり合っているが，密度 d の減少にともなって，そ

図 4.31 液体水銀の状態密度[47, 48]
理論的に計算したものが,さまざまな密度 d に対して描かれている.

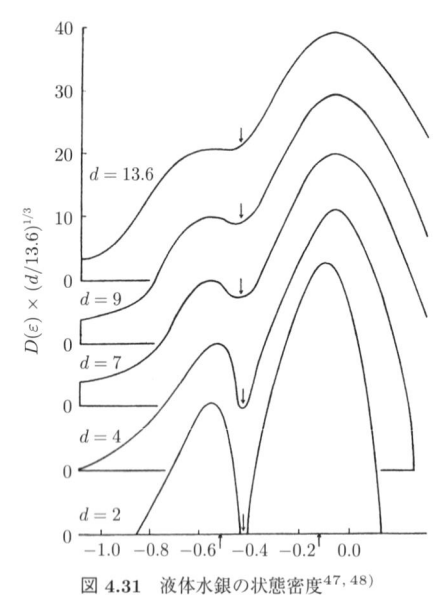

それぞれのバンド幅が狭くなり,重なりは少なくなってフェルミ準位でのくぼみが顕著になる.密度 d が 2 g/cm^3 になると,両バンドの間にエネルギーギャップが生じる.このことから,膨張した水銀で起こる金属–非金属転移は,原子間距離の増加に伴うバンド幅の減少によって起こる「タイプ I のブロッホ–ウィルソン転移」であることがわかる.

転移の起こる具体的な密度 d については,図 4.31 から示唆される値は,前項 b. で記述した電気伝導度から示唆されるものより小さい.この食い違いの理由は,液体のように原子の配置が不規則な系(結晶ではない系)では,バンドの端やバンドの重なった部分では状態密度が有限であっても,その部分の移動度がゼロである状況が起こるためである.

第 2 章の 2.2.3 小節で述べた「金属の条件」を思い出そう.ある物質が金属であるためには,フェルミ準位での状態密度が有限である($D(\varepsilon_\text{F}) \neq 0$)ことに加えて,フェルミ準位での移動度が有限である($D(\mu_\text{F}) \neq 0$)ことが必要である.図 4.31 に示された 9 g/cm^3,7 g/cm^3,4 g/cm^3 においては,フェルミ準位近傍のエネルギーに対して,電子状態密度は有限ではあるが移動度はゼ

ロであるために，系は非金属になっている（第6章参照）．

バンドの端などで移動度ゼロの状態が発生するのは，ポテンシャルのゆらぎに起因するもので，アンダーソン局在と呼ばれる．この問題については，第6章で詳しく述べる．

5

ブロッホ–ウィルソン転移 — タイプ II
(バンド交差による金属–非金属転移 — その 2)

5.1 バンド交差の原理 — その 2

5.1.1 準位差：ほぼ一定の場合と変化する場合

第 4 章で述べたように，結晶構造（原子の配置）は不変のままで，バンド幅 W と準位差 $\Delta\varepsilon_{\mu+1,\mu} \equiv \varepsilon_{\mu+1} - \varepsilon_\mu$ との比 $W/\Delta\varepsilon_{\mu+1,\mu}$ の増減に応じて，バンドの重なりが生じ，ギャップが閉じて系が非金属から金属に転移したり，あるいは，バンドの幅が狭まった結果，ギャップが現れて系が金属から非金属に転移したりする．このように，「原子の配置は変わらず」に，比 $W/\Delta\varepsilon_{\mu+1,\mu}$ の増減に伴って「バンドが重なったり，ギャップが出現したり」して発生する金属–非金属（Metal-NonMetal：M-NM）転移を，「ブロッホ–ウィルソン転移」と呼ぶことも前章で述べた．

そこでは，$\Delta\varepsilon_{\mu+1,\mu}$ がほぼ一定で，バンド幅 W の増減が比 $W/\Delta\varepsilon_{\mu+1,\mu}$ の増減を左右する場合を紹介した．さらに，そこで記述した例では，バンド幅 W の増減は R_{nn}^{-1}（最隣接原子間距離 R_{nn} の逆数）の増減に伴って引き起こされることを示した．

転移の筋書きを復習すると次のようになる．($\Delta\varepsilon_{\mu+1,\mu} \cong$ 一定の下で),
1) $R_{\mathrm{nn}} \searrow \Longrightarrow R_{\mathrm{nn}}^{-1} \nearrow \Longrightarrow W \nearrow \Longrightarrow$ NM→M
2) $R_{\mathrm{nn}} \nearrow \Longrightarrow R_{\mathrm{nn}}^{-1} \searrow \Longrightarrow W \searrow \Longrightarrow$ M→NM

ここに記された筋書きは，第 4 章の図 4.9 によって模式的に表現されている．上記の 1) は R_{nn}^{-1} 軸を右向きに（R_{nn}^{-1} が増加する向きに）進んだ場合であり，2) は R_{nn}^{-1} 軸を左向きに（R_{nn}^{-1} が減少する向きに）進んだ場合である．

4.2.1〜4.2.3 小節では，常温で狭いギャップの半導体（非金属）である黒リン，ヨウ素，および臭素を加圧した結果を紹介した．その際には，上述の1）のプロセスが実現され，加圧によって最隣接原子間距離 R_{nn} が減少し，したがって R_{nn}^{-1} が増加する．その結果，バンド幅 W が増加して，金属化が起こる．

一方，4.2.4 小節では，常温で金属状態にある水銀を，加圧したままで加熱することによって高温高圧下の膨張液体になる様子を述べた．その際には，上述の2）のプロセスが実現され，最隣接原子間距離 R_{nn} が増加し，したがって R_{nn}^{-1} が減少する．その結果，バンド幅 W が減少して，系は非金属になる．

このように，エネルギー準位差 $\Delta\varepsilon_{\mu+1,\mu}$ がほぼ一定という条件の下で，バンド幅 W の増減によって系の伝導性（金属であるか，非金属であるか）が決定されるものを，ブロッホ–ウィルソン転移のなかでも特に「タイプ I」と呼ぶことになった．その経緯も，前章で述べた．

これに対して本章では，エネルギー準位差 $\Delta\varepsilon_{\mu+1,\mu}$ が大きく変わることによって引き起こされる非金属 → 金属転移について議論する．この場合も，バンド幅 W がずっと一定というわけではなく変化はするけれども，エネルギー準位差 $\Delta\varepsilon_{\mu+1,\mu}$ の変化のほうがはるかに顕著であるために，この準位差 $\Delta\varepsilon_{\mu+1,\mu}$ の変化が比 $W/\Delta\varepsilon_{\mu+1,\mu}$ の変化を圧倒的に支配する．

このように，エネルギー準位差 $\Delta\varepsilon_{\mu+1,\mu}$ の増減が系の伝導性（金属であるか，非金属であるか）を決定するものを，ブロッホ–ウィルソン転移のなかでも特に「タイプ II」と呼ぶ．この点についても，前章で触れた．

5.1.2 エネルギー準位差の起源

金属–非金属転移の議論において問題になっているエネルギー準位差 $\Delta\varepsilon_{\mu+1,\mu}$ というのは，「どのようなエネルギー準位」の間の差であるのかについて，この小節でもう一度考えてみよう．

a. 「孤立原子のエネルギー準位」の間の差

1つの可能性は，4.1.4 小節の図 4.9（あるいは，その元になった図 4.8(a) および (b)）で示されるものである．ε_μ は孤立原子に属する電子のエネルギー準位である．このエネルギー準位は原子固有のものであり，環境や条件に左右されることはない．当然，これらのエネルギー準位の差も常に一定である．

例えば 4.2.4 小節で議論した水銀についていうと，$6s$ 準位と $6p$ 準位とがフェルミエネルギーの近傍にあり，金属–非金属転移とかかわっている．すなわち，問題の準位差 $\Delta\varepsilon_{\mu+1,\mu}$ に関しては，$\mu=6s$ および $\mu+1=6p$ になる．準位差 $\Delta\varepsilon_{6p,6s}$ は不変のまま，孤立の水銀原子のエネルギー準位 ε_{6s} と ε_{6p} のそれぞれのバンド幅がさまざまな大きさになる．

- バンド幅がそれぞれに十分広くて重なり合っているのが常温常圧での金属水銀であり，
- バンド幅が狭いために ε_{6s} バンドと ε_{6p} バンドの間にギャップができた状況が高温高圧での膨張した水銀に相当する

のである．

b. 「結合軌道と反結合軌道のエネルギー準位」の間の差

もう 1 つの可能性は，共有結合の「結合軌道のエネルギー準位」と「反結合軌道のエネルギー準位」の差である．その様子は，4.2.1 小節の図 4.12(a) の黒リンの例に示されている．2 つのリン原子が結合したリンの分子を考えると，2 つの原子の $3p$ 軌道から結合軌道と反結合軌道が作られる（図 4.12(a) の②）．これらの軌道のエネルギー準位を孤立原子の $3p$ 準位と比べると，結合軌道に対する準位は原子のエネルギーより低く，反結合軌道に対する準位は原子のエネルギーより高くなる．この 2 つの準位の差は，図 4.12(a) の②では $\Delta\varepsilon$ で表されている．

リン分子が集まって単層の構造（2 次元的な層）が形成されるときには，リン分子間の相互作用の結果，それぞれの準位に幅（バンド幅）ができる（図 4.12(a) の③）．この場合のバンドギャップ $\varepsilon_{\mathrm{g}}(2\mathrm{D})$ は，1.8 eV 程度である．この 2 次元的な層が積み重なって 3 次元の黒リンの結晶になると，層間の相互作用が加わるために，バンド幅は一層広がり（図 4.12(a) の④），バンドギャップ $\varepsilon_{\mathrm{g}}(3\mathrm{D})$ は，2 次元層の場合より狭くなって，0.3 eV 程度になる．結果として，黒リンはギャップの狭い半導体になることは，4.2.1 小節で述べた．

4.2.1 小節でも述べたように，常温常圧では狭いギャップの半導体である黒リン結晶を加圧すると，結晶構造は変わらずに，層間距離が縮まったり，層の相互配置が多少ずれたり，共有結合の結合角が小さくなったりして，圧力の効果を吸収する．しかし，共有結合の長さそのものは，加圧によってほとんど影響

を受けない．したがって，図 4.12(a) の②の結合軌道のエネルギー準位と反結合軌道のエネルギー準位は圧力下でも不変のままで，バンド幅のみが圧力とともに増加し，黒リンは金属になるのである．

この小節で述べた 2 種類の準位差のうち，a. で述べた「孤立原子のエネルギー準位間の差」は，どのような条件のもとでも〈不変〉のままである．しかし，b. で述べた「結合軌道のエネルギー準位と反結合軌道のエネルギー準位の差」については，もし結合の長さを何らかの手段で変えることができれば，〈変化しうる〉ものである．

5.1.3　準位差が原子間距離に依存する

隣接する原子が共有結合でつながった場合の結合軌道のエネルギー準位と反結合軌道のエネルギー準位の分かれかたは，図 4.12(a) に $3p$ 軌道について示されているが，一般にどの軌道であっても共有結合を形成する場合には図 5.1(a) に描かれているように，結合軌道 σ のエネルギー準位 ε_σ と反結合 σ^* のエネルギー準位 ε_{σ^*} とに分かれる．5.1.2 小節の b. で論じた黒リンに関しては，圧力を加えても共有結合の長さそのものにはほとんど変化が生じないために，ε_σ

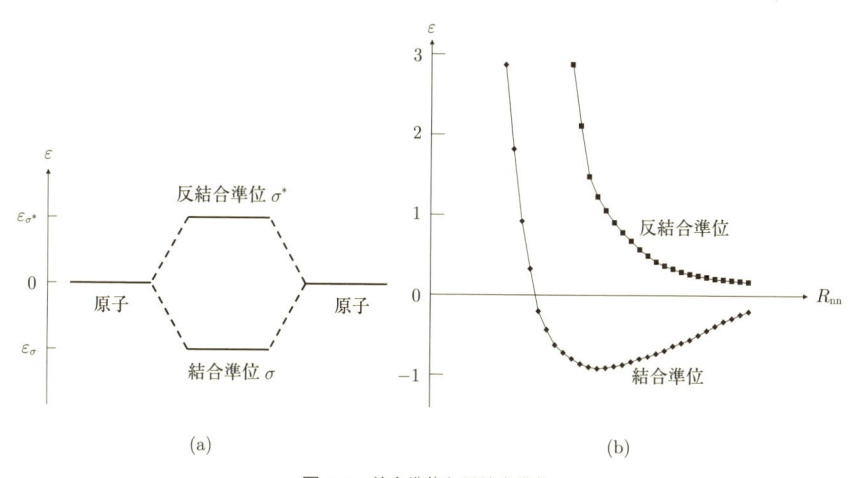

図 5.1　結合準位と反結合準位
(a) 隣接する 2 つの原子軌道から構成される結合軌道の準位と反結合準位．
(b) 結合準位のエネルギーと反結合準位のエネルギーを原子間距離の関数として描いたもの．

および ε_{σ^*}, さらにはその差 $\varepsilon_{\sigma^*\sigma} \equiv \varepsilon_{\sigma^*} - \varepsilon_\sigma$ も不変のままにとどまることを強調した.

しかし, もし結合の長さを変えることができれば, 結合軌道のエネルギー準位 ε_σ や反結合軌道のエネルギー準位 ε_{σ^*} も変化する. 実際, 結合の長さ (言い換えると, 最隣接原子間距離 $R_{\rm nn}$) が変わると, ε_σ や ε_{σ^*} は図 5.1(b) に模式的に描かれるような変化をする. ここで, $\varepsilon = 0$ は孤立原子のエネルギー準位である.

2 つの原子が無限に離れた極限 ($R_{\rm nn} \to \infty$) では, 2 つの独立な孤立原子が存在するのと同等であるため, ε_σ も ε_{σ^*} もともに, 孤立原子のエネルギー準位 ($\varepsilon = 0$) に漸近する. 一方, $R_{\rm nn}$ が非常に小さい領域では, 2 つの原子の原子核間のクーロン相互作用が大きくなるために, 結合軌道のエネルギー準位さえもが正になり, 結合はエネルギー的に実現されない.

1 つの 2 原子分子のみが存在する場合には, 図 5.1(b) で結合軌道のエネルギー準位を極小にするような結合の長さ ($R_{\rm nn} = R_{\rm nn}^{\min}$) が実現される. これに対して, 結晶内などで他の原子や分子からの相互作用がある場合には, $R_{\rm nn}$ は必ずしも $R_{\rm nn}^{\min}$ にはならず, $\varepsilon_\sigma < 0$ を与えるような $R_{\rm nn}$ のいずれかが実現される.

最も注目すべき点は, 図 5.1(b) で $R_{\rm nn}$ のどの値をとっても, $\varepsilon_{\sigma^*\sigma} = \varepsilon_{\sigma^*} - \varepsilon_\sigma$ は $R_{\rm nn}$ の増加とともに減少することであり, 図 5.2(a) にはこの点が強調した形で描かれている. この図はあくまでも模式的なものであって, ε_σ や ε_{σ^*} の具体的な値は重要ではない.

結晶内や液体内のように他の原子や分子との相互作用によってバンド幅を生じるような系では, それぞれ ε_σ と ε_{σ^*} を中心とする 2 つのバンドが成長し, 図 5.2(b) の灰色の部分で模式的に表されるようなバンドになる. ε_σ と ε_{σ^*} の間にフェルミ準位 $\varepsilon_{\rm F}$ (図 5.2(b) の太い破線) がくる場合が, 興味の対象である. $R_{\rm nn}$ が小さいときには $\varepsilon_{\rm F}$ はギャップ内にあるため, 系は非金属である. $R_{\rm nn} = R_{\rm c}$ でギャップが閉じて, $R_{\rm nn} \geq R_{\rm c}$ を満たす $R_{\rm nn}$ に対して, 系は金属になる. 図 5.2(c) には状態密度も描き込まれているので, この間の事情をより明白に理解することができる.

この図 5.2(c) こそが, タイプ II のブロッホ–ウィルソン転移の原理そのもの

5.1 バンド交差の原理 — その2

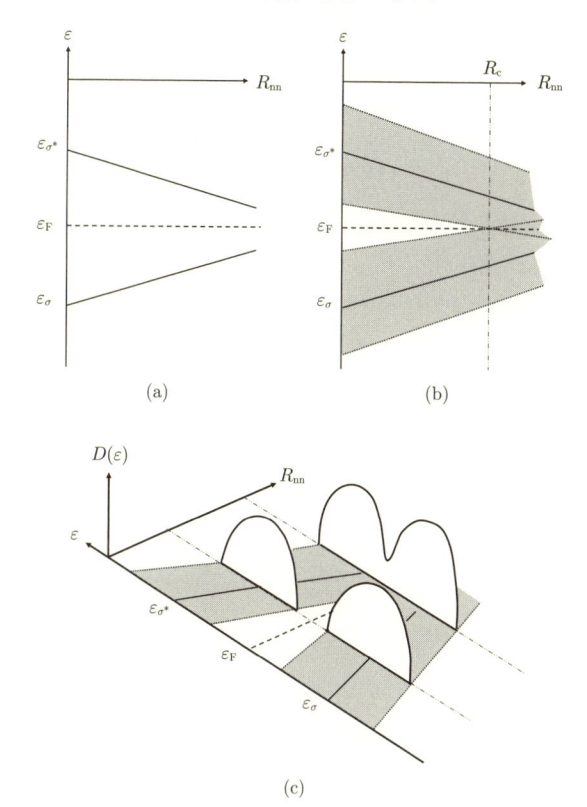

図 5.2 タイプ II のブロッホ–ウィルソン転移の機構
(a) 結合準位のエネルギーと反結合準位のエネルギーを原子間距離の関数として描いたもの.
(b) 左の図にバンド幅を加えたもの.
(c) タイプ II のブロッホ–ウィルソン転移の原理を説明する図.

である.この図は,図 4.9(タイプ I のブロッホ–ウィルソン転移の原理に対する説明図)と一見似通っているように思えるかもしれないが,実は「正反対」の状況を示している.詳しくいうと,非金属から金属への転移が起こるのは,

1) タイプ I の場合:R_{nn}^{-1} が増加するとき

   (すなわち,R_{nn} が減少するとき)

2) タイプ II の場合:R_{nn} が増加するとき

となって,まるきり逆の状況になっている.このように,原子間距離(R_{nn}:結合の長さに等しい)に関していうと,転移の起こる方向が「正反対」になって

いるのが，タイプ I とタイプ II のブロッホ–ウィルソン転移の特筆すべき点である．

5.2 タイプ II のブロッホ–ウィルソン転移

5.2.1 14 族 の 物 質

タイプ II のブロッホ–ウィルソン転移は物質の中で実際にどのように起こるのであろうか．これを見るためには，図 5.2(b) または (c) からもわかるように，結合軌道のエネルギー準位と反結合軌道のエネルギー準位をかなり大きく変化させる必要があり，それを可能にするには，共有結合の長さ（最隣接原子間距離に相当）R_{nn} を大幅に増減させなければならない．しかし，これは容易なことではない．

1 つの物質の中で R_{nn} を大きく変えることが困難であるというのなら，それは先の課題として残し，とりあえずここでは，同じ結晶構造をもつ異なる物質を調べることにしよう．付表 1 の元素周期表で 14 族の物質は，上から，炭素 (C)，シリコン (Si)，ゲルマニウム (Ge)，および α スズ (Sn) が，ダイヤモンド構造をとる．図 5.3(a) にダイヤモンド構造の（慣例的な）単位胞が描かれている．α スズは，13.2°C 以下で安定な同素体で，灰色の半導体である．ちなみにスズは，13.2°C で正方晶系の β スズに構造相転移し，白色の金属になる．

付表 1 の元素周期表からもわかるように，14 族の原子の外殻電子配置はいずれも s^2p^2 で，外殻電子数は 4 になる．C, Si, Ge, α スズがダイヤモンド構造をとるときには，4 個の外殻電子が sp^3 混成軌道を生成する．具体的には，4 つの sp^3 混成軌道関数 $\psi_1, \psi_2, \psi_3, \psi_4$ は，s, p_x, p_y, p_z の 4 つの原子軌道関数を使って次のように書くことができる．

$$\psi_1 = \frac{1}{2}[s + p_x + p_y + p_z]$$
$$\psi_2 = \frac{1}{2}[s + p_x - p_y - p_z]$$
$$\psi_3 = \frac{1}{2}[s - p_x + p_y - p_z]$$
$$\psi_4 = \frac{1}{2}[s - p_x - p_y + p_z]$$

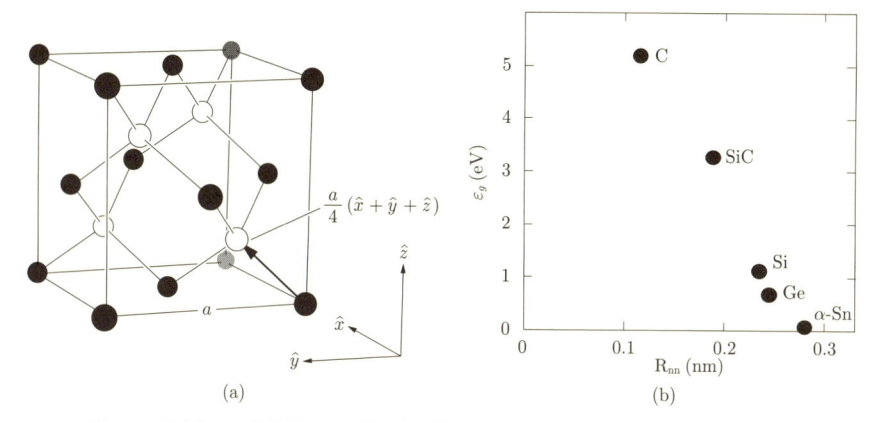

図 5.3 ダイヤモンド構造および閃亜鉛鉱構造をもつ結晶の構造とエネルギーバンドギャップ

(a) ダイヤモンド構造の慣例的単位胞（その中に原子 8 個）．図のように，白丸と黒丸で表される原子が交互に存在するものを閃亜鉛鉱構造という．一方，図の白丸と黒丸の位置を，ともに同じ種類の原子が占める場合をダイヤモンド構造という．空間格子は面心立方格子である．常温常圧では，14 族の炭素，シリコン，ゲルマニウム，α スズがこの構造をとる．

(b) sp^3 結合をもつ系のエネルギーバンドギャップ ε_g をボンドの長さ R_{nn} の関数として描いた図．ダイヤモンド構造をとる炭素，シリコン，ゲルマニウム，α スズに加えて，炭化シリコンの値も図に含まれている．炭化シリコンは図 5.2(a) で白丸を炭素が，黒丸をシリコンが占める閃亜鉛鉱構造をとる．

原子が正四面体の中心にあるとすると，これら 4 つの軌道はそれぞれ，正四面体の 4 つの頂点を指す形になる．したがって，原子ごとの結合の手（ボンド）の数は 4 本になる．図 5.3(a) のダイヤモンド構造ではこの条件が満たされていることがわかる．

このダイヤモンド構造をとる 14 族の元素結晶の原子間距離 R_{nn} が，表 5.1 に与えられている．R_{nn} は炭素 (C) が一番小さく，Si, Ge, α–Sn へと，14 族を下がるにしたがって順に大きくなる．表には参考のために SiC も載せている．SiC は，図 5.3(a) のダイヤモンド構造における原子の位置に Si 原子と C 原子が交互に入った 1 対 1 の定比化合物であり，晶系の分類としては立方晶系閃亜鉛鉱構造に属する．

sp^3 共有結合を構成する 2 つの原子から各々 1 個ずつの電子が供給され，この 2 つの電子は結合軌道準位に入る．結合軌道準位も反結合軌道準位も，それ

表 5.1 元素半導体の原子間距離とエネルギーギャップ（常温常圧における値）

元素記号	R_{nn} (nm)	ε_g (eV)
C	0.1150	5.20
SiC	0.1880	3.25
Si	0.2350	1.11
Ge	0.2440	0.67
α–Sn	0.2800	0.08

ぞれに他の共有結合との相互作用の結果，幅をもって図 5.2(b) や (c) で模式的に示されるようなバンドができる．隣接原子間距離 R_{nn} が小さいときには，反結合軌道準位と結合軌道準位の差 $\varepsilon_{\sigma^*,\sigma}$ が十分大きくて，バンドギャップ ε_g が存在する．さらにこれらの図から明らかなように，R_{nn} の増加とともに，バンドギャップ ε_g の大きさは減少する．

14 族の原子において，R_{nn} の増加に伴って ε_g が減少するという傾向が見られるかどうかを調べるために，表 5.1 の第 2 列にはダイヤモンド構造をとる 14 族の結晶のバンドギャップ ε_g が与えられている．この表の ε_g を R_{nn} の関数として描いたものが図 5.3(b) である．結合軌道バンドと反結合軌道バンドの間のギャップ ε_g が，R_{nn} の増加にしたがって次第に小さくなる様子が見事に表されている．炭素（すなわち，ダイヤモンド）はギャップが 5.20 eV の絶縁体であるが，シリコンやゲルマニウムはギャップが 1 eV 程度で，典型的な半導体になる．さらに α スズはギャップが 0.08 eV で，ギャップがほぼ閉じた状態に近い．ダイヤモンド構造をとる 14 族元素物質のこの振る舞いは，タイプ II のブロッホ–ウィルソン転移の原理に対する，強力な例証である．

5.2.2 膨張したセレン

付表 1 の元素周期表，あるいは表 4.2 の周期表部分拡大図でみると，15 族のリン（4.2.1 小節で取り上げた）や 14 族のダイヤモンド構造の結晶（5.2.1 小節で取り上げた）以外に，16 族のセレン (Se) やテルル (Te) も，共有結合を基本として結晶が構成されている．本小節では，この 16 族のセレンを主たる対象として，タイプ II のブロッホ–ウィルソン転移が起こる様子を論じることにしよう[51-61]．

a. では，セレンおよびテルルの常温常圧下での結晶構造と電子エネルギーバンドを紹介する．

5.2 タイプ II のブロッホ–ウィルソン転移

b. では，セレンの結晶を膨張させた仮想結晶を考え，バンド構造に対する膨張の効果を調べる．膨張による体積増加に伴って結合の手（ボンド）が長くなり，その結果，共有結合が弱くなって，結合軌道準位と反結合軌道準位の差が小さくなる．それを受けて，図 5.2(b) および (c) で示されているような形で，非金属から金属へのタイプ II のブロッホ–ウィルソン転移が起こる．

c. では，膨張したセレンの仮想結晶において，体積の関数としてバンド幅が具体的にどのように変化し，タイプ II のブロッホ–ウィルソン転移が起こるのかを議論する．

ちなみに，次の 5.2.3 小節では，高温高圧領域の液体セレン（膨張したセレン）において，実際にタイプ II のブロッホ–ウィルソン転移が観測されていることに言及する．

a. 結晶セレンと結晶テルルの構造

付表 1 の元素周期表で示される 16 族の酸素 (O)，硫黄 (S)，セレン (Se)，テルル (Te)，ポロニウム (Po) の 5 元素は，「カルコゲン」と総称される．そのなかの Se と Te はそれぞれに多くの同素体をもつが，熱力学的に安定なのは六方晶系テルル構造をもつ結晶である．六方晶系とは，平面内で互いに 120° の角度をなす 3 本の軸とそれらに垂直な c 軸で特徴づけられる構造で，c 軸は 6 回回転対称軸になっているものをいう．具体的には，図 5.4(a) に模式的に描かれている構造をとり，c 軸方向にらせんが並んでいて，c 軸に垂直な平面内では三角格子が形成されている．c 軸まわりの 6 回対称性が図から明白である．

この構造をより詳しく調べるために，この構造とトポロジー的に同等な図 5.4(b) をみてみよう．図では，らせんを構成する共有結合（ボンド）が立方格子の辺に沿って描かれている．Se と Te の外殻電子は s^2p^4 で，s 軌道の電子は低いエネルギーをもち，結合には関与しない．4 つの p 電子のうちの 2 つは，非結合電子対（あるいは，孤立電子対：lone piar；LP）を作る．この電子対の軌道は，図 5.4(b) で模式的に示されるように，各原子の近くにあり，2 つの電子によって占められる（スピン上向きのものと下向きのもの：図ではそれぞれ矢印で表されている）．

4 個の p 電子のうちの残りの 2 個が，結合軌道 σ を成して，結合に寄与する．したがって，原子ごとの共有結合（ボンド）の数は 2 本となり，必然的に鎖

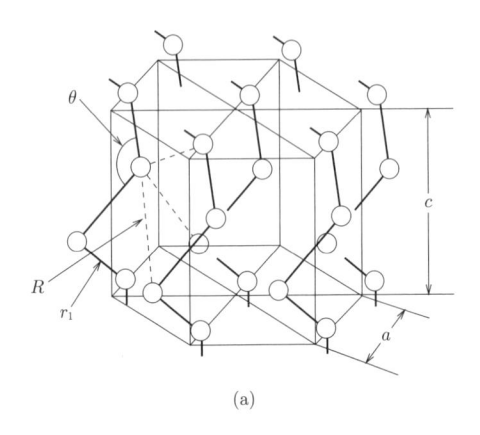

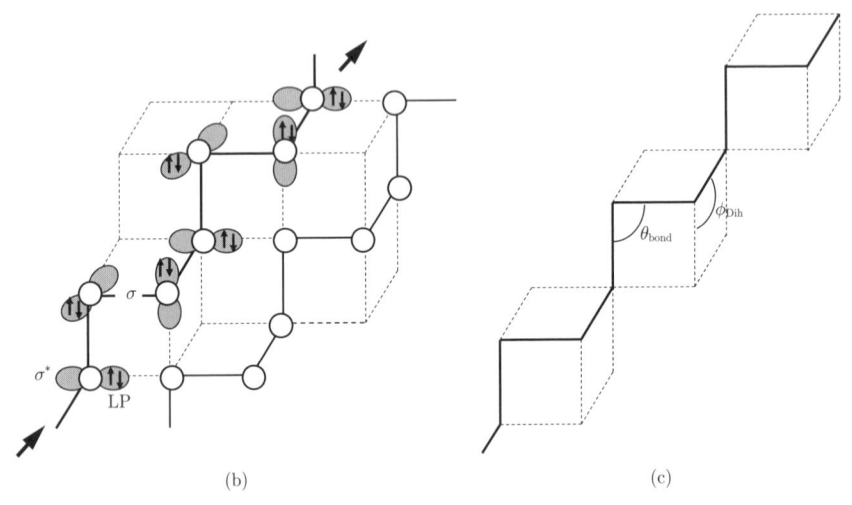

図 5.4 結晶 Se と結晶 Te の構造
(a) 六方晶. (b) 3 回らせんの模式図. (c) ボンド角 θ と二面角 ϕ_{Dih}.

構造を作る（図 5.4(a) と (b) を参照）. なお，図 5.4(b) で各原子の近くの「影をつけた軌道」が反結合軌道 σ^* に相当する.

図 5.4(b) で示される鎖のうち，1 本だけを取り出したものが図 5.4(c) である. 立方格子の上では，結合角 θ_{bond} と二面角 ϕ_{Dih} はともに 90° であるが，六方晶系のセレンとテルルでは，表 5.2 に与えられるように 100° より少し大きな値になっている. なおこの表には，最隣接原子間距離（R_{nn}：ボンドの長

表 5.2 セレンとテルルの最隣接原子間距離，第 2 隣接原子間距離，これらの距離の比，結合角，二面角

	最隣接原子間距離 (ボンドの長さ) R_{nn} (nm)	第 2 隣接原子間距離 (隣接鎖間) R_{2nd} (nm)	比 R_{2nd}/R_{nn}	結合角 θ_{bond} (度)	二面角 ϕ_{Dih} (度)
Se	0.240	0.344	1.43	103.1	100.7
Te	0.266	0.350	1.32	103.2	100.7

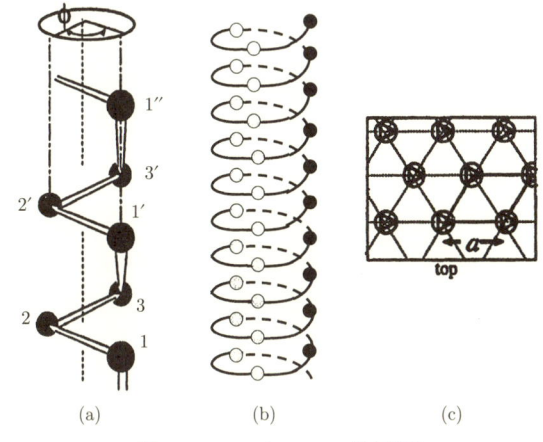

図 5.5 セレンとテルルの結晶構造
(a) 1 本のらせん構造の立体図．(b) らせん構造を強調した描き方．(c) 六方晶系を上からみた図．

さ）と第 2 隣接原子間距離（R_{2nd}：隣接の鎖上の原子との間の距離）も与えられている．

図 5.4(a)〜(c) でもわかるように，鎖は 3 回らせんになる．図 5.5(a) は 1 本の鎖の立体図で，回転角 ϕ は 120° である．図 5.5(b) はらせんを強調して描かれている．図 5.5(c) は六方晶系を c 軸の方向から眺めた図で，鎖はそれぞれの中心軸（c 軸に平行）のまわりに 3 回回転している（3 回らせん）．各鎖の中心軸は，図 5.5(c) からも明らかなように，c 軸に垂直な平面内で三角格子を成している．

b. 結晶セレンと結晶テルルのエネルギーバンド

六方晶系テルル構造をとる結晶セレンと結晶テルルのエネルギー準位は，共

図 5.6 の模式図

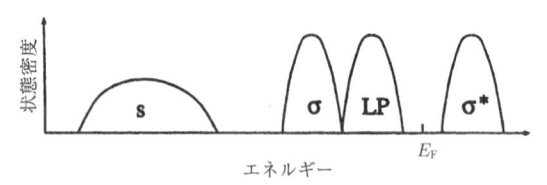

図 5.6 結晶 Se と結晶 Te の電子構造の模式図
エネルギーの低いほうから, s バンド, 結合軌道 (σ) バンド, 非結合電子対 (あるいは, 孤立電子対:lone pair) バンド, 反結合軌道 (σ^*) バンド.

有結合において結合準位 σ と反結合準位 σ^* とが, 図 5.1(a) のように分離したものが基本になる. 5.2.1 小節で説明した 14 族 (そのなかでもダイヤモンド構造をとる結晶) の場合と異なる点は, Se や Te の場合には結合準位と反結合準位の間に非結合電子対 (孤立原子対;LP) の準位がくることである. 結晶のなかではこれらの準位がそれぞれにバンドを構成する.

図 5.6 には, 結晶 Se と結晶 Te の模式的な状態密度が示されている. s 準位は低いエネルギー領域で独立のバンドを作る. 結合バンド σ と反結合バンド σ^* の間には, 孤立原子対 (LP) バンドが存在する. s バンド, σ バンドおよび LP バンドが電子でちょうどいっぱいに満たされるので, LP バンドと σ^* バンドの間にフェルミ準位がきて, 系は非金属になる.

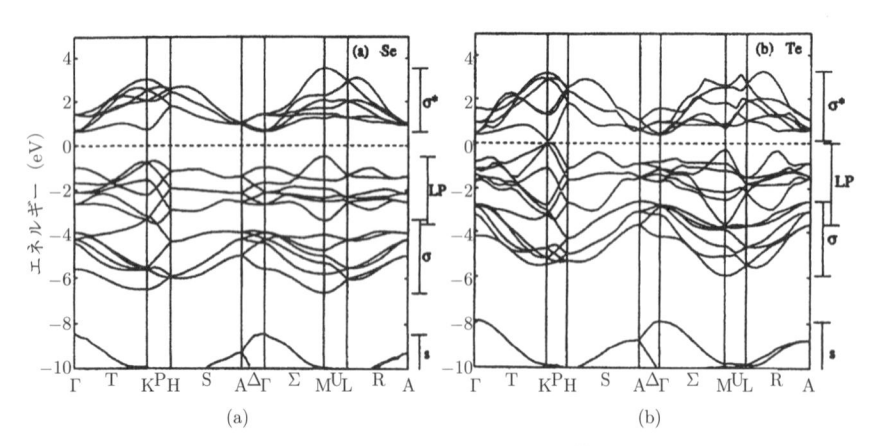

図 5.7 結晶 Se と結晶 Te のバンド構造
(a) 六方晶 Se, (b) 六方晶 Te.
フェルミエネルギー (化学ポテンシャル) の位置が破線で示されている. 縦軸のエネルギーの単位は eV.

5.2 タイプ II のブロッホ–ウィルソン転移

表 5.3 セレンとテルルの原子間距離とエネルギーギャップ（常温常圧における値）

元素記号	ボンドの長さ (nm)	ε_g (eV)
Se	0.240	1.80
Te	0.266	0.38

図 5.7(a) と (b) に結晶 Se と結晶 Te のバンド構造が示されている．図 5.6 に模式的に表現されているエネルギーバンドの詳細を，この図から知ることができる．例えば，LP バンドと σ^* バンドの間のエネルギーギャップ ε_g は，Se のほうが広い．バンド計算から導かれるギャップの大きさは，実験値とよく合っている．

表 5.3 に，Se と Te のボンドの長さ R_{nn} とバンドギャップ ε_g が記されている．Se に対しては $\varepsilon_g = 1.80$ eV で，Te に対しては $\varepsilon_g = 0.38$ eV となり，ともに半導体に分類される．

ここでも，図 5.1(b) や図 5.2(a)〜(c) で説明されているのと同様に，「長いボンドに対しては，（結合軌道と反結合軌道の）エネルギー準位差が小さく，したがってバンドギャップがより小さい」という関係が成り立っている．言い換えると，タイプ II のブロッホ–ウィルソン転移の原理が，結晶 Se と結晶 Te のエネルギーバンドにも現れているのである．

図 5.8 に，Se と Te のバンドギャップ ε_g がボンドの長さ R_{nn} の関数として

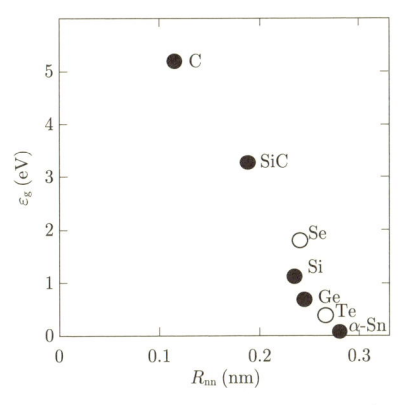

図 5.8 Se と Te のエネルギーバンドギャップ ε_g をボンドの長さの関数として描いた図（白丸）
参考のために，sp^3 軌道が共有結合をなす 14 族の物質の ε_g も黒丸で描き込んである．

白丸で描かれている．参考のために，ダイヤモンド構造をとる14族の値も黒丸で描き込まれている．前述のようにSeとTeは六方晶系テルル構造をとるので，ダイヤモンド構造をとる物質の値と比較する根拠はないが，実際の値がどの程度かを把握するために同じ図に入れたのである．この図から，「ボンドが長いほうが，エネルギーギャップ ε_g は狭くなる」という関係が，よりはっきりとみてとれる．

c. 膨張したセレンの仮想結晶 —— 構造とエネルギーバンド

前項b.では結晶セレンと結晶テルルを比較して，タイプⅡのブロッホ–ウィルソン転移の原理が現れていることを説明した．本項では，セレンだけに注目しよう．結晶Seの体積を膨張させてボンドの長さ R_{nn} を伸ばすことができれば，図5.2(b)や(c)で示唆されるように結合バンドと反結合バンドの間のギャップが消失して，系は非金属から金属への転移を起こすのであろうか．現実の物質でそのようなことが実現される例については，次の5.2.3小節で紹介することにして，ここでは結晶Seを膨張させた仮想結晶についてエネルギー準位を計算することにしよう[51-61]．

図5.5(a)〜(c)で表現されている結晶Seを膨張させるには，まず鎖間の距離 a（図5.5(c)参照）を増加させる手がある．鎖間にはファン・デル・ワールス型の相互作用しか働いていないので，系を膨張させたときにまず最初に影響を受けるのは鎖間の距離である．しかし，鎖を互いに引き離しただけでは，図5.7(a)のバンド幅が狭くする効果しかなく，結合軌道準位や反結合軌道準位を変えることはできない．

図5.2(b)や(c)で示されるような準位差の減少を可能にするためには，ボンドの長さそのものを伸ばさなければならない．といっても，全てのボンドを一様に引き伸ばしてしまっては，系が安定に存在しなくなるのであろうし，そもそもセレンの本質が失われてしまう．そこで，3回らせん鎖のボンドをところどころ伸ばすことを考える．例えば，図5.9(a)に示されるように，ボンド6本目ごとに長さを R_{nn} から $R_{sep}(>R_{nn})$ に伸ばす．もちろん，6本に1本の割合ではなく，7本に1本でも，8本に1本でも，10本に1本でもかまわない．したがって，6という数字に特別な意味はない．ただ，膨大な計算時間の必要なバンド計算を効率的に行い，かつここでの目的を達成するために，このモデ

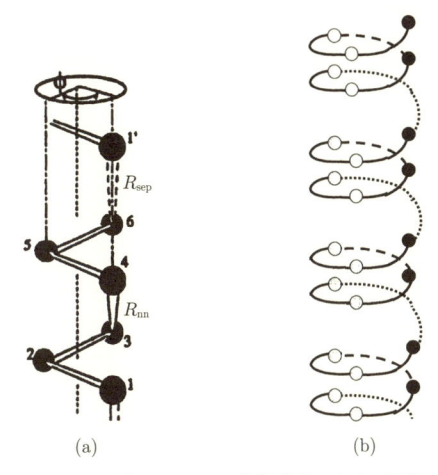

図 5.9 膨張したセレンの仮想結晶のらせん構造
(a) Se の膨張した仮想結晶 (6 原子クラスターの集合) における 1 本のらせん構造の立体図. ボンドが 6 本に 1 本の割合で長くなっている ($R_{\text{sep}} > R_{\text{nn}}$).
(b) Se の膨張した仮想結晶における 1 本の鎖をらせんを強調して描いた図.

ルが選ばれたのである. 図 5.9(b) は, らせん構造がわかりやすいような形でこのモデルを描いたものである.

最初に, 鎖が 1 本だけある 1 次元的な系を考える. 6 個の Se 原子からなるクラスターが, c 軸方向に端と端が R_{sep} ずつ離れて積み重なった構造になる. この「6 原子クラスターの 1 次元的集まり」に対するエネルギーバンドが, 図 5.10 に与えられている.

図 5.10(a) は $R_{\text{sep}} = R_{\text{nn}}$ の場合で, 伸びのない普通の無限鎖のバンドである. クラスター内の 6 原子に対応して, LP バンドおよび σ^* バンドはそれぞれ 6 個の準位から構成されている. LP バンドに供給される電子の数は, 原子ごとに 2 個なので, クラスターごとに 12 個になり, LP バンドはちょうどいっぱいに満たされ, σ^* バンドは空になる. フェルミ準位 (図では, $\varepsilon = 0$ の場所) は, LP バンドと σ^* バンドの間のギャップ内に位置し, 系は非金属である.

図 5.10(b) は $R_{\text{sep}}/R_{\text{nn}} = 1.2$ の場合のエネルギーバンドである. 6 個の反結合準位のうち, 伸びたボンドに相当する準位 $\tilde{\sigma}^*$ が降下してきて, フェルミ準位に近づいている.

図 5.10(c) は $R_{\text{sep}}/R_{\text{nn}} = 2.0$ の場合のエネルギーバンドである. $\tilde{\sigma}^*$ 準位は

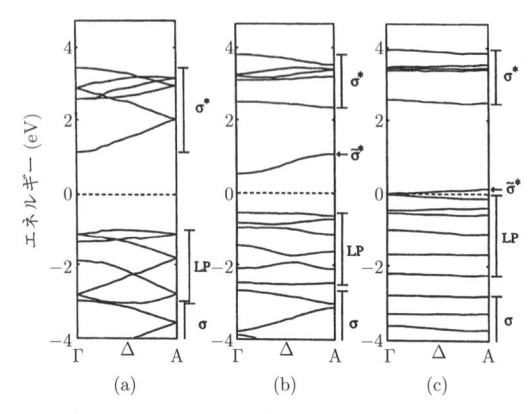

図 5.10 Se の膨張した 1 次元仮想結晶（6 原子クラスターの 1 次元的な集合）に対するエネルギーバンド[51-53]

伸びたボンドの長さ R_{sep} と通常のボンドの長さ R_1 との比が異なる 3 つの場合に対する結果. (a) $R_{sep}/R_{nn} = 1.0$（孤立した無限らせん鎖のエネルギーバンドに相当）. (b) $R_{sep}/R_{nn} = 1.2$. (c) $R_{sep}/R_{nn} = 2.0$.

フェルミ準位のところまで下がってきて, 一番上の LP 準位とともにバンドを作る. このバンドは電子で途中までしか満たされないことになり, 系は金属になる. したがって, 系の膨張によって非金属から金属への転移を起こせるのであろうかという最初の予想が, 正しかったことになる.

しかしバンドが非常に狭いので, 十分に大きな伝導度は得られない. 話を現実的にするには, 3 次元的なモデルを対象にする必要がある. ボンドの長さ R_{sep} と同時に鎖間距離 a も伸ばして, 系全体の体積 v を増加させよう. もとのセレン結晶の体積を v_0 として, v を $1.4v_0$ まで伸ばした場合のエネルギーバンドが, 図 5.11(b) に与えられている. 伸びたボンドに相当する反結合準位 $\tilde{\sigma}^*$ が LP 準位と重なってバンドを作っている. Γ 点には電子が, そして K 点に正孔が存在して, 系は半金属である. 伸びのない普通の Se 結晶のバンドが比較のために図 5.11(a) に示されている. 伸びのない場合の非金属状態から, 体積 v の増加とともに $\tilde{\sigma}^*$ 準位が次第に降下して, $1.4v_0$ より少し小さい体積で金属への転移が起こる. 図 5.11(b) には, 転移直後の $v = 1.4v_0$ における状況が示されていることになる.

こうして, 1 次元モデルに対しても, 3 次元モデルに対しても, 膨張したセ

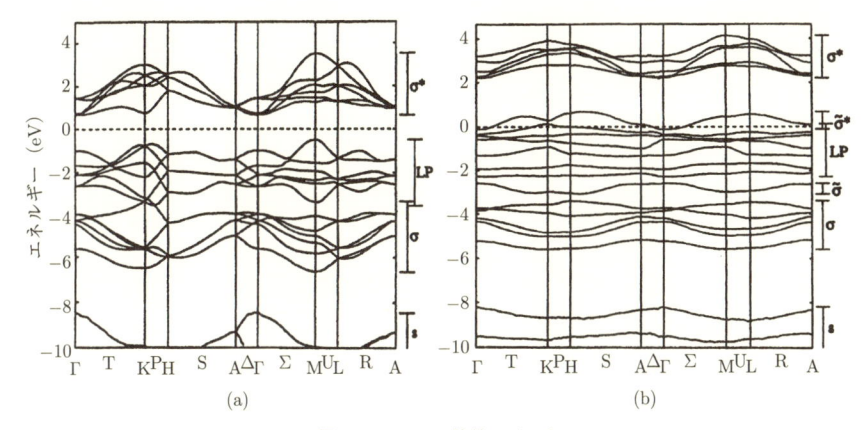

図 5.11 セレン結晶のバンド
(a) 普通の体積の Se 結晶に対するエネルギーバンド.
(b) 膨張した Se ($v/v_0 = 1.4$) 仮想結晶に対するエネルギーバンド.

レンの仮想結晶において，図 5.2(b) や (c) で提示されたようなタイプ II のブロッホ–ウィルソン転移が，実際に起こりうることが理論的に証明されたのである.

5.2.3 高温高圧下のセレン

先に予告したとおり，本小節では，高温高圧領域の液体セレン（膨張したセレン）において，実際にタイプ II のブロッホ–ウィルソン転移が観測されていることを紹介する.

具体的には，以下のように議論を進める

a. では，本章での議論における比較のために，前章（第 4 章）で紹介した「タイプ I のブロッホ–ウィルソン転移」について，まず要旨を簡単に復習する.

b. では，高温高圧下の液体セレンの密度および電気伝導度に関する実験結果を紹介し，「タイプ II のブロッホ–ウィルソン転移」が非常に顕著な形で起こっていることを示す.

c. では，高温高圧下での液体セレンの構造などに関して得られている実験結果を解析し，この領域での液体セレンの構造と伝導性についての結論をまとめる．さらに，5.2.2 小節 c. で導入した膨張した仮想結晶セレンと膨張した液体セレンの関係を論ずる.

a. タイプ I のブロッホ–ウィルソン転移の要旨

前章では,「タイプ I のブロッホ–ウィルソン転移」に関して,原子間距離の減少に伴って非金属から金属への転移が起こる例と,逆に原子間距離の増大に伴って金属から非金属への転移が起こる例とを紹介した.すなわち,

[1] 原子間距離 (R_{nn}) の減少 ⇒ 重なり積分の増大 ⇒ バンド幅の増加 ⇒ 非金属から金属への転移

[2] 原子間距離 (R_{nn}) の増加 ⇒ 重なり積分の減少 ⇒ バンド幅の減少 ⇒ 金属から非金属への転移

このうち [1] の〈収縮〉のプロセスについては,「加圧」によって実現されることを 4.2.1〜4.2.3 小節で論じ,現実の物質として 15 族のリン(具体的には黒リン)と 17 族ハロゲンのヨウ素と臭素の例を紹介した.これらの物質では,常温常圧では非金属であるものが,加圧による密度の増加に伴って,金属に転移することが示された.

一方 [2] の〈膨張〉のプロセスについては,「高温高圧の液体状態」にすることによって実現されることを,4.2.4 小節で水銀を例にとって紹介した.液体水銀では,図 4.29 で示されるように,温度–圧力平面上の液体領域内で,任意の圧力に対して温度が高くなるほど(図では右に行くほど)密度が低くなる.一方,電気伝導度 σ は図 4.30 に描かれているように,密度が低くなるほど(同様に,図では右に行くほど)値が下がり,常温常圧では金属であったものが,高温高圧での密度の減少に伴って,非金属に転移することがわかった.図 4.29 で点線で表される密度 ($d = 9$ g/cm^3) あたりが,金属から非金属への転移を起こす密度であることが,いくつかの物性の振る舞いから結論されている.

b. 高温高圧下でのセレン — 密度と電気伝導度

本小節の対象である液体セレンに話を戻そう.セレンは常温常圧では,エネルギーギャップ $\varepsilon_g = 1.8$ eV の半導体(非金属)である.図 5.2(b) や (c) で説明されているように「タイプ II のブロッホ–ウィルソン転移」によって,半導体(非金属)のセレンを金属に転移させるには,例えば 3 回らせんの鎖を構成している共有結合を一部分引き伸ばすのが 1 つの手段である.これについては 5.2.2 小節において,膨張した仮想の Se 結晶を例にとって論じ,非金属から金属への転移が発生することを理論的に示した.

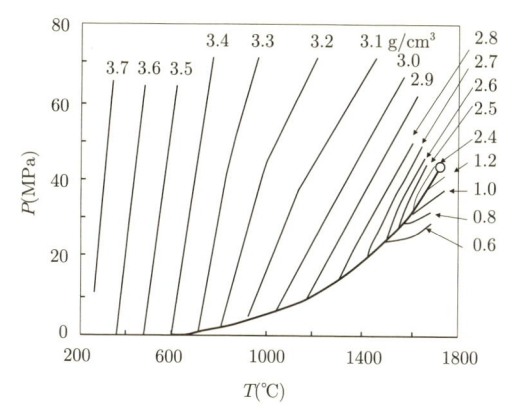

図 5.12 液体 Se の $T\text{--}P$ 平面上の等密度線

　実験的には，加圧によって結晶の体積を減少させることは比較的簡単であるが，減圧によって結晶の体積を増加させることは技術としてむずかしいことを，4.2.3 小節で述べた．4.2.3 小節では水銀が議論の対象であった．水銀の場合には，減圧のかわりに，加圧したままで加熱して高温高圧の液体を作り，体積が膨張した水銀液体を実現させることを紹介した．

　セレンの場合も同様に，高温高圧の液体にすることによって，体積膨張が実現される．本小節では，高温高圧下の液体セレンの実験結果を議論する．

　常圧におけるセレンの融点は 221°C，沸点は 685°C である．一方，気体–液体の臨界点では，温度が $T_{\mathrm{cp}} = 1493$°C，圧力が $P_{\mathrm{cp}} = 27.2$ MPa である．図 5.12 に，Se の温度 (T)–圧力 (P) 相図上の等密度線が与えられている[62]．第 4 章の図 4.29 における Hg の温度–圧力相図上の等密度線の場合にもそうであったが，常圧のままで加熱するとすぐに液体相と気体相の境界である「蒸気圧曲線」にぶつかってしまって，系はそこで気化することになる．系を液体相にとどめておくためには，加熱と同時に加圧もしなければならないことが，Se に対する図 5.12 や Hg に対する図 4.29 から明白である．

　Se に対する図 5.12 の等密度線は，温度–圧力の平面上で，任意の圧力に対しては温度が高くなるほど（図では右に行くほど）密度が低くなる．この傾向は，Hg に対する上述の図 4.29 の等密度線の傾向と全く同じである．

　ところが電気伝導度のほうは，Hg と Se では話が逆転する．Hg に対しては，

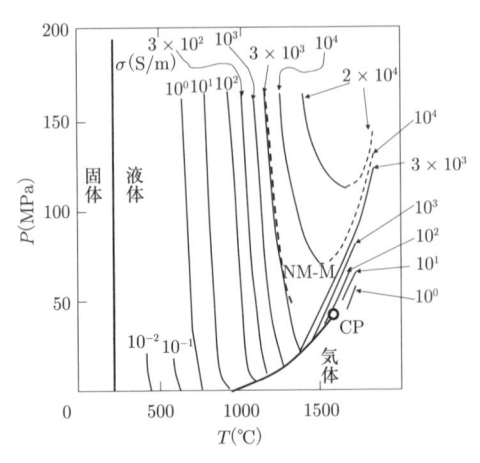

図 5.13　液体 Se の等伝導度曲線（温度–圧力平面上に描かれている）

図 4.30 に描かれているように，密度が低くなるほど（図では右に行くほど）電気伝導度がひたすら下がり，常温常圧の値と比べて数桁も減少する．それと比べて，Se の場合には，図 5.13 の「電気伝導度に対する等高線」は[62]，温度が高くなるほど（図では右に行くほど）高くなり，臨界温度より少し高い温度で極大をもつ．光学ギャップでみると，図中の太い破線より左側の領域では存在するが，この破線のところでギャップが消滅する[63]．この事実から，この破線のところで，非金属から金属への転移が起こったことがわかる．伝導度の大きさでいうと，大体 3×10^3 S/m で非金属–金属転移が起こったことになる．

圧力を 140 MPa に固定し，電気伝導度 σ を温度 T の関数として描くと，図 5.14 のようになる．伝導度が 3×10^3 S/m になる場所が，図に太い破線で示されている．温度の上昇に伴い（言い換えると，密度の減少に伴い），伝導度は融点直上の値と比べて 8 桁も増加していることがわかる．図 5.14 の上部には，T–P 相図が模式的に描かれている．密度の減少（すなわち，体積の増大，あるいは原子間距離の増大）に伴って現れる非金属 → 金属のこの転移は，典型的なタイプ II のブロッホ–ウィルソン転移である．

図 5.15 には水銀とセレンの等密度線と電気伝導の変化が，容易に比較できる配置で与えられている．それぞれの図は次のものである．

(1) 図 5.15(a)：　液体水銀の T–P 面上の等密度線（図 4.29）

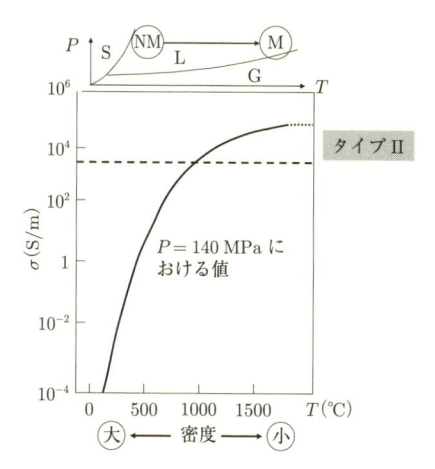

図 5.14 液体セレンの等圧線上の電気伝導度の変化

上部には，Se の T–P 相図に等圧線が描かれている．液体 Se に対する実験はこの線上で行われた．下部には，圧力を $P = 140$ MPa にとどめたままで，温度を高温にしていった場合の，電気伝導度 σ の温度変化が示されている．

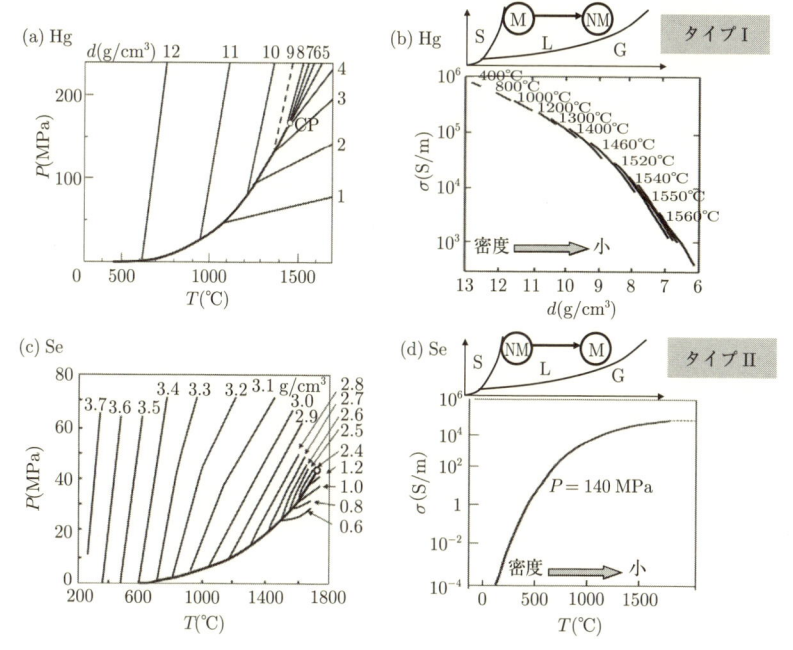

図 5.15 水銀とセレンの等密度線と伝導度の変化の比較

(2) 図 5.15(b)： 液体水銀の電気伝導度（図 4.30）
(3) 図 5.15(c)： 液体セレンの T–P 面上の等密度線（図 5.12）
(4) 図 5.15(d)： 液体セレンの電気伝導度（図 5.14）

水銀の場合の図 5.15(a) においてもセレンの場合の図 5.15(c) においても，いずれも温度が上がるほど（図では右に行くほど）密度が減少するのは同じである．ところが電気伝導度についていうと，水銀の場合の図 5.15(b) では密度が下がるほど（図では右に行くほど）数桁も減少しているのに対して，セレンの場合の図 5.15(d) では温度が上がるほど，すなわち密度が下がるほど（図では右に行くほど）8 桁も増加している．

図 5.15(b) の上部と図 5.15(d) の上部に模式的に描かれている T–P 相図では，前者は「金属から非金属への転移」をしているのに対して，後者は「非金属から金属への転移」をしていることが示されている．ともにブロッホ–ウィルソン転移であるが，前者は典型的な〈タイプ I〉であるのに対して，後者は典型的な〈タイプ II〉である．

c. 高温高圧下でのセレン —— 構造

電気伝導度が図 5.15 のような変化をする際に，膨張セレン液体の他の物性がどのように変化するのかが，図 5.16 に示されている．この図の上部にも，参照できるように T–P 相図を挿入した．この相図の横軸は，温度 T である．示されている範囲は，融点直上の液体から，気体–液体の臨界点より高圧力・高温度の超臨界領域にまで及ぶ．下部の図に示される物性は，一定の圧力（例えば，140 MPa）におけるもので，したがって，下部の図の横軸は，上部の図の横軸と同じ温度と考えてもよいが，密度と考えてもよい．横軸に沿って，温度は単調増加し，密度は単調減少する．光学ギャップが消滅する温度（非金属 → 金属転移が起こる温度）がこの図にも破線で描き込んである．

(i) は，液体セレンの体積に関するものである．(ii)〜(iv) は，液体セレンの電気伝導性に関連する物性であり，前項 b. の議論の補強になる．これに対して，(v)〜(vii) は液体セレンの原子構造に関する物性である．

(i) 体積 v

体積はもちろん温度とともに増加しており，セレン液体は間違いなく「膨張」している．体積 v は密度 d に反比例し，$v \propto 1/d$ の関係がある．

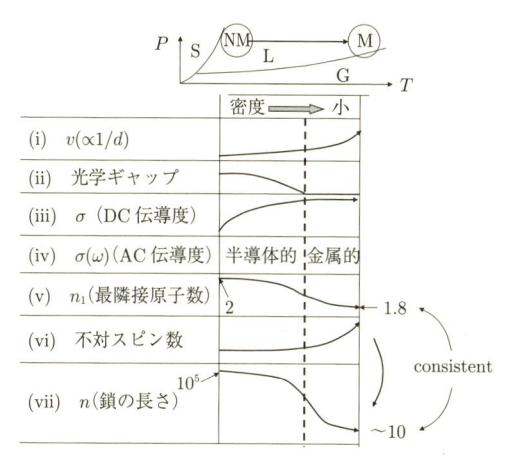

5.2 タイプ II のブロッホ–ウィルソン転移

図 5.16 液体 Se のいくつかの物理量の変化が,融点から(液体–気体の)臨界点近傍まで描かれている.
(i) 体積(密度の逆数),(ii) 光学ギャップ,(iii) (直流)電気伝導度,(iv) 振動数依存性をもつ(交流)電気伝導度,(v) 最隣接原子数(ボンドの数),(vi) 不対スピンの数,(vii) 鎖の長さ.

(ii) 光学ギャップ[63)]

点線より左の領域(転移点における密度より高い密度の領域)では,光学ギャップが有限の大きさをもち,系は半導体的(非金属)である.一方,点線より右の領域(転移点における密度より低い密度の領域)では,光学ギャップはゼロであり,系は金属的である.

(iii) 直流(DC)電気伝導度 σ[62)]

電気伝導度 σ は図 5.14 に示されるように温度の上昇とともに(密度の減少とともに)8 桁も増加し,その途中で非金属 → 金属転移が発生したことが示唆される.

(iv) 交流(AC)電気伝導度 $\sigma(\omega)$[64, 65)]

$\sigma(\omega)$ は振動数依存性のある伝導度で,光学実験から得られる.破線より左の高密度領域では,振動数 ω の関数としての交流伝導度 $\sigma(\omega)$ が半導体的な振る舞いをする.一方,破線より右の低密度領域では,$\sigma(\omega)$ が金属に特徴的なドルーデの式にしたがう.このことからも,破線に相当する密度において,非金属 → 金属転移が起こったことがわかる.

(v) 最隣接原子数 n_1

結晶の場合のように周期的な規則構造をもたない液体に対しては,「対分布関数」(「2体分布関数」と呼ぶこともある)が原子構造(原子の配置)を表す量として用いられることが多い.対分布関数 $g(R)$ は,液体を構成する原子のなかの2つの原子間距離 R の分布に相当するものである.

数学的には,次のように記述される.すなわち,「原点に1つの原子があるとき,原点から距離 R だけ離れた点の局所密度が $n_{\text{atom}}g(R)$ で表される」というのが,$g(R)$ の定義である.ここで,n_{atom} は平均原子数密度で,体積 V の液体に含まれる原子数を N_{atom} として,$n_{\text{atom}} \equiv N_{\text{atom}}/V$ で与えられる.

液体の対分布関数 $g(R)$ の典型的な形が,図 5.17 に示されている.この図は,原子間の相互作用がレナード–ジョーンズポテンシャルであるとして計算されたものであるが,原子間相互作用のいかんにかかわらず $g(R)$ はこの図と似た形になる.一様分布の場合の $g(R) = 1$ のまわりを振動し,$\lim g(R)_{R \to \infty} = 1$ である.図で,σ は原子の直径に相当する長さであり,対分布関数 $g(R)$ は2つの原子が接するあたりの $\sigma = 1$ の手前で立ち上がっている.対分布関数 $g(R)$ はX線回折や中性子回折の回折強度から,フーリエ変換によって導かれる.

$g(R)$ の第1ピークから,最隣接原子までの距離と数に関する情報が得られる.また,第2ピークや第3ピークの形などの解析から,原子配置に関するさらに詳しい情報が引き出される.液体中の最隣接原子の数 n_1 は $g(R)$ を使って,

$$n_1 = \int_0^{R_{\min}} n_{\text{atom}} g(R) 4\pi R^2 dR \tag{5.1}$$

で求められる.この積分の上限 $R_{\min}$ は,図 5.17 の矢印で示されるように,

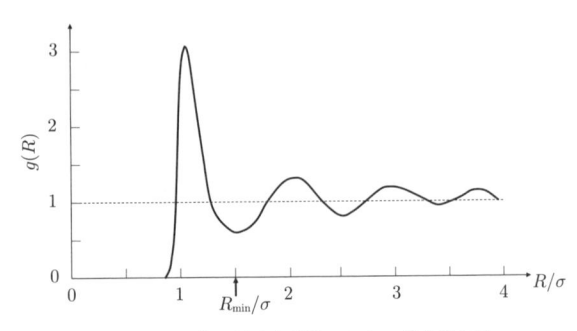

図 **5.17** 液体の対分布関数 $g(R)$ の模式的な図

$g(R)$ の第 1 ピークと第 2 ピークの間の谷の最小値に対する R の値である.

このようにして求められた液体セレンの最隣接原子数 n_1 が, 図 5.16(v) に示されている[66,67]. 融点直上では n_1 はほぼ 2 であり, 第 2 ピークおよび第 3 ピークの解析から, 結晶におけるらせん鎖構造がほぼ保持されていることがわかる. 一方, 超臨界領域では $n_1 = 1.8$ になり, もとのらせん鎖構造のボンド（共有結合）の 10% が「切れている」ことがわかる.

(vi) 不対スピン

共有結合を構成している 2 つの電子はともに結合軌道を占めるが, 2 つの電子のスピンの向きは互いに異なり, 上向きと下向きになる. そのボンドが切れると, 共有結合を構成している 2 つの電子が 1 つずつ親元のセレン原子の傍に残り, どちらも相手のいないスピン（不対スピン）になる.

不対スピンの数は, 核磁気共鳴 (nuclear magnetic resonance：NMR) によって測定することができる[68-70]. 融点直上の液体セレンでは不対スピンの数は少ないが, 超臨界領域に近づくにつれてこの数は増加する. すなわち, 温度の上昇とともに（すなわち, 密度の減少とともに）より多くのボンドが「切れていく」ことがわかる.

(vii) 鎖の長さ n（鎖あたりの原子数）

液体内にどれだけの不対スピンが存在するかを調べることによって, どれほどのボンドが「切れている」のかを知ることができる. 液体内のボンドの総数はわかっているので,「切れている」ボンドの数がわかれば,「切れていない」ボンドの数がわかる.「切れている」ボンドの数と「切れていない」ボンドの数から, 液体内のボンドの平均の長さを推定することができる.

液体セレンの核磁気共鳴実験から得られた不対スピンの数を解析することにより, 融点直上の液体セレンではらせん鎖の長さは 10^5 原子程度であるが, 超臨界領域では 10 原子程度になると算定される. 言い換えると, 超臨界領域ではボンドが 10 本に 1 本が「切れている」ことになる. この結果は, 対分布関数から導かれた「約 10% のボンドが切れている」という結論と一致する.

5.2.2 小節 c. で導入した「膨張した仮想セレン結晶」は, 模式的に図 5.18(a) のように描くことができる. 有限のらせん鎖が規則的に並んでいることになる. 一方, 高温高圧の液体セレンの構造は有限のらせん鎖が不規則に並んでいて, 図

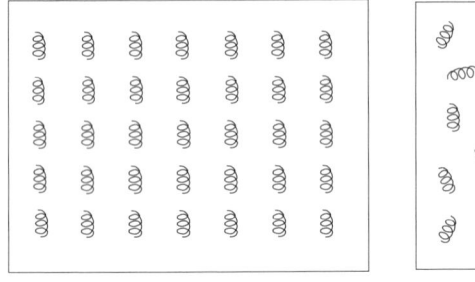

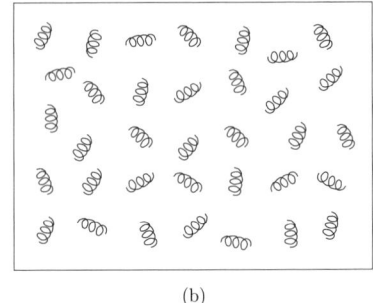

図 5.18 Se の有限鎖からなる系

(a) 配置が規則的な場合（本節で議論した「膨張した仮想結晶」はこの状態になっている）．

(b) 配置が不規則な場合（高温高圧の液体 Se では，このようになっていると考えられる）．

5.18(b) で模式的に描かれているような格好になることが，本節で紹介した実験結果から示される．両者の違いは，らせん鎖の配置が規則的か不規則かという点である．配置が不規則になることの影響は詳しく解析されており，不規則性が存在しても前節の理論の枠組みは変わらないことが確かめられている[71]．

6

アンダーソン転移
（不規則なポテンシャルによる金属–非金属転移）

　第3章のパイエルス転移に関する議論においても，第4章と第5章のブロッホ–ウィルソン転移に関する議論においても，ある結晶が金属なのか非金属なのかの判定は，電子状態密度 $D(\varepsilon_\mathrm{F})$ がフェルミ準位 $\varepsilon = \varepsilon_\mathrm{F}$ で有限であるかゼロであるかによって行った．この判定は，(2.50) 式

$$\sigma = (-e)\frac{m}{3}\left(\frac{1}{\hbar}\frac{\partial \varepsilon}{\partial \bm{k}}\bigg|_{k_\mathrm{F}}\right)^2 \mu(\varepsilon_\mathrm{F}) D(\varepsilon_\mathrm{F})$$

を念頭に置いている．すなわち，状態密度 $D(\varepsilon_\mathrm{F})$ がフェルミ準位 ε_F で有限であれば，その準位を占める電子は（温度ゼロの極限で熱的励起による伝導がない場合にも）必ずゼロでない伝導度を与えるという了解が前提にあった．

　実際この了解は，不純物も欠陥もない理想結晶の場合には妥当なものである．付録 A.2 で記述したように，電子波は「ラウエ条件」あるいは「ブラッグ条件」（この2つの条件は等価なもの）を満たすとき，「強め合う干渉」を起こして，理想結晶の格子による散乱波は減衰することなく伝わる．いいかえると，理想結晶内では周期的な格子点上の原子は，電子の進行に対して障碍物とはならない．したがって，理想結晶においては $D(\varepsilon_\mathrm{F}) \neq 0$ であれば，電気抵抗 ρ はゼロになり，電気伝導度 σ は無限大になる．その際，エネルギーが ε_F 以下であるような準位には電子がいっぱいに詰まっていて，かつ，エネルギーが ε_F より高い準位には電子がいなくて空いているという状況が必須条件である．しかし，そもそもこの状況こそが，フェルミ準位の定義そのものであることを思い出そう．

　一方，現実の物質では，格子欠陥や不純物が不可避的に含まれていて電子波の進行に対して障碍物として働くので，実際の金属の電気抵抗 ρ はゼロではな

く有限である（言い換えると，電気伝導度 σ は無限大ではなく有限の大きさをもつ）．2.1 節で紹介したドルーデの電子論や 2.2 節で記述したフェルミ気体の理論では，電子の進行に対する障碍物が存在するものとして，それらの障碍物の効果を調べるという形で議論が展開された．

格子欠陥や不純物などの障碍物のために電子が受けるポテンシャルは，規則的ではなくランダムなものになる．このランダムさの程度が限界を超えると，電子の波動関数が空間的に局在し，伝導には寄与できない状況が生じる．電子の波動関数のこのような局在は，「アンダーソン局在」と呼ばれている．本章では，アンダーソン局在に起因する金属–非金属転移を論ずる．

6.1　アンダーソン局在

6.1.1　不規則系における拡散の不在

金属の電気伝導度は，緩和時間を使った形（(2.47) 式）

$$\sigma = \frac{ne^2}{m}\tau(\varepsilon_\mathrm{F})$$

も得られている．緩和時間は (2.37) 式によって平均自由行程 ℓ_F と関係づけられる．したがって，電気伝導度は，

$$\sigma = \frac{ne^2}{mv_\mathrm{F}}\ell_\mathrm{F} \tag{6.1}$$

と書くことができ，平均自由行程 ℓ_F に比例することが示される．

常温常圧における元素金属結晶に対する平均自由行程 ℓ_F が，表 1.1 の右から 2 列目に挙げられている（無次元量にして様子をみるために，平均原子間距離 $2R_\mathrm{atom}$ で規格化されている）．1 族，2 族，遷移金属，12 族などの，電気伝導度の高い典型的な金属においては，ℓ_F は $2R_\mathrm{atom}$ と比べて 1 桁～2 桁も大きい．特に 11 族の金，銀，銅においては，平均自由行程が原子間距離の 100 倍以上にも至っている．

不純物や欠陥などが増加して系の不規則性が増加すると，平均自由行程 ℓ_F は減少する．不規則性が大きければ大きいほど，電子の進行に対する障碍がより多くなり，ℓ_F は小さくなって，その結果として電気伝導度も低くなる．しかし，

6.1 アンダーソン局在

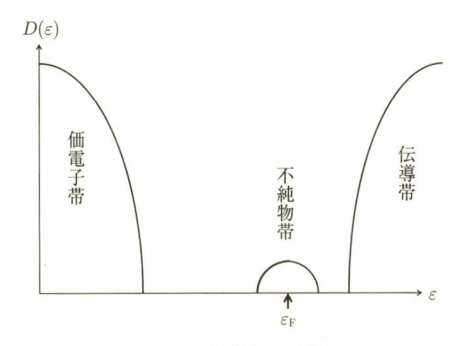

図 6.1 半導体の不純物帯
価電子帯と伝導帯の間のエネルギーギャップ内に電子の状態密度が生じる．

平均自由行程 ℓ_F は原子間距離 $2R_\text{atom}$ より小さくなることはないので，電気伝導度も $\sigma = (ne^2/mv_F)2R_\text{atom}$ よりは小さくならないはずである．

しかし，これはほんとうに正しいのだろうか？それとも，不規則性の増加の過程で「何か予想外の異常な事態」が起こるのだろうか？

この疑問は半世紀以上も前（1958年）に，アンダーソン（P. W. Anderson）によって問いかけられた[72]．アンダーソンがこの問題に注目したきっかけは，1950年代に米国のベル研究所で同僚だったフェハー（C. Feher）たちの不純物半導体に関する実験結果であった．フェハーたちは，イオン価 +4 のシリコン（Si）にイオン価 +5 のドナー（リン P やヒ素 As など）を添加した n 型不純物半導体を対象に常磁性共鳴の実験を行っていた．n 型の不純物半導体では，価電子帯と伝導帯の間のエネルギーギャップの中にドナーの不純物帯が現れる．この不純物帯は，各ドナー原子から 1 個の電子が供給されて作られているバンドで，スピン自由度も考慮すると電子の数の 2 倍の状態が含まれる．その結果，図 6.1 で示されるように，バンドはちょうど半分だけ電子で占められる．このとき，フェルミ準位での状態密度は $D(\varepsilon_F) \neq 0$ の条件が満たされていて，系は金属になるはずである．ところがフェハーらの常磁性共鳴の実験によって，スピン拡散の速さが，それまでに得られていた理論値より何桁も遅いことが判明し，電子が局在していることが示唆された．「$D(\varepsilon_F) \neq 0$ ならば系は金属的」というそれまでの常識が覆されたことになる．

アンダーソンはこの問題に対応するために新しい理論を構築し，不規則性の

程度がある限界値を超えると，電子が局在し，電子の拡散が不在になることを示したのである．

6.1.2 強結合表示

アンダーソンの理論を紹介するための準備として，本小節では不規則系に対する強結合表示を導入しよう．

4.1.2 小節では周期的な結晶に対する強結合近似の表現を議論した．1 電子ハミルトニアン（(4.13) 式）に対するシュレーディンガー方程式（(4.14) 式）の固有関数 $\psi_k(r)$ を原子軌道 $\phi_0(r-R)$ の線形結合で近似する．結晶の場合にはブロッホ条件（(2.57) 式）が満たされなければならないから，線形結合の展開係数は平面波 $e^{i\bm{k}\cdot\bm{R}}$ となり，固有関数 $\psi_k(r)$ は，(4.16) 式

$$|\psi_{\bm{k}}(\bm{r})\rangle = \sum_{\bm{R}} e^{i\bm{k}\cdot\bm{R}}|\phi_0(\bm{r}-\bm{R})\rangle$$

の形になることが示された．ここで，4.1.1 小節の (4.8) 式で導入した表示法を使った．

本節では 4.1.2 小節の議論を不規則性のある系に拡張する．4.1.2 小節と同様に，シュレーディンガー方程式の固有関数 $\psi_k(r)$ が原子軌道の線形結合で近似できるとすると，展開係数 $a_{\bm{R}}^{\bm{k}}$ を使って，

$$|\psi_{\bm{k}}(\bm{r})\rangle = \sum_{\bm{R}} a_{\bm{R}}^{\bm{k}}|\phi_0(\bm{r}-\bm{R})\rangle \tag{6.2}$$

と書くことができる．

上式では，「全ての格子点 $\bm{R}$ についての和」を，$\sum_{\bm{R}}$ で表しているが，表示を簡潔にするために，格子点に番号をつけて $\bm{R}_j$ と書くことにすれば，「全ての格子点番号 j についての和 $\sum_j$」とよりすっきりと表せる．表現の簡潔化をさらに進めるために，

$$|j\rangle \equiv |\phi_0(\bm{r}-\bm{R}_j)\rangle \tag{6.3}$$

を使う．また以下では，固有関数 $\psi_k(r)$ と展開係数 $a_{\bm{R}}^{\bm{k}}$ の添字 k を省略する．$|\psi(\bm{r})\rangle = |\psi\rangle$ と書くと，

$$|\psi\rangle = \sum_j a_j|j\rangle \tag{6.4}$$

が得られる.添字 k は省略しているが,k 依存性がなくなったわけではなく,必要に応じて復活することができる.

(4.1) 式と (4.2) 式から,シュレーディンガー方程式は次の形になることがわかる.

$$H|\psi\rangle = [H_{\text{atom}} + \Delta \mathcal{V}(\boldsymbol{r})]|\psi\rangle$$
$$= \sum_j \varepsilon_j |j\rangle a_j + \sum_j \Delta \mathcal{V}(\boldsymbol{r})|j\rangle a_j \qquad (6.5)$$

ここで,ε_j は原子軌道(あるいは,格子点 $\boldsymbol{R}_j$ 近傍で大きな振幅をもつ関数)$\phi_0(\boldsymbol{r} - \boldsymbol{R}_j)$ の固有値で,

$$H_{\text{atom}}|j\rangle = \varepsilon_j |j\rangle \qquad (6.6)$$

で与えられる.4.1.2 小節では全ての格子点上の原子が同じものである場合を対象にしていたので,全ての j に対して $\varepsilon_j = \varepsilon_0$ であった.

(6.5) 式の両辺に左から $\langle i|$ をかけると(すなわち,$\phi_0^*(\boldsymbol{r} - \boldsymbol{R}_i)$ をかけて $\boldsymbol{r}$ で積分すると),次の結果が得られる.

$$\langle i|H|\psi\rangle = \sum_j \varepsilon_j \langle i|j\rangle a_j + \sum_j \langle i|\Delta \mathcal{V}(\boldsymbol{r})|j\rangle a_j \qquad (6.7)$$

この式で,$\langle i|j\rangle$ は,$\boldsymbol{R}_{ij} \neq 0$ として

$$\langle i|j\rangle = \delta_{ij} + S(\boldsymbol{R}_{ij}) \qquad (6.8)$$

と書ける.$\boldsymbol{R}_{ij} \neq 0$ に対しては,$S(\boldsymbol{R}_{ij}) \ll 1$ であるので,第 2 項を省略する.さらに,$\mathcal{V}_{ij} \equiv \langle i|\Delta \mathcal{V}(\boldsymbol{r})|j\rangle$ と書くと,最終的に

$$\langle i|H|\psi\rangle = \varepsilon_i a_i + \sum_j \mathcal{V}_{ij} a_j \qquad (6.9)$$

という式が得られる.

上式から,強結合表示におけるハミルトニアンは,

$$H = \sum_i \varepsilon_i |i\rangle\langle i| + \sum_{i \neq j} \mathcal{V}_{ij} |i\rangle\langle j| \qquad (6.10)$$

となることが確かめられる.

時間依存をもった固有関数 ψ_t に対するシュレーディンガー方程式は次式で

与えられる.

$$i\hbar\frac{\partial \psi_t}{\partial t} = H\psi_t \tag{6.11}$$

固有関数 ψ_t を $\phi_0(\boldsymbol{r} - \boldsymbol{R}_j)$ で展開すると,係数が時間依存性をもつことになる.すなわち,

$$\psi_t = \sum_j a_j(t)|j\rangle \tag{6.12}$$

という形になる.(6.12) 式を (6.11) 式の左辺に代入すると

$$i\hbar\frac{\partial \psi_t}{\partial t} = i\hbar\sum_j \frac{\partial a_j(t)}{\partial t}|j\rangle \tag{6.13}$$

が得られる.一方,(6.10) 式と (6.12) 式を (6.11) 式の右辺に代入すると

$$H\psi_t = \sum_j a_j(t)\varepsilon_j|j\rangle + \sum_{j\neq m} a_j(t)\mathcal{V}_{jm}|m\rangle \tag{6.14}$$

となる.両辺に左から $\langle i|$ をかけると,

$$i\hbar\sum_j \frac{\partial a_j(t)}{\partial t} = \varepsilon_i a_i(t) + \sum_{j(\neq i)} \mathcal{V}_{ij} a_j(t) \tag{6.15}$$

となる.アンダーソンは局在の理論を,この式からスタートしたのであった.

6.1.3 アンダーソンの理論

6.1.1 小節で,アンダーソンは不純物半導体の実験結果に触発されて局在の理論を構築したと書いた.しかし,実際の不純物半導体で起こっているミクロなメカニズムは非常に複雑で込み入っているので,アンダーソンはかわりに不規則系の簡単なモデルを提案し,不規則性と電子局在の関係を論じた.

格子の枠組み自体は規則的な結晶格子と同じものであるとして,(6.10) 式の強結合表示のハミルトニアンを考える.格子点に関する和 $\sum_i$ や $\sum_{i\neq j}$ は規則的な格子について行われる.さらに不規則性は,(6.10) 式の第 1 項のみに含まれるとし,第 2 項は不規則性を含まないとする.すなわち,第 1 項の ε_i が格子点ごとに不規則に分布しているとするわけである(対角的不規則性と呼ぶ).電子伝導は,2 つの格子点 i と j とが最隣接格子点である場合にのみ,重なり積分 $\mathcal{V}_{ij}$ を通して起こるとする.

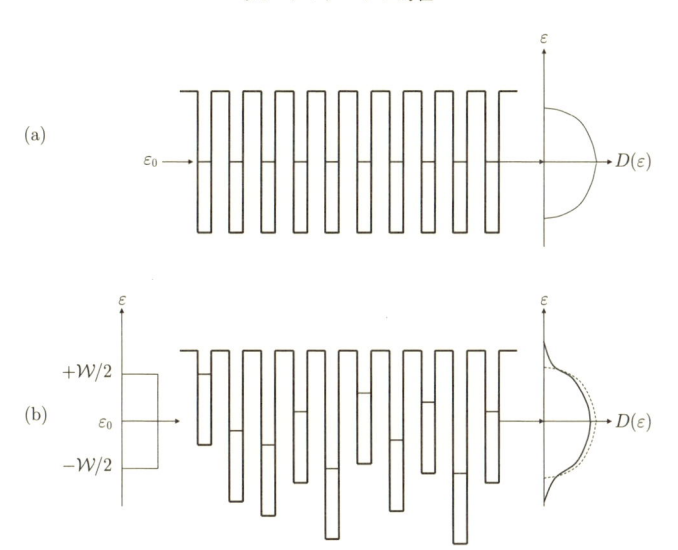

図 6.2 井戸型ポテンシャルモデル
(a) 格子点に規則的な井戸型ポテンシャルが並んでいる（周期的な結晶）. ε_0 は孤立原子の電子準位, 右端は結晶の電子の状態密度. (b) ポテンシャルに不規則性がある場合. 左端は孤立準位 ε_i の分布, 状態密度は裾を引く.

このモデルの様子が図 6.2 に示されている. 図 6.2(a) は, 規則的な格子上に置かれた原子の井戸型ポテンシャルである. 井戸の深さは全て等しく, したがって各原子軌道のエネルギー準位はどれも同じで, 全ての i に対して $\varepsilon_i = \varepsilon_0$ となる. 4.1.3 小節で示したように, 最隣接原子間の重なり積分の働きでエネルギー準位が幅をもって広がり, 図の右端に模式的に描かれたようなバンドになる. 一方, 対角的不規則性のある場合の井戸型ポテンシャルが, 図 6.2(b) に示されている. 井戸の深さが原子ごとに異なり, そのため原子軌道のエネルギー準位 ε_i も原子ごとに異なる. 結果として得られるバンドは, 図 6.2(b) の右端に描かれているように, 規則系の場合より広くなり, バンドが裾を引く形になる.

対角項の ε_i は, 図 6.2(b) の左端に描かれているように, ε_0 のまわりに W の幅をもつ一様分布

$$P(\varepsilon_i) = \begin{cases} \dfrac{1}{W} & \left(-\dfrac{W}{2} \leq \varepsilon_i \leq +\dfrac{W}{2}\right) \\ 0 & (\text{その他の } \varepsilon_i) \end{cases}$$

をとるとする. 分布の幅 W が大きいほど, 不規則性の程度は大きい.

アンダーソンにならって (6.15) 式からスタートしよう．エネルギーを振動数単位で測ることにすれば，$\hbar = 1$ ととれる．この式をラプラス変換する．

$$f_j(s) = \int_0^\infty e^{-st} a_j(t) dt \tag{6.16}$$

を使って，(6.15) 式のラプラス変換は次の形に求められる．

$$i[sf_j(s) - a_j(0)] = \varepsilon_j f_j(s) + \sum_{k(\neq j)} \mathcal{V}_{jk} f_k(s) \tag{6.17}$$

となる．ここで，変数 s は任意の複素数で，実数部分は正かゼロでなければならない．

ラプラス変換をとる目的は，a_i の偏微分の部分を避けて式の計算をたやすくできるようにすることと，$a_i(t=\infty)$ を求めることである．電子が局在しているか否かを知るには，例えば 時間 $t=0$ にある特定の格子点 $j=0$ に電子を置いたとき（すなわち $a_0(t=0) = 1$ であるとき），そのあと $a_0(t)$ が時間とともにどのように変化していくかがわかればよい．$a_0(t=\infty)$ が有限にとどまれば電子は局在しており，$a_0(t=\infty)$ がゼロになれば電子は非局在である．特に，変数 s の実数部分が非常に小さい正の値をとる場合には，

$$\lim_{s \to 0^+} sf_j(s) = a_j(t=\infty) \tag{6.18}$$

となるので，$f_j(s)$ から $a_j(t=\infty)$ に関する情報が得られるのである．

(6.17) 式を並べかえると

$$[isf_j(s) - \varepsilon_j f_j(s)] = ia_j(0) + \sum_{k(\neq j)} \mathcal{V}_{jk} f_k(s) \tag{6.19}$$

となる．$a_j(0) = \delta_{j0}$ であることを使うと，

$$f_j(s) = \frac{i\delta_{j0}}{is - \varepsilon_j} + \sum_{k(\neq j)} \frac{1}{is - \varepsilon_j} \mathcal{V}_{jk} f_k(s) \tag{6.20}$$

と書くことができる．右辺第 2 項の $f_k(s)$ にこの式を代入するという操作を逐次実行すると，

$$f_j(s) = \frac{i\delta_{j0}}{is - \varepsilon_j} + \frac{i}{is - \varepsilon_j} \mathcal{V}_{j0} \frac{1}{is - \varepsilon_0}$$
$$+ \sum_k \frac{1}{is - \varepsilon_j} \mathcal{V}_{jk} \frac{1}{is - \varepsilon_k} \mathcal{V}_{k0} \frac{1}{is - \varepsilon_0} + \cdots \tag{6.21}$$

6.1 アンダーソン局在

が得られる．この式で，$j = 0$ を考えると，

$$\begin{aligned}
f_0(s) = & \frac{\mathrm{i}}{\mathrm{i}s - \varepsilon_0} + \sum_k \frac{1}{\mathrm{i}s - \varepsilon_0} \mathcal{V}_{0k} \frac{1}{\mathrm{i}s - \varepsilon_k} \mathcal{V}_{k0} \frac{1}{\mathrm{i}s - \varepsilon_0} \\
& + \sum_{k,m} \frac{1}{\mathrm{i}s - \varepsilon_0} \mathcal{V}_{0k} \frac{1}{\mathrm{i}s - \varepsilon_k} \mathcal{V}_{km} \frac{1}{\mathrm{i}s - \varepsilon_m} \mathcal{V}_{m0} \frac{1}{\mathrm{i}s - \varepsilon_0} \\
& + \cdots
\end{aligned} \tag{6.22}$$

となる．

この式の右辺の各項は，出発点 $j = 0$ からスタートし，最隣接格子を次々と渡り歩いて，最後に $j = 0$ に戻ってくるような経路のいずれかに相当している．経路の過程で，格子番号 k 上の原子には $\mathcal{L}_k \equiv 1/(\mathrm{i}s - \varepsilon_k)$ を，k から m へのステップには $\mathcal{V}_{km}$ を割り当てる．出発点に戻ってくる回数は 1 回の場合のみではなく，何回も戻ってくる経路も含まれている．

$f_0(s)$ を求めるためになすべき仕事は，$j = 0$ からスタートして $j = 0$ に戻ってくる経路に相当する項を足し合わせ，分布 $P(\varepsilon_k)$ で平均をとることである．そのために例えば，図 6.3(a) のように，$j = 0$ から出発していろいろな格子点を巡った後で P に至る経路をまず考え，そのあとで P から $j = 0$ に戻ってくる経路を考えるという手順をとることもできる．$j = 0$ から P に至る過程のなかで，途中の格子点から枝葉のように分岐して，しばらくあとにその格子点に戻るという経路もある．図 6.3(a) で木の葉のように見える部分がそれにあたる．このように途中の格子点からループを作る経路の効果は，ロケータ $\mathcal{L}(s)$ に「自己エネルギー ς」として繰り込むことができる．繰り込まれたロケータを $\tilde{\mathcal{L}}_k(s)$ と書くと

$$\tilde{\mathcal{L}}_k(s) = \frac{1}{\mathrm{i}s - \varepsilon_k - \varsigma} \tag{6.23}$$

になる．途中の原子を全て繰り込まれたロケータ $\tilde{\mathcal{L}}_k(s)$ にかえれば，図 6.3(a) のような経路のかわりに図 6.3(b) のような骨格（スケルトン）だけの経路を数え上げればよいことになる．

図 6.3(b) の骨格は「すでに通った格子点は二度と通らない」ことを条件に新たな道を切り開いた経路である．その際に，「コネクティヴィティ」という概念が出てくる．出発点から遠く離れたところで，未踏の格子点を探すときに，現

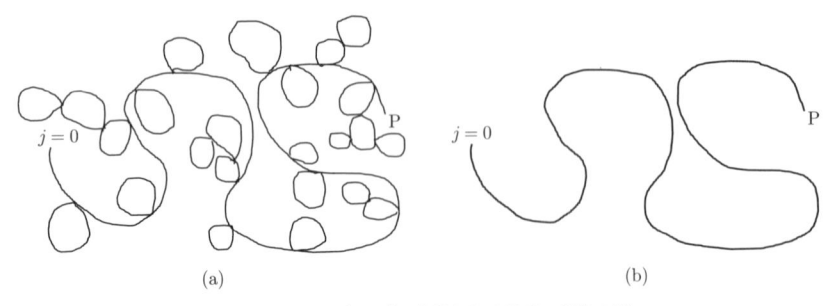

図 6.3 (6.22) 式の項で表現される電子の経路の例
(a) 最隣接原子を伝って電子が移動する経路の一例. (b) 経路の骨格（スケルトン）.
枝葉を取り除いた形で, 同じ格子点を再び通ることはない.

在いる場所から次のステップに進む際の選択肢がいくつあるかを表す値である. 日本語では「つながり度」と呼んでよいだろう. つながり度を K とすると, K は最隣接格子点の数 z と

$$z - 2 < K \leq z - 1 \tag{6.24}$$

の関係にある. これについて, 図 6.4 を使って説明しよう. 図 6.4(a) には 1 次元格子の場合が示されている. 最隣接格子点の数は $z = 2$ である. 出発点 $x = 0$ からは右と左の 2 通りの行き先があるが, 最初に右行きを選べばそのあとはひたすら右に進むしかなく, 最初に左行きを選べばそのあとはひたすら左に進むしかない. したがって, $K = 1$ になり, $K = z - 1$ が満たされる. 1 次元格子上では, 閉じたループは存在しない.

次に, 図 6.4(b) の 2 次元正方格子を考えよう. 最隣接格子点の数は $z = 4$ である. 出発点 $(0,0)$ からは 4 つの行き先があるが, 次の第 2 ステップではそれぞれ 3 つしか行き先がない. 第 3 ステップでも, 3 つの行き先がある. ところが, 第 4 ステップになると, 図のように $(0,0) \to (1,0) \to (1,1) \to (0,1)$ まで進んだあとは, $(0,0)$ には進めないので, 行き先は 2 つしかない. このように一般に, 2 次元や 3 次元の格子では, K は $(z - 1)$ より小さくなる. しかし, $(z - 2)$ よりは大きいことが知られていて, (6.24) 式の関係になる. 1 次元系以外で (6.24) 式の等号が成り立つ（$K = z - 1$ となる）例は, 図 6.5 に示されるケーリー・トリー（ベーテ格子とも呼ばれる）である. 1 次元系の場合と同じように閉じたループをもたない.

6.1 アンダーソン局在

(a)

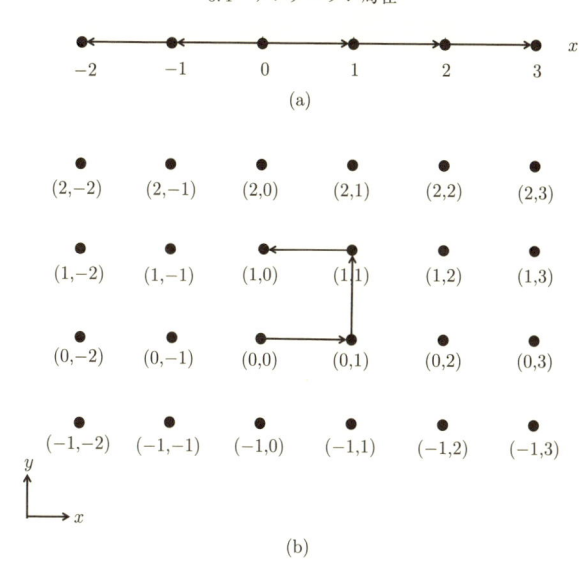

(b)

図 6.4 「つながり度」の説明
(a) 1 次元格子点上の「つながり度」．(b) 2 次元正方格子上の「つながり度」．

図 6.5 ケーリー・トリー

つながり度 K の効用は，P ステップ後に出発点とつながっている経路の数がだいたい K^P と算定できることである．アンダーソンはこのつながり度の概念を使って，(6.22) 式の右辺の和の平均を近似的に計算し，$a_0(t = \infty)$ が有限かゼロかを調べて，電子が局在しているか非局在かを明らかにした．得られた結果は，図 6.6 に示されている．縦軸は不規則性の大きさ $\mathcal{W}/2\mathcal{V}$ で，横軸はつながり度 K である．ε_i の分布 $P(\varepsilon_i)$ の幅 $\mathcal{W}$ は，$2\mathcal{V}$ で規格化されている．$\mathcal{V}$ は，最隣接原子間の重なり積分 $\mathcal{V}_{ij}$ の大きさ $\mathcal{V} \equiv |\mathcal{V}_{ij}|$ であり，$2\mathcal{V}$ はバンド幅に比例する．

図 6.6 において，境界線の左上の領域では電子は局在，右下の領域では電子は

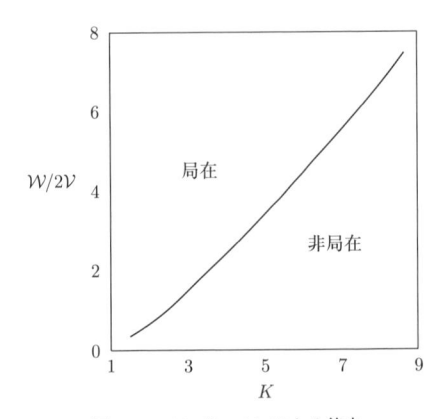

図 6.6 アンダーソンによる算定
$(K, W/2V)$ 面上で，曲線の左上は局在，右下は非局在．

非局在になる．この図からは非常に多くの重要な事実を読み取ることができる．
1) つながり度 K の値のいかんを問わず，不規則性の大きさ $W/2V$ が「K ごとに規定されるある値」を超えると，電子は必ず局在化する．
2) つながり度 K が大きいほど非局在の状態の部分が大きく，不規則性の大きさ $W/2V$ がより大きくならないと電子は局在化しない．

「つながり度がどの値であろうとも不規則性が増えると電子は局在化する」という上記 1) の結論は，それ以前の電子拡散の理論にはなかった新しい事実である．

上記 2) の結論に関しては，先にも述べたように，つながり度 K は (6.24) 式を満たすので，最隣接格子点の数 z が小さいほど電子局在が起こりやすいことを意味している．最隣接格子点の数 z は，1 次元の場合には $z=2$ であり，2 次元の場合には，六方格子で $z=3$，正方格子で $z=4$，三角格子で $z=6$ になる．3 次元格子の場合には，ダイヤモンド格子で $z=4$，単純立方格子で $z=6$，体心立方格子で $z=8$，そして面心立方格子と六方最密格子で $z=12$ となり，一般に次元が高いほど最隣接格子点の数は大きい．したがって，上述の 2) は，「次元が低いほど局在が起こりやすい」ことを示唆している．この点もアンダーソン理論の重要な結論である．

この結論は直観的にも妥当なものである．道路上の車を考えても，目的地に至るための経路が多いほど渋滞が少ない．一車線しかない道では，1 カ所で橋

が落ちていれば車は完全に「局在」してしまう．一方，K が大きくて脇道の数が多ければ，橋の落下や事故車などのトラブル（不規則性に相当する）があっても全体の車の流れに及ぼす影響は少ない．

6.2　スケーリング理論

不規則系における電子の局在に関するアンダーソンの理論は，1958年の発表直後にはあまり注目されなかった．アンダーソンは1977年のノーベル賞受賞講演で，「著者自身も，この論文の重要性を十分には認識していなかった」と述べている．

電子局在の問題が一躍有名になったのは，1979年にスケーリング理論が出されてからのことである．局在に関するスケーリング理論の論文は，アンダーソンを含む4人の研究者（アブラハム，アンダーソン，リチアデロ，ラマクリシュナン）によって書かれた[73]．本節では，このスケーリング理論を紹介しよう．

6.2.1　サウレス数

不規則系における局在問題への理論的アプローチあるいは数値計算的アプローチが難解であるとされる最大の理由は，本質的に大きな系（マクロなレベルの系）を解明する必要がある点である．例えば，状態密度のような局所的物理量の場合には，有限の系についての解析からマクロな系に関する情報が高い精度で得られるが，電子の伝導や局在についてはこういう方策がない．対象が有限な系であるかぎり，その系の端から端まで電子の波動関数が広がっていても，その有限系の外側で減衰して結局は電子が局在しているかもしれないからである．

有限系の解析からマクロな全系の情報を得る方法はないかと考えたサウレス(D. J. Thouless)らは，1辺の長さが L の d 次元立方体 L^d に対して，次式で定義される「サウレス数 $g(L)$」を導入した[74-76]．

$$g(L) = \frac{\langle |\Delta E(L)| \rangle}{dE(L)/dN_L} \quad (6.25)$$

この式の分子と分母に現れる量は，以下に説明されるものである．

　(1)　$\langle |\Delta E(L)| \rangle$ について：

有限な不規則系のエネルギー固有値は,波動関数に課される境界条件によって違ってくる. d 次元立方体 L^d に対する固有状態導出において,境界条件を周期的なものから反周期的なものにかえることを考えよう. そのときに生じるエネルギー準位の変化の大きさ $|\Delta E(L)|$ を算術平均し,その結果を $\langle |\Delta E(L)| \rangle$ と書く. ただし, 1 次元系を例に考えた場合,位置 x に対する波動関数 $\psi(x)$ が, $\psi(x+L) = \psi(x)$ を満たすものを周期的境界条件, $\psi(x+L) = -\psi(x)$ を満たすものを反周期的境界条件と呼ぶ.

(2) $\mathrm{d}E(L)/\mathrm{d}N_L$ について:

d 次元立方体 L^d 内に N_L 個の電子があるとすると, 固有値 $E(L)$ の平均の間隔は, $\mathrm{d}E(L)/\mathrm{d}N_L$ で与えられる.

電子波動関数の広がりに相当する長さを ξ と書くと,電子が局在しているときは ξ は有限で, 非局在のときは $\xi \to \infty$ となる. ξ を「局在長」と呼ぶこともある. $\xi \ll L$ の場合には, 電子は局在していて, 波動関数は系 L^d の端ではほとんどゼロになるので, 固有エネルギーは境界条件のとり方にあまり影響されない. その場合には, $\langle |\Delta E(L)| \rangle$ は小さな値になる. 一方, $\xi \gg L$ の場合には, 電子の波動関数が L^d よりずっと広がっていて (非局在になっていて), 境界条件を変えると固有関数が大きく変わり, $\langle |\Delta E(L)| \rangle$ の値も大きくなる. したがって, 有限系 L^d に関する $\langle |\Delta E(L)| \rangle$ から, マクロな系の局在・非局在についての一定の情報が得られることになる.

サウレスらはさらに「久保–グリーンウッド公式から決定したコンダクタンス」と「有限系における境界条件の摂動への応答」との関係から $\langle |\Delta E(L)| \rangle$ は電気伝導度 σ を使って,

$$\langle |\Delta E(L)| \rangle \propto \sigma L^{-2} \tag{6.26}$$

となることを示した.

一方, (6.25) 式の分母の $\mathrm{d}E(L)/\mathrm{d}N_L$ の L 依存性は,

$$\frac{\mathrm{d}E(L)}{\mathrm{d}N_L} \propto L^{-d} \tag{6.27}$$

で与えられる. (6.26) 式と (6.27) 式から, サウレス数は

$$g(L) = \frac{\sigma_L L^{d-2}}{e^2/2\hbar} \tag{6.28}$$

と書くことができる．σ_L は，d 次元立方体 L^d の電気伝導度である．

6.2.2 繰り込み群の方法

繰り込み群の方法は，「繰り込み変換」によって構成する半群[*]である．多体系の統計力学においてスケール変換を通して「粗視化」を行い，系の巨視的な性質を導くための方法である．この方法は，相転移の臨界現象に応用され，成功を収めてきた．

アブラハムらはこの方法を電子局在の解析に使った．理論のパラメーターが1つのみであるような「単一パラメータースケーリング」を考え，立方体の1辺の長さ L がそのパラメーターであるとする．$L \to bL$ に変換したとき，L の関数 $g(L)$ が，

$$g(bL) = f(b, g(L)) \tag{6.29}$$

と書けるとき「スケーリング則が成り立つ」という．すなわち，変換後のサウレス数 $g(bL)$ の L 依存性は，$g(L)$ を通してのみ現れるというのが，この式の要諦である．L のどの値から出発しても，上式の関係は常に成り立つことになる．

$f(b, g(L))$ が連続微分可能であると仮定して，この式の両辺を b で微分し，そのあとで $b=1$ とおけば，

$$\text{左辺} \to \left.\frac{\partial g(bL)}{\partial L}\right|_{b=1} = L\frac{\mathrm{d}g(L)}{\mathrm{d}L}$$

$$\text{右辺} \to \frac{\partial}{\partial b}f(b, g(L))|_{b=1}$$

となる．右辺は $g(L)$ のみの関数であるので，これを $g(L)\beta(g(L))$ とおくと，この式は，

$$\frac{L}{g(L)}\frac{\mathrm{d}g(L)}{\mathrm{d}L} = \frac{\mathrm{d}\ln g(L)}{\mathrm{d}\ln L} = \beta(g(L)) \tag{6.30}$$

と書ける．

---

[*] 数学における半群 (semi group) とは，空でない集合とその上の結合的二次演算とをあわせて考えた代数的構造である．半群の名は，既存の群 (group) に由来するものであるが，逆元や単位元を持たない点で，本来の群とは異なっている．

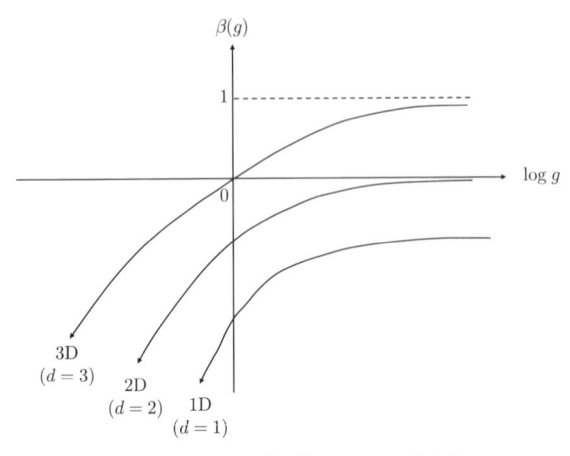

図 6.7 繰り込み群関数 $\beta(g)$ の g 依存性

$g(L)$ が非常に大きな値の場合と非常に小さな値の場合には，物理的考察から $\beta(g(L))$ の漸近的な形を導くことができる．まず，$g(L)$ が非常に大きい場合には，マクロな輸送理論を使うことができ，(6.28) 式が成り立つ．

(6.28) 式を (6.30) 式に代入すると，

$$\lim_{g \to \infty} \beta(g(L)) = d - 2 \tag{6.31}$$

が得られる．一方，$g(L)$ が非常に小さい場合には，指数関数的な局在

$$g(L) = g_a e^{-L/\xi} \tag{6.32}$$

が成り立つので，

$$\lim_{g \to 0} \beta(g(L)) = \ln[g/g_a] \tag{6.33}$$

となる．

関数 $\beta(g(L))$ は有限個の格子点を積み上げていく操作を記述するものなので，特異点はなく解析的で連続的であると考えられる．さらに，$\beta(g(L))$ は $g(L)$ の関数として単調な変化をすると考えると，$\beta(g(L)) = \mathrm{d}\ln g(L)/\mathrm{d}\ln L$ は $\ln g(L)$ の関数として図 6.7 の形をとることがわかる．

この図から多くの重要な事実を読み取ることができる．$d = 1$ の場合（1 次元系）と $d = 2$ の場合は，$\beta(g(L))$ は常に負である．したがって，$\mathrm{d}g(L)/\mathrm{d}L < 0$ で L の増加とともに $g(L)$ はひたすら減少し，$L \to \infty$ では σ は必ずゼロにな

る．すなわち，固有状態は全て局在していて，フェルミ準位をどこにとろうとも系は非金属であることが示されたわけである．上述のように比較的簡単なスケーリング理論の結果として，1次元系と2次元系における電子局在が証明されたことは，特筆に値する．

さらに3次元系についても，スケーリング理論は簡潔でありながら，本質を突いた結果を与える．$d=3$ の場合（3次元系）では，$\beta(g(L))$ がゼロになる点 $g=g_c$ が存在する．

スケーリングの出発点 $L=L_0$ での $g(L)$ の値 g_0 が，$g_0 < g_c$ なら，$\beta(g(L))$ は常に負になり，1次元や2次元の場合と同様に，$\lim_{L\to\infty} g(L) = 0$（あるいは，$\lim_{L\to\infty} \sigma_L = 0$）となる．すなわち，電子は局在していて，系は非金属である．この結果は，出発点とする立方体 L^3 の大きさによらない．

スケーリングの出発点で $g_0 > g_c$ なら，$\beta(g(L))$ は常に正になるので，$g(L)$ は L の増加関数になる．(6.30) 式から，$dL/L = dg/\beta g$ が得られるので，この両辺を積分すると，

$$\int_{L_0}^{L} \frac{dL}{L} = \int_{g_0}^{g_L} \frac{dg}{\beta g} \tag{6.34}$$

左辺は，$\ln(L/L_0)$ になる．右辺は次のように変形することができる．

$$\ln\left(\frac{L}{L_0}\right) = \int_{g_0}^{g_L} \left[\frac{dg}{\beta g} - \frac{1}{(d-1)g}\right] dg + \int_{g_0}^{g_L} \frac{1}{(d-1)g} dg \tag{6.35}$$

右辺の第1項の被積分関数の最初の項 $1/\beta g$ は，$g(L)$ が無限大の極限で $1/(d-2)g$ に漸近するので，右辺第1項の被積分関数はゼロに収束し，積分は有限になる．その有限の値を Λ とすると，(6.35) 式は次の形になる．

$$\Lambda \equiv \int_{g_0}^{g_L} \left[\frac{dg}{\beta g} - \frac{1}{(d-1)g}\right] dg \tag{6.36}$$

$$\ln\left(\frac{L}{L_0}\right) = \Lambda + \frac{1}{d-2} \ln\left(\frac{g(L)}{g_0}\right) \tag{6.37}$$

したがって，$d=3$ に対して，

$$g(L) = g_0 \frac{L}{L_0} e^{-\Lambda} \tag{6.38}$$

が得られる．この式を (6.28) 式と比較すると，無限大の系に対する電気伝導度

σ が次の形に求められる．

$$\sigma = \frac{g_0}{L_0} e^{-\Lambda_0} \frac{e^2}{2\hbar} \tag{6.39}$$

ここで，Λ_0 は (6.36) 式の積分の上限を $g_L \to \infty$ にとったものである．こうして 3 次元系では，スケーリングの出発点で $g_0 > g_c$ である場合には，マクロな系の電気伝導度はゼロでない有限な値になり，電子は非局在で，系は金属である．

このように，3 次元系に対してもスケーリング理論は，比較的簡単で見通しのよい議論を通して，「不規則性の程度を考えて，その程度が大きい場合には電子は局在して系は非金属になり，その程度が小さい場合には電子は非局在で系は金属になる」という結論を与えるのである．

6.3 移動度端

6.3.1 金属–非金属転移

アンダーソンが理論展開のために使った不規則系のモデルは，図 6.2(b) に模式的に表現されている対角的不規則性である．エネルギーバンドの状態密度 $D(\varepsilon)$ に対するその不規則性の影響は，図 6.2(b) の右端に描かれている．規則系の状態密度（図 6.2(a) の右端に描かれているもの）と比較すると，不規則性のある場合にはバンドの状態密度が裾をひくことがわかる．この裾は，不規則性の程度 $\mathcal{W}/2\mathcal{V}$ が大きいほど長くなる．

不規則性の影響は，バンドの状態密度に裾を生じるだけではなく，裾の状態が局在するという形でも現れる．このときの局在は，「アンダーソン局在」であり，裾の状態をもつ電子の波動関数は局在している．図 6.8 では，裾の局在した部分が斜線で表されている．これに対して，バンドの中央の部分（斜線のないところ）は波動関数が系全体に広がっている．局在した領域と広がった領域の境界 ε_c を「移動度端」と呼ぶ．

図 6.8 では，不規則性の大きさ $\delta \equiv \mathcal{W}/2\mathcal{V}$ がゼロから増加していった際に，裾が伸び，局在部分が増えていく様子が描かれている．不規則性の大きさ $\delta \equiv \mathcal{W}/2\mathcal{V}$ がある大きさに達すると，バンド内の全ての状態が局在する．

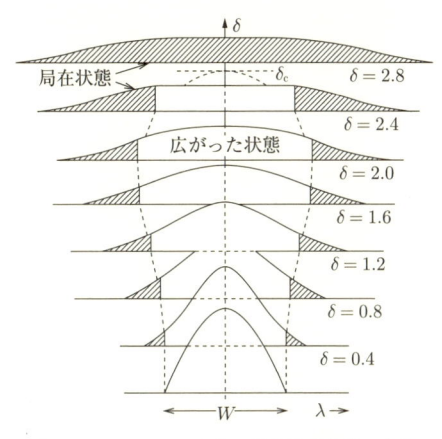

図 **6.8** $\mathcal{W}/2\mathcal{V}$ の変化に伴う移動度端の変化

したがって，次の操作を行えば，金属–非金属転移を起こすことができることになる．

(a) 何らかの方法で移動度端 ε_c の位置を移動させて，フェルミ準位 ε_F の上を左から右へ（あるいは，右から左へ）通過させる

(b) 何らかの方法でフェルミ準位 ε_F の位置を移動させて，移動度端 ε_c の上を左から右へ（あるいは，右から左へ）通過させる

アンダーソン転移がみられるとされる代表的な物質の 1 つに，不純物半導体がある．6.1.1 小節でも述べたように，アンダーソンが局在の問題に注目したきっかけが不純物半導体であった．不純物半導体では

(1) ドナー濃度を増やして，フェルミ準位 ε_F の状態を局在から非局在に変える

(2) ドナーがすでに十分な濃度で存在している系に，アクセプターを添加して補償することによって，フェルミ準位 ε_F の位置を移動させ，移動度端 ε_c を通過させる

などの方法が考えられる．

この関連でしばしば引き合いに出されるのが，図 6.9 である．イオン価 4 のシリコンにイオン価 5 のリンを添加した n 型不純物半導体で，ドナーであるリンの濃度 N_d を増加させたとき，$N_d^{(c)} \sim 3.8 \times 10^{18} \mathrm{cm}^{-3}$ において，電気伝

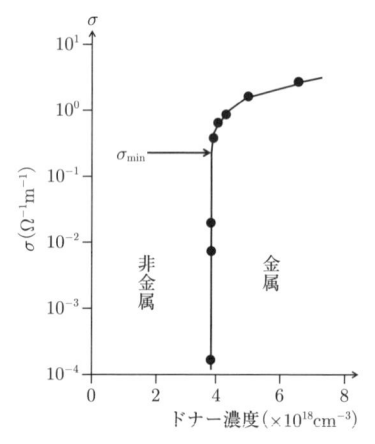

図 6.9　リンをドープしたシリコンの電気伝導度はドナー濃度の増加とともに非金属から金属に転移

導度 σ が，ゼロから $\sigma = 3$ S/m くらいに増加する．この値は，半導体シリコンの常温常圧における値 $\sigma = 4.3 \times 10^{-4}$ S/m と比較しても数桁大きいものである．

このドナー濃度における非金属 → 金属転移がアンダーソン転移であるという見方でいうと，次のように説明することができる．$N_d < N_d^{(c)}$ のときには，不純物の濃度が低いので，空間的に不純物が存在する場所と存在しない場所のポテンシャルの差が大きく，電子が感じる不規則性の程度が大きくなって，フェルミ準位 ε_F の電子はアンダーソン局在する．それに対して，$N_d > N_d^{(c)}$ のときには，不純物の濃度が十分高く，空間的にどこを見ても同じような状況になり，ポテンシャルの不規則性は小さくなって，フェルミ準位 ε_F の電子は非局在化し，系は金属になる．

しかし，不純物濃度が $N_d \sim N_d^{(c)}$ のあたりでは，電子間相互作用（電子相関）の効果も大きいので，$N_d^{(c)}$ における非金属 → 金属転移にはモットの機構（次章の「モット転移」で議論する）も寄与していることが十分に考えられる．

さらに言うなら，「アンダーソン局在」や「モットの機構」を持ち出すまでもなく，電子の波動関数がこの不純物濃度 $N_d \sim N_d^{(c)}$ のあたりでちょうど，空間的につながり合うのであると考える「古典的パーコレーション」のイメージで説明できないわけではない．

実際には，上述のいずれもが関与していて，どれか1つだけが主役を占めるというわけではない．この点が，不純物半導体の場合の重要な特徴である．

6.3.2 臨界指数

移動度端に関連してもう1つ興味深い物理量は，臨界指数 ν である．図 6.10 には，移動度端近傍で電気伝導度 σ がある変数 x の関数としてどのような振る舞いをするのかが描かれている．ここで x_c は，移動度端における x の値である．図の横軸は，x を x_c で規格化した x/x_c にとっている．

図 6.10 の一番上の「不連続」と記された例では，電気伝導度 σ は $x/x_c = 1$ で有限な値からゼロへと不連続に飛び移り，金属から非金属への転移が起こる．この場合の「有限な値 $\sigma_{\min}$」を，「最小金属伝導度」と呼ぶ．

最小金属伝導度 $\sigma_{\min}$ は，(6.1) 式で，$\ell_F \sim 2R_{atom}$ とおいて1つの目安が得られる．系の不規則性の程度が次第に大きくなった際，フェルミ準位の電子の平均自由行程 ℓ_F が平均原子間距離 $2R_{atom}$ より小さくなることはないという基準（「ヨッフェ–レーゲル (Ioffe-Regel) の判定基準」と呼ばれている）に則ったものである．しかし，ℓ_F が平均原子間距離程度まで小さくなったときにも，(6.1) 式が電気伝導度を表す式として妥当であるか否かは確かではない．

一方，$x/x_c \to 1$ のときに，電気伝導度 σ が連続的にゼロになる場合（連続的な金属 → 非金属転移である場合）の，3つの典型的な例が図 6.10 に示されている．臨界指数 ν が，$\nu < 1$，$\nu = 1$，そして $\nu > 1$ の3つの場合である．

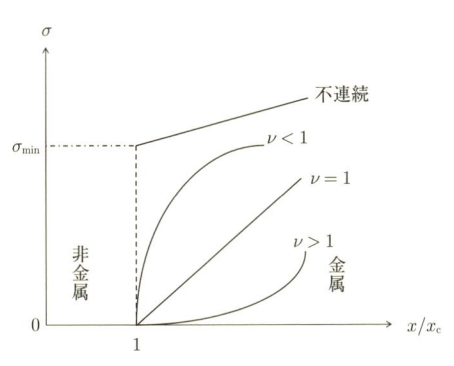

図 6.10 移動度端での電気伝導度の振る舞い

電気伝導度 σ は,

$$\sigma \propto (x/x_c - 1)^\nu \propto (x - x_c)^\nu \tag{6.40}$$

と表すことができる. $\sigma - x/x_c$ 曲線は, $\nu < 1$ の場合には上に凸になり, $\nu > 1$ の場合には上に凹になる. $\nu = 1$ の場合は, 直線である. $\nu \to 0$ の極限は, 不連続な転移に相当する.

アンダーソンは連続な転移を主張し, モットは最小金属伝導度 $\sigma_{\min}$ の存在と不連続な転移を主張した.

1977 年にアンダーソンとモットは, 並んでノーベル物理学賞を受賞した. 賞は, 「磁性体と不規則系の電子構造の理論的研究」に対して与えられ, 磁性研究の第一人者ヴァン・ヴレックも一緒であった. その際, ノーベル委員会は, 最小金属伝導度に関する論争に決着がついていない事実に言及した. この論争が将来どのような形で決着しようとも, 不規則系の物理学へのモットとアンダーソンの寄与はすでにゆるぎないものである, というのが趣旨であった.

1979 年にアブラハムらによるスケーリング理論が出されたが, この理論の範囲では, 転移は連続的であることが示唆された. 実験結果についても, 図 6.9 に示されるように, リンを添加したシリコンの電気伝導度は $\sigma_{\min}$ より低いところにデータポイントが出ている.

しかしモットは, 1996 年に 91 歳で他界するまで, 最小金属伝導度 $\sigma_{\min}$ の存在と不連続な転移を主張し続けた. この問題のほんとうの「決着」は, 実はまだついていないのかもしれない.

図 6.10 に示されている変数 x は, エネルギー準位 ε ととることもできる. その場合には,

$$\sigma \propto (\varepsilon - \varepsilon_c)^\nu \tag{6.41}$$

の形が得られる. この表現は, 多くの文献で用いられている.

先に述べたように, 移動度端の付近では電子相関も重要な役割を演ずる. 電子相関がある場合には, 本書でこれまで考えてきたような 1 電子描像は使えない. したがって, (6.40) 式の x を 1 電子エネルギー準位 ε ととることは適切でなくなる. その場合には, 変数 x として, 例えば不純物半導体のドナー濃度 N_d を選んで,

$$\sigma \propto (N_{\mathrm{d}} - N_{\mathrm{d}}^{(\mathrm{c})})^{\nu} \tag{6.42}$$

と書くこともある．

実験から臨界指数 ν を求めるのはたやすい仕事ではない．実際，アンダーソン局在を実験的に検証することは，「悪魔のように困難」と見る向きもある．21世紀のいま，アンダーソン局在の問題に関する最大のチャレンジは，臨界指数 ν を決定することであるといわれている．

前述のように，移動度端近傍の物性には電子相関もからんでくるので，臨界指数 ν についても，次章でまとめて議論する．

6.4 アンダーソン局在の概念

アンダーソン理論が提案された 1958 年から半世紀を経た 2008 年から 2011 年にかけて，「アンダーソン局在の 50 年」という類のタイトルで，いくつかのレビュー論文や解説が発表された[77]．

アンダーソン理論はそもそも，不規則系における電子局在を説明するために構築されたものであるが，アンダーソン局在の概念は最初の予想をはるかに超える広い分野で，さまざまな現象に応用されるようになった．

アンダーソン局在を背景に論じられている問題のいくつかを，以下に列挙しよう．

[光]

半透明な物質は，その物質の構成要素が不規則に光を散乱し拡散しているために，目で見たときに半透明に見えるのである．雲，霧，珊瑚，大理石などは，天然に存在する不規則系であり，光を散乱して半透明な状態になっている．しかしその不規則性の程度は，光がアンダーソン局在を起こすのに必要な不規則性の大きさには，はるかに及ばない．

アンダーソン局在が起こるほどの強い不規則性のある物質は，人工合成によって作ることができるはずである．その際の必要条件は，光のエネルギーが物質に吸収されてしまわないことと，光の屈折率 n が十分に高いことである．

この条件を満たすように，適切な大きさのエネルギーギャップ ε_{g} を持つ半

導体を使う．1997 年に，ガリウムヒ素（GaAs：$\varepsilon_g = 1.4$ eV で，$n = 3.5$）を細かいパウダー（粒子サイズは 1 μm）に引いて，近赤外光のほぼ完全な局在が実現された[78]．さらに 1999 年には，ガリウムリン（GaP：$\varepsilon_g = 2.26$ eV）を多孔質ネットワークの形にエッチングして，可視光線に対する最も強い散乱体を作り，可視光線の局在を実現した．

[マイクロ波]

太いワイヤ内で，マイクロ波（波長が 1 m 以下で，下は 1 mm 以下のサブミリ波にまでおよぶ電磁波）が，アンダーソン局在することが，実験的に示された (2000 年)[79]．

[フォトニックバンド]

フォトニック結晶とは，屈折率が周期的に変化するナノ構造の物質である．半導体の結晶格子によって電子が回折されるのと全く同じ原理で，フォトニック結晶内の光が回折される．フォトニック結晶中にも構造的な不規則性が含まれるものがあり，そういう系では光の局在が測定できることが示されている (2007 年)[80]．

[超音波]

アルミビーズでできた 3 次元の弾性的ネットワーク上で，超音波のアンダーソン局在が観測された (2008 年)[81]．

先にも述べたようにアンダーソン理論の論文は，発表直後はほとんど注目されず，発表から 10 年の間に引用された回数は，わずか 30 回程度であった．ところが，21 世紀になってからのこの 10 年は，5000 回近くも引用されている．

アンダーソン理論から 50 余年を経た現在も，このテーマはますます多くの研究者たちの熱い視線を浴びており，上述のような多くの分野で，局在が議論されている．最近では，アンダーソン局在の考え方で地震波の局在を論ずることも始まった．

この半世紀の歴史が証明しているように，アンダーソン局在の考え方は今後も，「思いもかけないところに，思いもかけない形で」現れ続けるであろうといわれている．

7

モット転移
（電子相関による金属–非金属転移）

電子間相互作用（電子相関）が引き起こす金属–非金属転移をモット転移と呼ぶ．本章では，このモット転移について解説する．

7.1　バンドが部分的にしか詰まっていない系

物理学が著しい進歩を遂げた20世紀の初頭は，「物理学の英雄時代」と呼ばれている．19世紀の最後の年1900年に，プランクの量子仮説が出された．1905年はアインシュタイン（A. Einstein）の奇跡の年といわれているが，光電効果の理論，ブラウン運動の理論，特殊相対性理論が発表された．そのいずれもが，新時代の物理学への先陣となるものであった．ニールス・ボーア（Niels Bohr）は1913年に原子理論を提案し，量子論への道筋が作られていった．ボーアを中心に，シュレーディンガー（E. Schrödinger）やハイゼンベルク（W. Heisenberg）らの貢献を踏まえて，量子力学の基礎が確立したのは1920年代である．

構築された量子力学は直ちに多くの分野に応用され，それまでは謎であったさまざまな問題が解決された．1930年代初めまでに，量子力学を結晶物質に応用した「固体物理学」が，結晶の諸物性を理論的に説明していった．

結晶は，金属になるものと非金属になるものがある．その仕組みも量子力学によって明らかになった．一番高いエネルギーをもつバンドが，図7.1(a)のように途中までしか占有されていない場合には，系は金属になり，図7.1(b)のようにいっぱいに占められていてすぐ上のバンドとの間にエネルギーギャップがある場合には，系は非金属になる．これは第3章～第5章で繰り返し述べてきたことである．

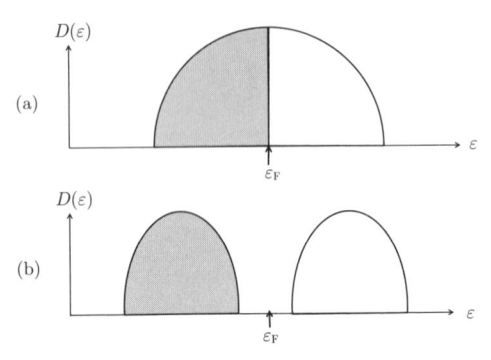

図 7.1　バンドによる (a) 金属と (b) 非金属の説明

　金属と非金属の違いをミクロに解明できたことは，量子力学の成果のなかで最も華々しいものであると考えられた．

　ところが，バンド理論によれば金属になるはずの物質のいくつかが，実際には絶縁体であることがわかってきた．具体的には遷移金属酸化物がその例で，単位胞あたりの電子数が奇数であるにもかかわらず，金属的な電気伝導を持たず，絶縁体であることが実験から示された．この実験結果の重要さは，ド・ボア（J. H. de Boer）とヴェルウェイ（E. J. W. Verwey）らによって 1937 年に指摘された[82]．

　この実験結果に対しては，バンド理論の範囲で対応できるという主張もなされた．遷移金属の d 電子が，単一のバンドを構成するのではなく，複数のバンドに分かれて，図 7.1(b) のような状況が実現されるとするもので，スレイター（J. C. Slater）もこの主張をした一人であった[83]．

　しかし，そのようになるための物理的根拠は必ずしも明らかではなかった．その物理的根拠として，パイエルスやモット（N. F. Mott）は，電子間相互作用（電子相関）を挙げた[84, 85]．

　電子間にはもともと強いクーロン斥力が働いているが，アルカリ金属などの典型的な金属においては，遮蔽効果によって実際の電子間相互作用は弱くなっている．そのおかげで，第 3 章で述べたように金属の物性の多くが「ほとんど自由な電子」のモデルで十分よく記述されるのである．

　一方，遷移金属化合物や希土類化合物においては，それぞれ d 電子あるいは

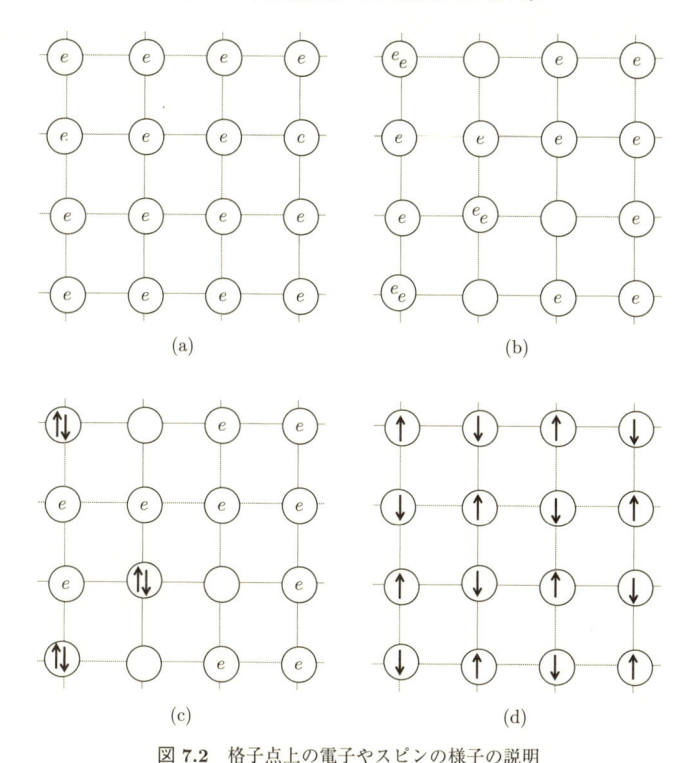

7.1 バンドが部分的にしか詰まっていない系

図 7.2 格子点上の電子やスピンの様子の説明
(a) 各格子点から 1 電子ずつ供給，(b) 一部の格子点にダブル電子，(c) 同じ軌道に入った電子は，上向きスピンと下向きスピンになる，(d) 反強磁性相．

f 電子が不完全殻を構成していて，これらの電子の波動関数は原子核のまわりに強く局在しているため，遮蔽効果が十分には効かず，電子間の強いクーロン反発力がそのまま働くことになる．

電子相関の効果を，図 7.2(a) で模式的に示される例について考えてみよう．原子ごとに 1 つの電子が供給されているので，バンド理論的には金属になるはずである．金属ならば，電子は実際には図 7.2(a) のように親許の原子にとどまってはいなくて，波動関数は系全体に広がる．個々の電子をみれば，隣の格子点に移動して，同じ格子点上の原子軌道を 2 つの電子が占める状況 (図 7.2(b)) も起こる．その場合には，パウリの排他則によって 2 つの電子のスピンの向きは互いに逆になる (図 7.2(c))．

エネルギー的には，電子は移動することによって運動エネルギー ($2V$ のオー

ダー：バンド幅 W に比例) の分だけ得をするが，同じサイト上（オンサイト）での電子間の斥力 ($\mathcal{I}$) の分だけ損をする．したがって，この2つの量の兼ね合いによって物事が決まる．$\mathcal{I}/2\mathcal{V}$ が小さい場合には，同じ格子点上に2つの電子が来て相互作用 $\mathcal{I}$ だけエネルギーが高くなっても，運動エネルギー $2\mathcal{V}$ の分だけエネルギーが低下するために，電子は格子上を移動することができ，物質は金属的になる．

これに対して，$\mathcal{I}/2\mathcal{V}$ が非常に大きい場合には，電子間相互作用のエネルギーの増加を運動エネルギー $2\mathcal{V}$ でまかないきれない．その結果，同じ格子点上に2つの電子がくることはエネルギー的に許されなくなり，電子は親許の原子にとどまったままになって，系は非金属になる．電子間の相互作用のために非金属になる物質を，「モット絶縁体」と呼ぶ．

この議論からわかるように，系を金属的にするような $\mathcal{I}/2\mathcal{V}$ の値と系を非金属的にするような $\mathcal{I}/2\mathcal{V}$ の値とを分ける境界値 $(\mathcal{I}/2\mathcal{V})_c$ が存在する．したがって，$\mathcal{I}/2\mathcal{V} < (\mathcal{I}/2\mathcal{V})_c$ のときには系は金属であり，$\mathcal{I}/2\mathcal{V} > (\mathcal{I}/2\mathcal{V})_c$ のときには系はモット絶縁体になる．

$\mathcal{I}/2\mathcal{V}$ の値が何らかの理由で変化して，閾値 $(\mathcal{I}/2\mathcal{V})_c$ を通過すると，系は金属–非金属転移を起こす．$\mathcal{I}/2\mathcal{V}$ が境界値を下から上へ通過したときは金属 → 非金属の転移が起こり，上から下へ通過したときは非金属 → 金属の転移が起こる．「何らかの理由」としては，圧力や温度などの環境条件の変化や化学組成の変化が挙げられる．

上記の説明では，便宜的に，電子相関をオンサイトの電子間斥力の大きさ $\mathcal{I}$ で代行させ，運動エネルギーは最隣接格子間遷移エネルギーに関与した $2\mathcal{V}$ で代行させている．実際には，電子間の相互作用は，該当する2つの電子が同じ格子点（オンサイト）にいない場合でも必ず働いているわけであるし，運動エネルギーは，最隣接格子点以外への移動に対しても遷移エネルギーが有限の大きさで存在する．このように，複数のさまざまな効果がある．

しかし，上述のように最重要な部分を取り出して簡潔な表式にすることによって，普遍性を損なわずに，問題の本質を抽出して，見通しのよい議論が展開できるのである．

なお，モット絶縁体は，非磁性的なものもあれば，磁性的なものもある．例

えば，遷移金属酸化物や希土類金属化合物では多くの場合，隣り合う格子点上の電子スピンの間に反強磁性的な相互作用が働き，最隣接格子上の電子スピンは互いに反対になって，図7.2(d) の状況が実現される．したがって，これらの物質では，モット絶縁体は反強磁性的になる．図7.2(d) の相では結晶の周期が元のものの2倍になっており，バンドは2つに分かれて，図7.1(a) の形から図7.1(b) の形に変わり，系は金属から非金属に移る．しかし実際には，この場合の転移がメカニズムとして，常磁性から反強磁性へのスレイター磁性転移なのか，電子相関によるモット転移なのかは，弁別が困難である．

非磁性的なモット転移のなかには，ボース粒子のモット転移（超流動–絶縁体転移）なども含まれることが最近明らかになった．

7.2 ハバード理論

遷移金属酸化物のd電子や希土類金属化合物のf電子のように狭いバンドを作る電子系を記述する目的で，ハバード（J. Hubbard）は1963年に近似的なハミルトニアンを提唱した．本節では，このモデルを論ずる[86,87]．

結晶格子点には1つずつ局在した軌道があるとする．$\mathcal{I}/2\mathcal{V}$ が十分に小さくて1電子近似が妥当な場合には，強結合表示における1電子ハミルトニアンを例えば (6.10) 式のように書くことができる．この式におけるブラ $\langle i|$ とケット $|j\rangle$ のかわりに，第2量子化された生成演算子 $c_i^\dagger$（格子点 i に電子を作り出す演算子）と消滅演算子 c_i（格子点 i の上の電子を消す演算子）を使うと，ハミルトニアンは次の形になる．

$$H = \sum_i \varepsilon_i c_i^\dagger c_i + \sum_{i \neq j} \mathcal{V}_{ij} c_i^\dagger c_j \tag{7.1}$$

「規則的な結晶」の場合には，対角要素 ε_i は全ての格子点に対して同じ値になり，$\varepsilon_i = \varepsilon_0$ のように書くことができる．一方，第6章でのアンダーソン理論の対象とした「一様分布をもつ対角不規則系」の場合には，ε_i は6.1.3小節で示されたような分布をし，分布の幅 $\mathcal{W}$ が不規則性の大きさの尺度となった．さらに，「不規則二元合金」も同じハミルトニアンで記述できる．やはり対角的な不規則性をもつものを考えると，ε_i の分布は次式で与えられる．

$$P(\varepsilon_i) = (1-c)\delta(\varepsilon_i - \varepsilon_A) + c\delta(\varepsilon_i - \varepsilon_B) \tag{7.2}$$

ここで，結晶格子自体は規則的であるとして，格子点上には2種類の原子（AまたはB）のいずれかが不規則に配置されている．原子AとBの対角要素はそれぞれ ε_A, ε_B である．原子Bの濃度を c とする．c は $0 \leq c \leq 1$ のいずれかの値をとる．

強束縛表示を電子相関のある系にも拡張するために，電子スピンの向きも考慮して，生成演算子と消滅演算子を $c_{i\sigma}^\dagger$ および $c_{i\sigma}$ と表すことにしよう．ここで，下付きの σ は，スピンの向き（上向き↑か下向き↓のいずれか）を指す．規則結晶に対しては，対角項はエネルギー原点の移動を与えるだけなので，(7.1)式の非対角項だけを残すと次の形になる．

$$H = \sum_{i \neq j, \sigma} \mathcal{V}_{ij} c_{i\sigma}^\dagger c_{j\sigma} \tag{7.3}$$

格子点上の軌道が s 軌道であるとすると，4.1.2小節からもわかるように，$\mathcal{V}_{ij}$ は最隣接格子間の距離 R のみの関数になる．第5章と同様に $\mathcal{V}_{ij}$ の絶対値を $\mathcal{V}(>0)$ とおくと，次の形が得られる．

$$\mathcal{V}_{ij} \equiv -\mathcal{V} \tag{7.4}$$

電子間相互作用は，2電子が同一格子点の軌道にあるときのみ斥力ポテンシャル $\mathcal{I}$ が働くものとすると，ハミルトニアンは次式のように書ける．

$$H = -\mathcal{V} \sum_{(i,j)\sigma} c_{i\sigma}^\dagger c_{j\sigma} + \mathcal{I} \sum_i n_{i\uparrow} n_{i\downarrow} \tag{7.5}$$

ここで，和の指定の (i,j) は，最隣接格子点のみに関する和を意味する．$n_{i\sigma}$ は個数演算子で，

$$n_{i\sigma} \equiv c_{i\sigma}^\dagger c_{i\sigma} \tag{7.6}$$

で定義される．電子はフェルミ粒子なので，$n_{i\sigma}$ は1か0である．

(7.5)式で記述される系の電子的振る舞いを調べるために，ハバードは式の展開の途中で，個数演算子の積がある部分の一方を平均値 $n_{-\sigma} \equiv \langle n_{i-\sigma} \rangle$ で置き換えた．さらに，電子のグリーン関数のアンサンブル平均をとる段階で，不規則二元合金との類推から，「電子相関を含んだハバード・ハミルトニアン(7.5)

式」は,「電子相関のないハミルトニアン (7.1) 式」において対角要素 ε_i が不規則で,その分布が

$$P(\varepsilon_i) = (1 - n_{-\sigma})\delta(\varepsilon_i - \varepsilon_0) + n_{-\sigma}\delta(\varepsilon_i - \varepsilon_0 - \mathcal{I}) \tag{7.7}$$

である場合に相当すると考えた.

その結果から,電子の状態密度が有限の値になるのは,$(\varepsilon, 2\mathcal{V}/\mathcal{I})$ 面上で図 7.3(a) に示される領域であることを導いた ($n_\uparrow = n_\downarrow = 1/2$ の場合について).状態密度の具体的な形は,図 7.3(b) に描かれている.図からわかるように,電子間相互作用 $\mathcal{I}$ が $2\mathcal{V}$ と比べて小さいときには,フェルミ準位 ε_F の状態密度は有限で,系は金属であるが,$\mathcal{I}$ が $2\mathcal{V}$ と比べて大きいときにはバンドが 2 つ(上下のハバードバンド)に分かれ,バンド間にエネルギーギャップが現れるので,系は絶縁体になる.

この状況は第 4 章でタイプ I のブロッホ–ウィルソン転移を論じた際に用いた図 4.9 と似ている.さらにこの状況は,第 5 章でタイプ II のブロッホ–ウィ

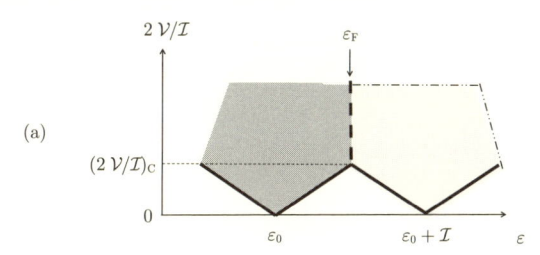

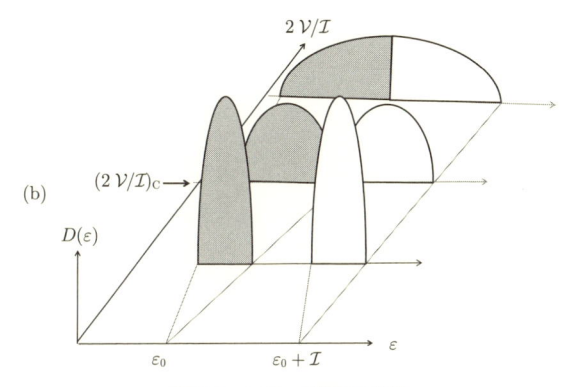

図 **7.3** ハバード理論の結果
(a) ハバード理論のバンド領域.(b) $2\mathcal{V}/\mathcal{I}$ の変化に伴うハバードバンドの変化.

ルソン転移を論じた際に用いた図 5.2(a) とも似ている．この 2 つの例と本節の状況の比較は次のようにまとめられる．

[I]　（第 4 章）　$(\varepsilon_{\mu+1} - \varepsilon_\mu)/2\mathcal{V}$
[II]　（第 5 章）　$(\varepsilon_{\sigma^*} - \varepsilon_\sigma)/2\mathcal{V}$
[III]　（第 7 章）　$\mathcal{I}/2\mathcal{V}$

が系の性質を左右する量である．この量の変化に伴って系の状態は次のように変わる．

1) 境界値より小さいとき　：　系は金属
2) 境界値において　　　　：　金属から非金属への転移
3) 境界値より大きいとき　：　系は非金属

しかし，図 7.3(a) と (b) が図 4.9 や図 5.2(c) と決定的に異なる点が 1 つある．1 電子近似の理論から得られたバンド（図 4.9 や図 5.2(c)）には，それぞれ（単位体積あたり）電子数密度 $n(\equiv N_e/V)$ に等しい数の電子準位がある．それぞれの準位にはスピンの自由度があるので，各準位に 2 個の電子を詰めることができる．言い換えると，バンドごとに（スピン自由度も含めて）$2n$ 個の準位がある．一方，ハバードバンド（図 7.4(b)）ではスピンの自由度はないので，各バンドには n 個の準位しか含まれていない．

ハバードが図 7.4(a) と (b) のような結果を導く際に用いた近似は，後に不規

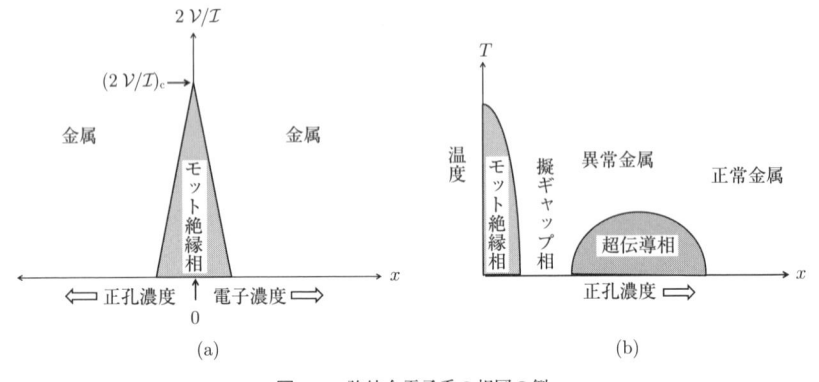

図 7.4　強結合電子系の相図の例
(a) 強相関電子系の相図 $((x, 2\mathcal{V}/\mathcal{W})$ 面上)．
(b) 強相関電子系の相図 $((x_h, T)$ 面上)．

則系の問題に対して提案されたコヒーレントポテンシャル近似（coherent potential approximation：CPA と略称される）に相当するものである．CPA は (6.10) 式のような強束縛表示で対角的不規則性をもつ系の物性を計算するために，1967 年から 68 年にかけて，複数の研究者によってそれぞれ異なる方法で独立に導かれた[88,89]．その後 CPA を使った研究が広く行われ，その有用性やすぐれた側面が明らかにされた．ハバードは CPA 提案の 4～5 年前に，独自の方法ですでにこの近似に辿り着いていたのである．

(7.5) 式のハバード・ハミルトニアンは，強相関電子系を記述する最も簡単なモデルとして，最初の提案から 50 年近くの間に多くの実りある結果を導き，高温超伝導の問題を含むさまざまな分野で，21 世紀の今日も広く研究されている[90]．

7.3 強相関電子系

ある物質がモット絶縁体になる状況では，電子間相互作用（電子相関）$\mathcal{I}$ が遷移積分 $\mathcal{V}$ と比べて大きいことを，7.1 節で述べた．このような系を「強相関電子系」と呼ぶ．すでに挙げたように，d 電子を価電子にもつ遷移金属酸化物 (V_2O_3, $LaTiO_3$ など）が強相関電子系である．さらに，$4f$ 電子を価電子にもつランタノイド（希土類金属の仲間）や $5f$ 電子を価電子にもつアクチノイドを含む化合物も，強相関電子系に分類される．銅酸化物を中心とした高温超伝導物質も電子相関が強く，1 電子的扱いでは議論できない．

7.3.1 $(x_e, 2\mathcal{V}/\mathcal{I})$ 面上および $(x_h, 2\mathcal{V}/\mathcal{I})$ 面上の相図

電子相関を取り入れたハバード理論から（各結晶格子点に 1 つの局在した電子軌道があるとし，電子数は原子あたり 1 個であるとした場合には），図 7.3(a) と (b) で示されるような結果が得られる．すなわち，

- **[I]** $(2\mathcal{V}/\mathcal{I}) > (2\mathcal{V}/\mathcal{I})_c$ ではバンドはちょうど半分だけ満たされていて (half-filled)，系は金属的
- **[II]** $(2\mathcal{V}/\mathcal{I}) < (2\mathcal{V}/\mathcal{I})_c$ では上のバンドと下のバンドがあり，両者の間にエネルギーギャップが存在し，系はモット絶縁体

この結果は，上述のように「電子数」が「格子点の数」と等しい場合のものである．

それでは，電子数が格子点の数からずれるとどうなるだろう．特に，1電子近似で求められた結果との比較に焦点を絞って論ずることにする．1電子近似の結果として，例えば図4.9を考えよう．図4.9ではμバンドと$\mu+1$バンドが，ハバードの下のバンドと上のバンドに相当する．

以下の議論では，「電子数」を「格子点の数」からのずれで表現する．すなわち出発点の「電子数」＝「格子点の数」においては，「格子点あたりの電子数」＝1である．それからのずれを，余分にドープした伝導キャリアが電子ならx_e，正孔ならx_hと書く．

電子相関を考慮した系で，かつ余分にドープした伝導キャリア（電子または正孔）の濃度が有限の場合については，図7.4(a)に，$(x_\mathrm{e}, 2\mathcal{V}/\mathcal{I})$面上および$(x_\mathrm{h}, 2\mathcal{V}/\mathcal{I})$面上の相図が描かれている．

[I] $x_\mathrm{e} = x_\mathrm{h} = 0$に相当する出発点で，系が金属相である場合

（すなわち，$(2\mathcal{V}/\mathcal{I}) > (2\mathcal{V}/\mathcal{I})_\mathrm{c}$のとき）

(1) 1電子近似のバンド（図4.9）についても

(2) 電子相関を取り入れたハバードバンド（図7.1）についても

ともにx_eあるいはx_hに比例してフェルミ準位が上下するだけで，両者に違いはない．

[II] $x_\mathrm{e} = x_\mathrm{h} = 0$に相当する出発点で，系が絶縁相である場合

（すなわち，$(2\mathcal{V}/\mathcal{I}) < (2\mathcal{V}/\mathcal{I})_\mathrm{c}$のとき）

1電子近似の場合と電子相関のあるハバード理論では，下記のような顕著な違いが現れる．

(1) 1電子近似のバンドについて

x_eあるいはx_hの値にかかわらず，バンドの形は不変である．伝導キャリアが電子の場合にはx_eだけの電子が図4.9(b)の伝導帯の底を占め，伝導キャリアが正孔の場合にはx_hだけの正孔が図4.9(b)の価電子帯の頂上を占める．いずれの場合も，系は絶縁体ではなく，小さいながらも有限の伝導度をもつ金属である．

(2) 電子相関を考慮したハバードバンドについて

x_e あるいは x_h の値によって,バンドの形は異なる.
$(2\mathcal{V}/\mathcal{I})$ の大きさごとに異なる臨界値が x_e および x_h のそれぞれに対して存在し,それらを x_{ec} および x_{hc} と書く.

(a) $x_e < x_{ec}$ のとき(あるいは,$x_h < x_{hc}$ のとき)
下のハバードバンドは,伝導キャリアが電子の場合には格子点あたり $(1+x_e)$ の電子濃度を擁する形になり,伝導キャリアが正孔の場合には格子点あたり $(1-x_h)$ の電子濃度を擁する形になる.いずれも上のハバードバンドとの間にエネルギーギャップが存在し,系はモット絶縁体になる.

(b) $x_e > x_{ec}$ のとき(あるいは,$x_h > x_{hc}$ のとき)
上下のハバードバンド間のエネルギーギャップが消滅し,系は金属的になる.

7.3.2 (x_h, T) 面上の相図

参考のために,モット転移周辺の系の様子が,(x_h, T) 面上の相図として図 7.4(b) に示されている.図に描かれた領域では,反強磁性相,異常金属相(電子的物性の振る舞いが通常の金属とは大きく異なるもの),超伝導相などが現れる.これらの相では電子相関が大きな役割を演じており,多彩な相転移が観測される.高温超伝導体になる物質に対しても図 7.4(b) のような相図が得られており,高温超伝導発現機構の問題とも関連して,強相関の研究が注目を集めている[91].

7.3.3 モット絶縁体–金属転移を起こす条件

強相関電子系で,絶縁体–金属転移を実現するには,図 7.4(a) および (b) からわかるように,温度を変えるほかに,次の 2 つの手段がある.

[1] バンド制御($(2\mathcal{V}/\mathcal{I})$ を変える)
 (a) バンド幅($\mathcal{V}$ に比例)を変える
 (b) 電子相関の強さ($\mathcal{I}$)を変える
[2] フィリング制御(伝導キャリア濃度 x_e または x_h を変える)
 これを実現するために,例えば次のような手段が考えられている

(a) 部分的な原子置換
   (b) 伝導キャリア注入

[1]-(a)： $\mathcal{V}$ を変えるには，第 4 章で論じたように，加圧によって原子間距離を小さくし $\mathcal{V}$ を増加させる，などの手段がある．

[1]-(b)： 例えば，有機物質を構成する分子配列を変化させることによって，実質的なオンサイトの電子間相互作用 $\mathcal{I}$ を変える方法が提案されている[92]．具体的には，有機 2 次元モット絶縁体 κ-(BEDT-TTF)$_2$Cu[N(CN)$_2$]Br（以下では，κ-Br と略記する）に遠赤外光を照射して，構成要素である 2 量体内部の分子配列を変えると，系は金属に転移する．弱い遠赤外光でも，フェムト秒の速さで絶縁体–金属転移が起こせる．なお，BEDT-TTF は bis(ethylenedithio)-tetrathiafulvalene の略である．

[2]-(a)： 例えば，モット絶縁体である V$_2$O$_3$ に Ti をドープする（部分的に原子置換する）ことによって，正孔を作り出せる．

[2]-(b)： 伝導キャリアを注入する方法がいくつか提案されている．

モット絶縁体 κ-Br の薄膜単結晶を電界効果トランジスタ（field-effect transistor：FET と省略）にし，電界効果により少しずつ電子を出し入れして，比抵抗やホール効果を測定する．20 K でゲート電圧を変えたときの正孔濃度 $n_\mathrm{h} = 1/eR_\mathrm{H}$（$R_\mathrm{H}$ はホール係数）の変化が，図 7.5 に与えられている．ゲート電圧の増加とともに，注入された正孔濃度（黒の太線）をはるかに超えた正孔が生成されることが図に示されており，絶縁体から金属への転移が起こったことがわかる[93]．

強相関電子系の擬 1 次元ハロゲン架橋金属錯体 [Ni(chxn)$_2$Br]Br$_2$ に 130 フェムト秒のレーザー光照射すると，伝導キャリアが光励起される．キャリア濃度が増加して，Ni 原子あたり 0.1 を超えるとドルーデ型の高反射バンド（金属に特徴的なもの）が現れ，系が絶縁体から金属に転移したことがわかる[94]．

有機 2 量体モット絶縁体 κ-(BEDT-TTF)$_2$Cu[N(CN)$_2$]Cl に X 線照射すると，伝導キャリアが光励起され，光学反射バンドのドルーデ部分が次第に増加する．X 線によって伝導キャリアが励起されたと考えられる．照射時間がある境界値を超えると，ドルーデ部分が圧倒的になり，系が絶縁体から金属に転移したことが示唆される[95]．

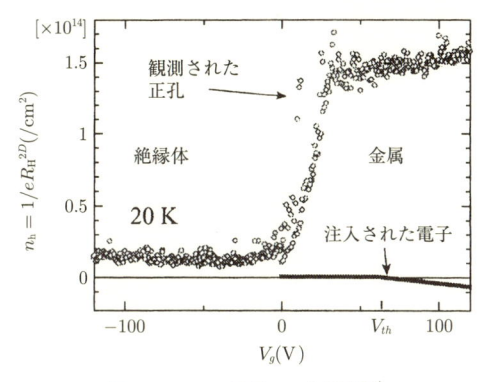

図 7.5 FET 誘起モット転移[93]

これらはいずれも，伝導キャリアが増加したことによるフィリング制御型のモット絶縁体–金属転移である．

モット絶縁体や高温超伝導を含む強相関電子系の研究は，実験，理論，コンピューターシミュレーションの各分野で鋭意進められており，新しい結果が出続けている．

7.4 モット転移とアンダーソン局在

第 6 章の図 6.9 で，シリコンにリンを添加した n 型不純物半導体の電気伝導度 σ が示された．ドナーであるリンの濃度 N_D を増やしていくと，ある臨界濃度 N_D^c で σ がゼロから有限の値に変わり，非金属–金属転移を起こす．6.3.1 小節で述べたように，N_D^c の近傍では，不規則性が原因のアンダーソン局在の機構と電子相関が原因のモットの機構が併存し，ともに非金属–金属転移に関与していると考えられる．したがって，この濃度での転移は，「モット–アンダーソン転移」とまとめて呼ばれたりもする．不純物半導体もこの転移点近傍では，電子相関の強い系になっていることに注意しよう．

不純物半導体の比抵抗 $\rho\,(=1/\sigma)$ の不純物濃度依存性がわかる見事な実験結果を図 7.6 に示す[96]．ゲルマニウムの p 型不純物半導体で，ρ が $1/T$ の関数としてさまざまなアクセプター濃度 N_A に対して描かれている（T は温度）．アクセプターの効果はドナー（濃度 N_D）によって補償されていて，補償 K は

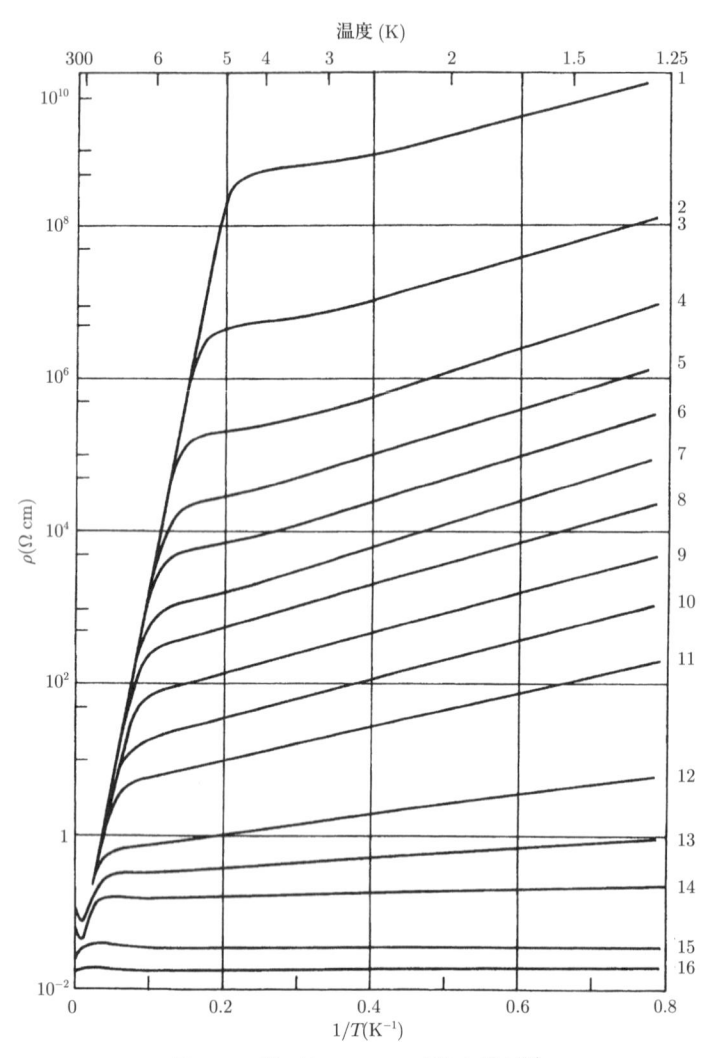

図 7.6 p 型のゲルマニウムの電気伝導度[96)]
補償は $K = 0.4$. アクセプターの濃度 (個 /cm^3) は次の通り. (1) 7.5×10^{14} ; (2) 1.4×10^{15} ; (3) 1.5×10^{15} ; (4) 2.7×10^{15} ; (5) 3.6×10^{15} ; (6) 4.9×10^{15} ; (7) 7.2×10^{15} ; (8) 9.0×10^{15} ; (9) 1.4×10^{16} ; (10) 2.4×10^{16} ; (11) 3.5×10^{16} ; (12) 7.3×10^{16} ; (13) 1.0×10^{17} ; (14) 1.5×10^{17} ; (15) 8.8×10^{17} ; (16) 1.35×10^{18}.

$K(\equiv N_\mathrm{D}/N_\mathrm{A}) = 0.4$ を満たす試料が対象になっている．

ドナー濃度が 10^{14} のオーダーから 10^{18} のオーダーに増加する間に，十分な低温（$\sim 1\mathrm{K}$）での ρ は12桁も減少する．ρ の温度依存性をみると，試料1から14までは温度の上昇とともに減少しており，試料15と16は温度依存性がない．したがって，電気伝導度 σ の温度係数は，試料1から14までは正となり，伝導は活性化型で，系は非金属である．一方，試料15と16は σ も温度依存性がなく，系は金属である．図 6.9 の結果同様，p型不純物半導体でアクセプター濃度の増加とともに，非金属–金属転移の起こることが明確に示されている．この実験結果は 1960 年に発表されたものであるが，非常にきれいで系統的なので，教科書に引用されることも多い．

不純物半導体の金属–非金属転移点近傍において，絶対零度の電気伝導度 $\sigma(0)$ の不純物濃度に関する臨界指数 ν は，次式で定義される．

$$\sigma(0) \propto [N/N_\mathrm{c} - 1]^\nu \tag{7.8}$$

ここで，N は，n型あるいはp型に応じてドナー濃度あるいはアクセプター濃度を表し，N_c は転移点での濃度である．

臨界指数 ν は図 7.7(a)[97,98] と (b)[99] に示されるように，補償のない場合には $\nu = 0.5$ で，補償のある場合には $\nu \simeq 1.0$ となることが，実験から確かめられている．

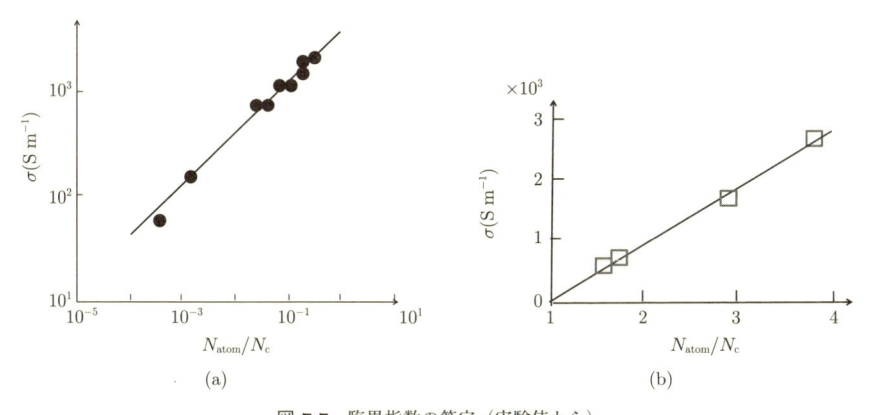

図 7.7 臨界指数の算定（実験値から）
(a) 臨界指数（補償なしの場合）[97,98]，(b) 臨界指数（補償ありの場合）[99]．

モット転移近傍での不規則性の効果が，κ–Br について調べられている[100]．
7.3.2 小節でも紹介されたように，κ–Br は本来は有機モット絶縁体であるが，キャリアを注入すると図 7.4(b) の相図に示されるように超伝導にすることができる．この超伝導体に次のような操作を行う．

(a) 系統的に X 線照射する
(b) 500 時間 X 線照射した試料を加圧する

この 2 つの操作の結果が，図 7.8(a) の $(2\mathcal{V}/\mathcal{I}, \mathcal{W})$ 面上の相図に描き込まれている．$\mathcal{W}$ は不規則性の大きさを表す[101]．X 線照射すると構成要素の分子に不規則性が生じ，不規則性の程度 $\mathcal{W}$ は照射時間が長いほど大きい．

(A) 系統的な X 線照射

図 7.8(b) に，さまざまな照射時間後の試料の比抵抗が温度の関数として描かれている．照射時間が 200 時間以下の試料では，比抵抗 $\rho(0)$ は温度の降下とともに減少し，金属–超伝導転移を経て絶対零度近くではゼロになる．したがって，系は超伝導状態を保持していることがわかる．ところが照射時間が 200 時間を超えると，$\rho(0)$ は温度の降下とともに増大し（非金属に特徴的な性質），絶対零度の極限では有限の値に近づく．したがって，系は非金属になっている．

得られた非金属状態では，不規則系に特徴的な可変領域ホッピング伝導が観測される．これは，$\sigma(=1/\rho)$ の温度依存性から確かめられる．すなわち，照射時間が 200 時間を超えた試料では，アンダーソン局在の出現に必要な大きさの不規則性が生じていることが示唆される．

照射時間の増加に伴って $\mathcal{W}$ が大きくなり，系は超伝導状態からアンダーソン局在状態に転移する．図 7.8(a) の相図には，この過程が (A) の垂直上向き矢印で表現されている．

(B) 500 時間 X 線照射した試料の加圧

加圧によって，遷移エネルギー ($\mathcal{V}$) が増加する．電子相関 $\mathcal{I}$ はほとんど影響を受けないと考えられるので，$2\mathcal{V}$ と $\mathcal{I}$ の比 ($2\mathcal{V}/\mathcal{I}$) は加圧とともに増加する．圧力によって不規則性は損なわれないので，この操作は図 7.8(a) の相図上で (B) の右向きの水平な矢印で表される．電気伝導 σ の温度依存性などに関する実験結果の解析から，この矢印上で系はアンダーソン局在状態から金属状

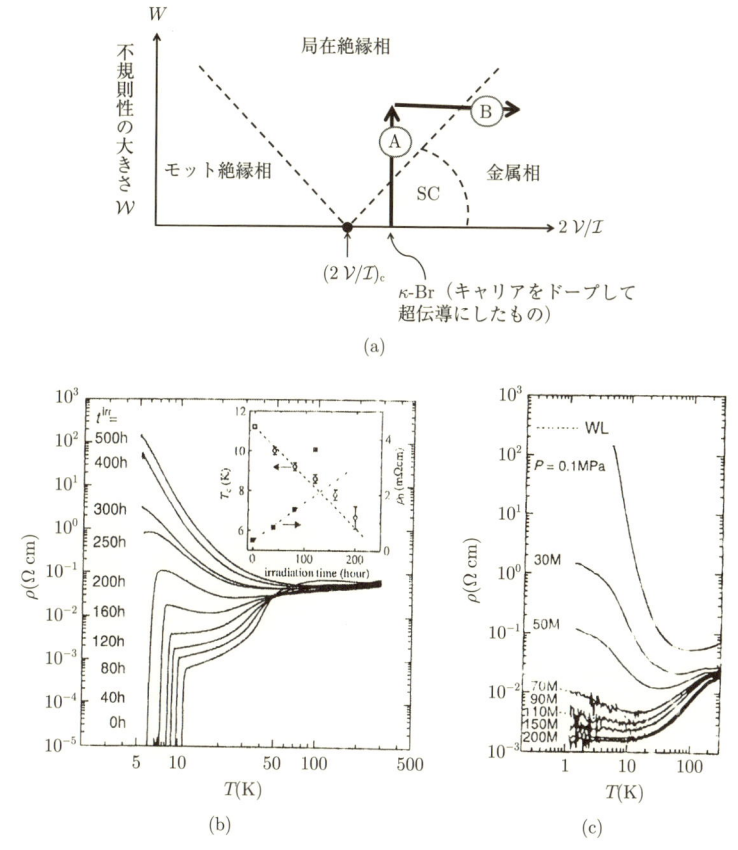

図 7.8 強相関電子系の相図と，参考となる物性量の様子[101]
(a) 強相関電子系の相図 ((2𝒱/𝒲) 面上). SC は超伝導相. モット転移近傍での不規則性の効果を示す図. (b) 超伝導体を光照射して不規則性を増加. h は照射時間. (c) アンダーソン局在状態に圧力をかける．圧力は MPa で測る．

態への転移を起こすことが確認された．

7.5 高温高圧における流体

アルカリ金属は，イオン価数 +1 のイオンと 1 個の電子からできており，典型的な単純金属であり，金属の代表選手とみなされている．最も高いエネルギーをもつ s バンドはちょうど半分詰まっている．例えば，図 7.1(a) のような状況

が実現されているのである.

　それでは，結晶が膨張して原子間距離が増加するとどうなるだろう．遷移エネルギー（の絶対値）$\mathcal{V}$ が減少するので，バンド幅は狭くなる．結晶がどんどん膨張したら，それに伴って $\mathcal{V}$ もどんどん小さくなり，図 7.1(a) のバンド幅もどんどん狭くなる．しかし，バンド幅がどんなに狭くなっても，1 電子描像のバンド理論からは「系は金属的」という答しか出てこない.

　結晶構造を保ったまま系を大幅に膨張させることはできないが，4.2.4 小節で高温高圧の水銀流体を論じたときのように，図 4.28 の（温度，圧力）面上の相図で超臨界領域（液体・気体の臨界点以上の温度・圧力の領域）を実現することができれば，原子間距離が十分に大きく，したがって $\mathcal{V}$ が小さい状況を実現することができる.

　そういう高温高圧流体状態における電気伝導度 σ がアルカリ金属のセシウム Cs とルビジウム Rb について測定されており，その結果が図 7.9(a) に示されている[102]．横軸は 1cm^3 あたりの原子個数 N_{atom}(個/cm^3) である．比較のために，常温常圧での結晶の原子個数密度を記すと，セシウムの場合は $N_{atom} = 8.47 \times 10^{21}$ で，ルビジウムの場合は $N_{atom} = 10.78 \times 10^{21}$ であるので，図 7.9(a) の高温高圧流体では数分の 1 から 2 桁近くも小さくなっていることがわかる.

　この領域では，アルカリ金属といえども $2\mathcal{V}/\mathcal{I}$ は十分小さくなって，強相関電子系である．原子個数密度の減少とともに，電気伝導度が数桁も減少していることが図から明らかである．横軸の上に描かれた垂直上向きの矢印は，それぞれの流体でのモット型の金属–非金属転移点である.

　図には参考のために，液体水銀，液体酸素，液体水素の電気伝導度が与えられている．液体水銀における金属–非金属転移は，第 4 章で論じたようにバンド交差によるブロッホ–ウィルソン型の転移である.

　モットは，電子相関による金属-絶縁体転移を提言したときに，転移点では電子数密度 n_e と電子の該当する軌道のボーア半径 a_H^* との間に，次の関係が成り立つと予言した[84, 85].

$$n_e^{1/3} a_H^* = 0.22 \tag{7.9}$$

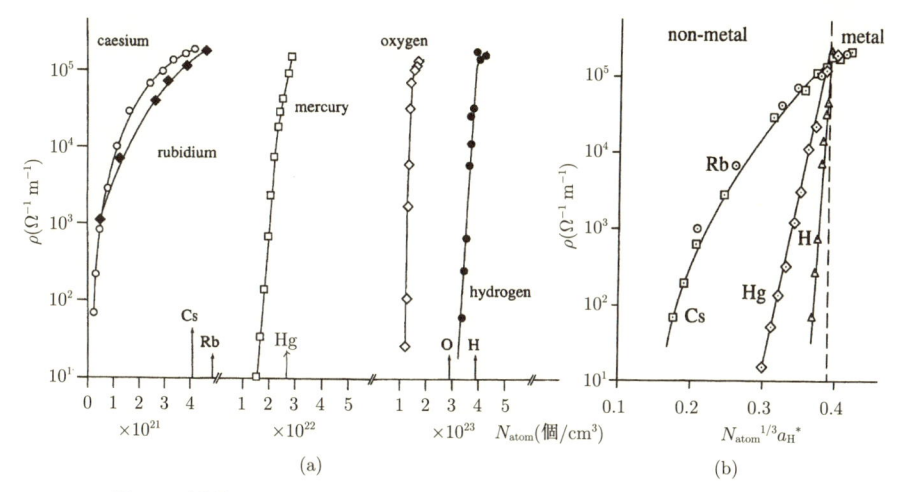

図 7.9 高温高圧下のさまざまな元素液体の電気伝導度と原子数密度との関係[102]
(a) 高温高圧流体の電気伝導度. N_atom は原子数密度 (個/cm^3). (b) 電気伝導度を $N_\text{atom}^{1/3} a_\text{H}$ の関数として表した図:a_H はそれぞれの原子のボーア半径.

右辺の数字 0.22 は厳密にこの値である必要はない.肝心な点は,左辺の量が一定の値になるようにスケールされるに違いないということである.0.22 という数字はひとつの目安にすぎない[103].

図 7.9(a) に与えられている高温高圧流体の電気伝導度 σ を,横軸 $n_\text{e}^{1/3} a_\text{H}^*$ でスケールして描いたものが,図 7.9(b) である.この図では,0.4 より少し小さい値で掲出の 4 つの流体の金属–非金属転移点が交差している.特に,2 つのアルカリ金属(Cs と Rb)の σ がほぼ重なってみえるのは興味深い.

このように,「金属の代表選手」と考えられてきたアルカリ金属も,環境条件がそろえば絶縁体になる.考えてみれば,本書の第 1 章で一番最初に出した図 1.1 のさまざまな物質の電気伝導度も,一番最初の付表 1 の元素周期表における金属と非金属の境界線も,(それぞれの箇所で断ったように)あくまでも常温常圧における値である.常温常圧で金属であったものが,他の環境条件でも必ず金属であり続けるわけではない.非金属に関しても同じことがいえる.

例えば,巨大惑星の内部では,300 GPa(300 万気圧)に至る高圧になっていると算定される.図 7.10 は,300 GPa における推定の元素周期表である.そこでは,非金属のまま残っているのはヘリウムなどの不活性ガスを含む数個の

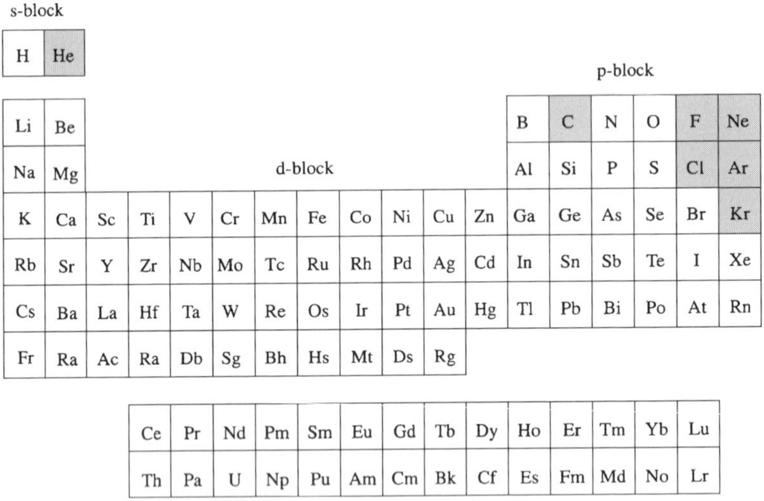

s-block																	
H	He																

p-block

Li	Be										B	C	N	O	F	Ne
Na	Mg			d-block							Al	Si	P	S	Cl	Ar
K	Ca	Sc	Ti	V	Cr	Mn	Fe	Co	Ni	Cu	Zn	Ga	Ge	As	Se	Br	Kr
Rb	Sr	Y	Zr	Nb	Mo	Tc	Ru	Rh	Pd	Ag	Cd	In	Sn	Sb	Te	I	Xe
Cs	Ba	La	Hf	Ta	W	Re	Os	Ir	Pt	Au	Hg	Tl	Pb	Bi	Po	At	Rn
Fr	Ra	Ac	Ra	Db	Sg	Bh	Hs	Mt	Ds	Rg							

Ce	Pr	Nd	Pm	Sm	Eu	Gd	Tb	Dy	Ho	Er	Tm	Yb	Lu
Th	Pa	U	Np	Pu	Am	Cm	Bk	Cf	Es	Fm	Md	No	Lr

図 **7.10** 300 GPa における周期表 (推定)[102]
灰色で示した元素は非金属である.

元素のみで,他の元素物質はすべて金属に転移してしまっている.ある物質が金属であるか非金属であるかは,環境条件を与えて初めて決まるものであることが,図 1.1 (常温常圧に対する元素周期表) と図 7.10 (300 GPa における推定周期表) との比較から明白である.

おわりに

　ネヴィル・モット卿（1905–1996）が仲間の物理学者 ピーター・エドワーズ（P. P. Edwards）に送った 1996 年 5 月 9 日（木）付けの手紙が残されている．モットが同年 8 月 8 日に 91 歳で他界する日からいうと，3 か月ほど前のものである．
　　　親愛なるピーターよ：
　　　　私は何十年もの間，「金属とは何か」という問いを考え続けてきた．思うに，この問いには，絶対零度に関してしか答えることができない．絶対零度で，金属は電気を流し，非金属は電気を流さない・・・
　エドワーズらは，2010 年に発表したレビュー論文のなかで，モットのこの手紙を，いとおしそうに引用している．
　絶対零度に限ったのは，有限温度では非金属においても励起型の伝導が起こるのを考慮してのことだ．しかし，絶対零度で白黒をつけても話は終わらない．そもそも，ある物質を取り上げて，それが未来永劫に金属であるとか非金属であると分類してしまうのは，無意味である．本書では，7 つの章を費やして，延々そのことを述べてきた．金属の代表選手とみなされているアルカリ金属も，高温高圧では非金属になることを第 7 章で述べた．常温常圧で非金属であるリンやヨウ素が高圧下では金属になることを，第 4 章で論じた．圧力が 300 GPa になると，元素周期表上の元素物質のほとんどが金属になることも図 7.10 に紹介した．
　環境条件が異なれば，同じ物質が金属になったり，非金属になったりする．だからこそ，「金属–非金属転移」という概念が生まれるわけだ．環境条件には，圧力，温度，化学的組成などが含まれることも詳述した．
　本書で説明したように，物質が非金属（絶縁体または半導体）になる機構は

いくつかあり，機構の違いによって非金属相を次の3つに分類することもある．
　[1]　バンド絶縁体
　[2]　モット絶縁体
　[3]　局在絶縁体
このうち，[1]のバンド絶縁体は，図7.1(a)で示されるように，1電子描像で論じたときに電子で占められる最高エネルギーのバンドがちょうどいっぱいに詰まっていて，1つ上のバンドとの間にエネルギーギャップがある．[2]のモット絶縁体は，図7.3(b)で下のハバードバンドだけが詰まっている場合に相当する．[3]の局在絶縁体は，フェルミ準位の状態密度はゼロではない（$D(\varepsilon_F) \neq 0$）が，そこでの状態がアンダーソン局在しているために移動度がゼロになり（$\mu_F = 0$），系が非金属になる．

　これら3つの絶縁体のうち，[1]と[3]は1電子描像で議論できる．一方，[2]のモット絶縁体は，第7章で述べたように電子間の相互作用（電子相関）をもろに扱わないと説明できない．

　金属相についていうと，2.2.3小節で金属の条件は，バンドが途中まで詰まっていてフェルミ準位における状態密度が有限（$D(\varepsilon_F) \neq 0$；(2.51)式）で，かつ，そこでの移動度が有限（$\mu(\varepsilon_F) \neq 0$；(2.52)式）であると述べた．

　これに対して，モット絶縁体になるような物質に対しては，電子相関の効果が決定的な役割を果たすので，1電子近似で扱うことはできず，バンド理論が使えない．しかし，こういう系においても必要な条件が満たされて系が金属になるような場合には，1電子描像が十分良い近似になる．したがって，その場合にも，第2章で解説した条件

　1) $D(\varepsilon_F) \neq 0$　　　　　　　　　　　　　　　　　　(2.51)式
　2) $\mu(\varepsilon_F) \neq 0$　　　　　　　　　　　　　　　　　　(2.52)式

を金属の条件として使うことができる（金属のミクロな記述）．

　モットは「金属とは何か？（What is a metal?）」を問い続けたが，エドワーズらは「問うべきはむしろ，When is a metal? ではないか」と述べている．「いつ金属になるのか？」というわけだ．上でも触れたように，環境条件を変えたとき「どういう条件が満たされれば対象の物質は金属になるか」を解明するのが，金属–非金属転移の研究である．

おわりに

 とはいえ，前掲のモットの手紙には悠久の真実が含まれている．上記の (2.51) 式と (2.52) 式が金属のミクロな記述であるなら，モットが表現したかったのは金属のマクロな記述である．モットの人生の総括ともいえる言葉を一部生かし，活性型伝導への配慮も忘れずに，金属のマクロな記述を次のように書き直して本書の結語としよう．

 任意の環境条件の下で，「電気を流し」かつ「電気伝導度の温度係数が正でない」物質は，その環境条件で金属である．これに該当しない物質は，その環境条件で非金属である．

A

逆 格 子 空 間

A.1 逆格子の定義

ここでは，結晶の「逆格子ベクトル」を紹介しよう．逆格子の定義は，次のように与えられる．

「ブラヴェ格子 $\{R\}$ に対して，平面波 $e^{iK \cdot r}$ が，そのブラヴェ格子と同じ周期性をもつようなベクトル K のセットが，逆格子である」

式で表現すると，あるベクトル K は，任意の r に対し，かつ対象のブラヴェ格子の全ての格子点ベクトル R に対して，

$$e^{iK \cdot (r+R)} = e^{iK \cdot r} \tag{A.1}$$

が成り立つときにのみ，逆格子ベクトルに属するものとされる．すなわち，

$$e^{iK \cdot R} = 1 \tag{A.2}$$

を満たすような K のセットを逆格子とすることに相当する．

逆格子ベクトルは，結晶によるX線や粒子線（電子線や中性子線など）を論ずる場合に重要な役割を果たす．逆格子はまた，電場や波動関数など，実空間格子と同じ周期性をもつ関数をフーリエ級数に展開する際に，非常に便利な道具になる．

2.3.2 小節で言及した基本ベクトル a_1, a_2, a_3 は，（実）空間格子を記述するためのものである．これに対して，これらの3つのベクトルの相反系 b_1, b_2, b_3 を基本ベクトルとする別の空間格子を考えよう．逆格子は相反系の基本ベク

トルによって記述される．

実空間格子の基本ベクトルと相反系の基本ベクトルとの間には，

$$\boldsymbol{a}_\mu \cdot \boldsymbol{b}_\nu = 2\pi \delta_{\mu\nu} \quad (\mu, \nu = 1, 2, 3) \tag{A.3}$$

という関係がある．ただし，$\delta_{\mu\nu}$ はクロネッカーのデルタ記号で，$\delta_{\mu\nu} = 1$ ($\mu = \nu$ のとき)，$\delta_{\mu\nu} = 0$ ($\mu \neq \nu$ のとき) を満たす．

相反系の基本ベクトルは具体的に次の形に書くことができる．

$$\boldsymbol{b}_1 = 2\pi \frac{\boldsymbol{a}_2 \times \boldsymbol{a}_3}{\boldsymbol{a}_1 \cdot (\boldsymbol{a}_2 \times \boldsymbol{a}_3)} \tag{A.4}$$

$$\boldsymbol{b}_2 = 2\pi \frac{\boldsymbol{a}_3 \times \boldsymbol{a}_1}{\boldsymbol{a}_2 \cdot (\boldsymbol{a}_3 \times \boldsymbol{a}_1)} \tag{A.5}$$

$$\boldsymbol{b}_3 = 2\pi \frac{\boldsymbol{a}_1 \times \boldsymbol{a}_2}{\boldsymbol{a}_3 \cdot (\boldsymbol{a}_1 \times \boldsymbol{a}_2)} \tag{A.6}$$

逆格子空間内の任意の位置ベクトル $\boldsymbol{k}$ は $\boldsymbol{b}_1, \boldsymbol{b}_2, \boldsymbol{b}_3$ を使って次のように書くことができる．

$$\boldsymbol{k} = k_1 \boldsymbol{b}_1 + k_2 \boldsymbol{b}_2 + k_3 \boldsymbol{b}_3 \tag{A.7}$$

ここで，(k_1, k_2, k_3) は実数のセットである．

一方，実空間の任意の格子点ベクトル $\boldsymbol{R}$ は，整数のセット (n_1, n_2, n_3) を使って，

$$\boldsymbol{R} = n_1 \boldsymbol{a}_1 + n_2 \boldsymbol{a}_2 + n_3 \boldsymbol{a}_3 \tag{A.8}$$

で表せる．したがって，

$$\boldsymbol{k} \cdot \boldsymbol{R} = 2\pi (n_1 k_1 + n_2 k_2 + n_3 k_3) \tag{A.9}$$

が得られる．ベクトル $\boldsymbol{k}$ が逆格子点ベクトル $\boldsymbol{K}$ であるためには，式 (A.2) が満たされなければならない．したがって，(k_1, k_2, k_3) は整数のセットでなければならないことがわかる．

A.2　ラウエ条件とブラッグ条件

周期的な結晶による X 線や粒子線（電子線や中性子線など）の回折は，現れ

る方向が限られている．その方向を決める条件はいくつかの表現で記述されているが，代表的なものは「ラウエ条件」と「ブラッグ条件」である．

ラウエ条件は，X線に関して各格子点からの散乱波が同位相になる条件からM. ラウエが求めた表現である．入射波と散乱波の波数ベクトルをそれぞれ $\boldsymbol{k}_0$ と $\boldsymbol{k}$ とすると，ラウエ条件は

$$\boldsymbol{k} - \boldsymbol{k}_0 = \boldsymbol{K} \tag{A.10}$$

という形に表される．

一方，ブラッグ条件は結晶格子のなかの格子面からの波の反射に着目して，W.L. ブラッグが求めた表現である．一群の平行な格子面の間隔を d とし，この格子面による反射波を考える．視射角（入射角の余角）を θ，入射X線または入射粒子の波長を λ とする．隣り合う格子面による反射波が同位相になって強めあう干渉をするためには，2つの光路の差が波長の整数倍でなければならない．この要請からブラッグ条件は次式の形に与えられる．

$$2d\sin\theta = n\lambda \tag{A.11}$$

ここで，n は正の整数である．ブラッグ条件が満たされない場合には格子面による反射は起こらない．

ラウエ条件とブラッグ条件は互いに同等であることが証明できる．

B

パーコレーション機構による金属–非金属転移

金属–非金属転移を「マクロな視点」あるいは「半古典的な視点」から論ずる際に，パーコレーション（浸透）理論で提示された概念や結果が有用な場合がある．特に，混合物や合金において，金属的な構成要素の割合がどの程度まで増加したときに，非金属から金属への転移が起こるのか．その指標を，パーコレーション理論の結果から得ることができる．その点を考慮して，ここでは，パーコレーション理論のいくつかの結果に言及する．

B.1 パーコレーション閾値

[2 次元系]

図 B.1 および図 B.2 のように，金属円板を碁盤の目の上に置くことを考えてみよう．隣り合った目の上に置かれた金属円板は互いに接触していて，この接触点を通して電気が流れるものとする．

金属円板の集まり（クラスター）があちこちにできる．図 B.1 には，金属円板で覆われた目の割合（濃度）p が 0.549 の場合が描かれている．この場合には，金属円板で覆われた目の濃度が十分に高くないので，図 B.1 で示されるように，いずれのクラスターも有限のサイズしか持たない．そのため，左から右まで（あるいは，上から下まで），系全体に広がった大きなクラスターは存在しない．この場合には，この碁盤の左と右に（あるいは，上と下に），それぞれ陽極・陰極の電極をつけても，端から端まで電気が流れることはない．言い換えれば，系は非金属であるということになる．

一方，金属円板で覆われた目の濃度がもう少し高い場合の例として，$p = 0.594$

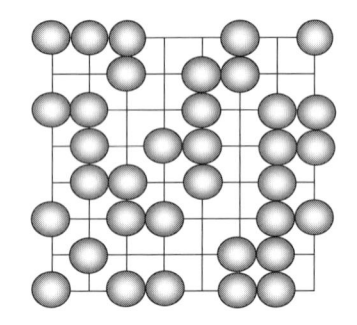

図 **B.1** 2次元正方格子におけるパーコレーション閾値以下の状態（$p = 0.549$）

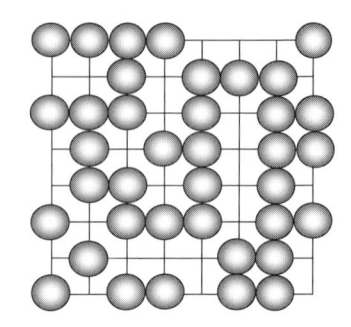

図 **B.2** 2次元正方格子におけるパーコレーション閾値以上の状態（$p = 0.594$）

のときの状態が，図 B.2 に示されている．この場合には，系全体に広がるクラスターが形成されており，碁盤の左と右に（あるいは，上と下に）電極をつけると端から端まで電気が流れる．すなわち，系は金属であるといえる．

この話は，「パーコレーションのサイト問題」と呼ばれるものに相当し，碁盤の目のような「正方格子」では，非金属から金属に転移する濃度 p の値（「パーコレーション閾値 p_c」と名づけられている）は，有効数字3桁まで書くと $p_c = 0.593$ になることが，シミュレーションの結果として知られている．

パーコレーション理論では，p は，「系全体のなかで金属円板によって占められている目（サイト）の濃度」ではなく，「1つ1つのサイトが金属円板で占められる確率」として定義されており，その確率はサイトごとに独立であると仮定されている．「占められたサイトの濃度」と「各サイトが占められる確率」とは，もちろん異なるものであるが，系が無限大の極限では同じ値になる．そして，パーコレーション閾値は，無限の極限でこそ定義できるものなのである．

正方格子は最隣接サイト数 z（原子の場合の「配位数」に相当する）は $z = 4$ である．これに対して格子の形が三角格子の場合には，最隣接サイト数は $z = 6$ であるから，つながりができやすく，大きなクラスターが形成される確率が高い．その結果，三角格子に対するパーコレーション閾値は，正方格子に対するパーコレーション閾値より小さくてすむはずである．実際，表 B.1 に示されているように，三角格子の場合は $p_c = 0.500$ となり，正方格子の $p_c = 0.593$ より小さい．なお，三角格子に対する閾値は，数学的に厳密に求められたもので

B.1 パーコレーション閾値

表 B.1 さまざまな 2 次元格子および 3 次元格子に対する配位数（最隣接格子の数），パーコレーション閾値，空間充填率，パーコレーション閾体積[104]

	格子の種類	配位数	閾値	充填率	閾体積
2次元格子	蜂の巣	3	0.696	0.605	0.421
	かごめ	4	0.653	0.680	0.444
	正方	4	0.593	0.785	0.466
	ペンローズ	4*	0.584	0.785	0.458
	三角	6	0.500	0.907	0.454
3次元格子	ダイヤモンド	4	0.428	0.340	0.146
	単純立方	6	0.312	0.524	0.163
	体心立方	8	0.246	0.680	0.167
	面心立方	12	0.198	0.740	0.147

かごめ格子および三角格子に対するパーコレーション閾値は，数学的に厳密に求められたもの．ペンローズ格子の閾値は，文献[104]より．

ある．

表 B.1 の 3 番目のコラム（配位数）と 4 番目のコラム（閾値）からもわかるように，蜂の巣格子に対しては，最隣接サイト数は $z=3$ となり，つながりができにくいので，パーコレーション閾値は高くなり，$p_c = 0.696$ になっている．一般に，最隣接サイト数 z が大きいほど，パーコレーション閾値 p_c は低くなる傾向にある．

ただし，正方格子とかごめ格子の例でわかるように，最隣接サイト数は $z=4$ と等しくても，格子の詳細によってパーコレーション閾値 p_c が異なることもある．なお，かごめ格子の p_c も数学的に厳密に導かれたものである．

表 B.1 に「ペンローズ格子」とあるのは，図 B.3(a) および (b) に示される 2 種類の菱形のみを使って 2 次元平面を「周期性のない」状態に充填したものを指す．これまでに知られている限りでは，2 種類のパターンのみで非周期的な平面充填が実現された唯一の例である．

ペンローズ格子は，一般に「準結晶」と呼ばれる構造の仲間で，上述のように周期的な並進対称性がない．配位数（最隣接格子の数）z は，3, 4, 5, 6 の 4 種類が，ある規則性をもって出現し，平均の配位数 z^* は，4 である．

この格子に対するパーコレーション閾値 p_c は，コンピューターシミュレーションから，$p_c = 0.584$ となることが調べられている．この値は，正方格子

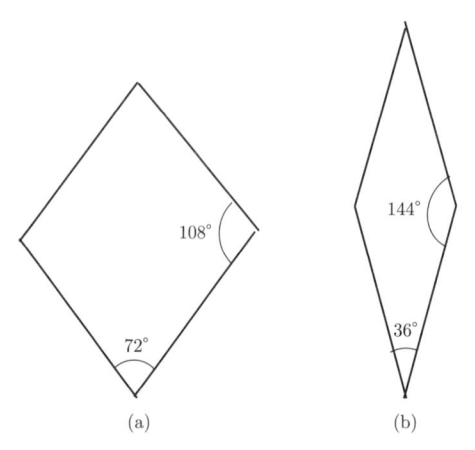

図 B.3　ペンローズタイルの (a) 太い菱形と (b) 細い菱形

($z=4$) に対する閾値 $p_\mathrm{c}=0.593$ に近い（表 B.1）．

[3 次元系]

図 B.1 や図 B.2 の 3 次元バージョンは，3 次元の格子点に金属球をおく形になる．いくつかの 3 次元格子（ダイヤモンド格子，単純立方格子，体心立方格子，面心立方格子）に対する最隣接サイト数 z とパーコレーション閾値 p_c が，表 B.1 の 3 番目と 4 番目のコラムに与えられている．最隣接サイト数 z が大きいほど，パーコレーション閾値 p_c が小さくなる傾向は，3 次元格子に対しても保持されていることが表から明らかである．

B.2　空 間 充 填 率

図 B.1 や図 B.2 で，全ての格子点が金属円板で占められている場合（$p=1$ に相当）を考えよう．このとき，全ての金属円板の合計面積が碁盤全体の面積に対して占める割合 η を，「充填率」あるいは「空間充填率」と呼ぶ．正方格子の場合には，最隣接サイト間距離を a として，$\eta=\pi(a/2)^2/a^2=0.785$（有効数字 3 桁）となる．

三角格子の場合には，$\eta=(1/2)\pi(a/2)^2/(1/2)(a/2)(\sqrt{3}a/2)=0.907$（有効数字 3 桁）となる．三角格子では，2 次元平面における最稠密構造が実現さ

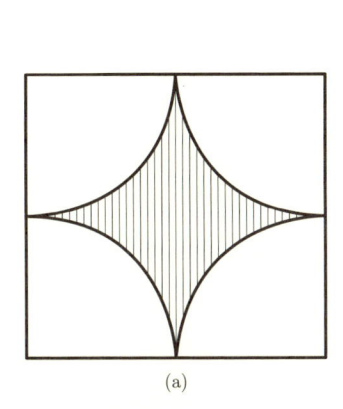

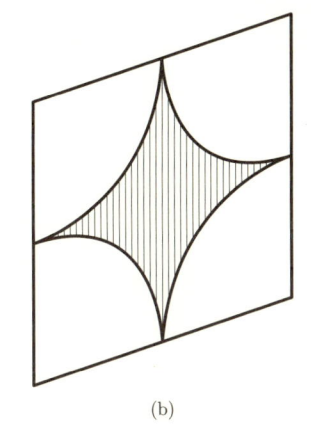

図 **B.4** 空間充填率（白い部分が充填部分．縦線の部分は充填されていない部分）(a) 正方格子の場合（充填しているのは各格子点の上の円板），(b) ペンローズ格子を形成する菱形（充填しているのは各格子点の上の花びら形の金属板）．

れる．

ペンローズ格子では，格子を構成するタイルがいずれも菱形であることを考慮すると，それぞれの菱形の充填率は，図 B.4(a) と (b) との比較から，正方格子の場合と等しいことがわかる．1 つ注意すべき点は，空間充填のために各格子点におく金属板は，円形ではなく花びら形のものになることである．最隣接格子の数によって，花びらは，三弁，四弁，五弁，六弁になる．

一方，3 次元バージョンでは，全ての格子点が金属球で占められている場合（$p=1$ に相当）を考える．このとき，全ての金属球の合計体積が全体積に対して占める割合を，やはり「充填率」あるいは「空間充填率」と呼び，η で表す．単純立方格子の場合には，$\eta = (4/3)\pi(a/2)^3/a^3 = 0.524$（有効数字 3 桁）となる．

最隣接原子数 z が 12 の面心立方格子の場合に，3 次元格子における最稠密構造が実現され，$\eta = 0.740$ になる．

他の 2 次元格子や 3 次元格子に対する充填率 η が，表 B.1 の 5 番目のコラムにまとめられている．一般に，最隣接サイト数 z が大きいほど，充填率 η が大きくなる傾向が見られる．

B.3 パーコレーション閾体積

パーコレーション閾値 p_c と充填率 η の積 $v_c = p_c \times \eta$ を,「パーコレーション閾体積」と定義する．この体積は，パーコレーション機構によって非金属から金属への転移が起こる場合に，その点での，金属部分の体積の割合がどの程度の大きさなのかを示す指標になっている．

表 B.1 の 6 番目のコラムに，各格子に対する v_c が与えられている．格子の種類によらず，2 次元系では $v_c \simeq 0.45$ で，3 次元系では $v_c \simeq 0.15$ であるのが興味深い．

閾体積 v_c の値が，格子の種類によらず，次元のみでほぼ決まることは，重要な意味を持っている．構造が不規則な混合物やアモルファス合金のように，規則的な結晶格子がない物質において，構成要素のうち金属的な部分の割合がどの程度の大きさになれば金属-非金属転移が起こるのか．それが大体，v_c であると考えられるからである．

すなわち，金属-非金属転移が起こるのは，原子構造の規則性・不規則性とは関係なく，「2 次元系では構成要素のなかの金属的な部分の面積が，全面積の 45%程度になったとき」であり，「3 次元系では構成要素のなかの金属的な部分の体積が，全体積の 15%のあたりになったとき」であることが，パーコレーション理論の結果から示唆されているのである．

ペンローズ格子のように，周期性のない構造の結果が上記の結論を支持している事実は，パーコレーションの概念に基づいて不規則系における金属-非金属転移を論ずる際の，目安の算定を補強していると考えられる．

C

絶対零度における密度応答関数の計算

ここでは，3.2.1 小節で求められた密度応答関数 ((3.19) 式)

$$\chi(\bm{Q}) \equiv -\frac{1}{V} \sum_{\bm{k}} \frac{f_{\bm{k}} - f_{\bm{k}+\bm{Q}}}{\varepsilon_{\bm{k}} - \varepsilon_{\bm{k}+\bm{Q}}} \tag{C.1}$$

を具体的に計算し，その性質を調べることにしよう．

C.1 密度応答関数の導出

計算を実行するには，波数ベクトル $\bm{k}$ に関する和 $\sum_{\bm{k}}$ を，$\bm{k}$ に対する積分に置き換えなければならない．置き換えは次の形になる．

$$\frac{1}{V} \sum_{\bm{k}} \to \frac{2}{(2\pi)^\nu} \int \mathrm{d}^\nu k \tag{C.2}$$

ここで，積分の前の係数 2 はスピン自由度に由来するものである．ν は系の次元を表し，また L は系の一辺の長さに相当し，体積 V とは $V = L^\nu$ の関係にある．和から積分への変換を次元ごとに書くと次のようになる．

$$\frac{1}{V} \sum_{\bm{k}}$$

$$\begin{aligned}
(\text{1D の場合}) &= \frac{2}{(2\pi)} \int_{-\infty}^{\infty} \mathrm{d}k \\
(\text{2D の場合}) &= \frac{2}{(2\pi)^2} \int_0^{\infty} k\,\mathrm{d}k \int_0^{2\pi} \mathrm{d}\theta \\
(\text{3D の場合}) &= \frac{2}{(2\pi)^3} \int_0^{\infty} k^2\,\mathrm{d}k \int_0^{\pi} \sin\theta\,\mathrm{d}\theta \int_0^{2\pi} \mathrm{d}\varphi
\end{aligned} \tag{C.3}$$

[1次元系の場合]

$$\chi(Q) = -\frac{1}{\pi} \int_{-\infty}^{\infty} dk \frac{f_k - f_{k+Q}}{\varepsilon_k - \varepsilon_{k+Q}}$$

$$= -\frac{1}{\pi} \int_{-\infty}^{\infty} dk\, f_k \frac{1}{\varepsilon_k - \varepsilon_{k+Q}} + \frac{1}{\pi} \int_{-\infty}^{\infty} dk\, f_{k+Q} \frac{1}{\varepsilon_k - \varepsilon_{k+Q}}$$

$$= \frac{1}{\pi} \int_{-\infty}^{\infty} dk\, f_k \frac{1}{\varepsilon_{k+Q} - \varepsilon_k} - \frac{1}{\pi} \int_{-\infty}^{\infty} dk\, f_{k+Q} \frac{1}{\varepsilon_{k+Q} - \varepsilon_k}$$

$$= \frac{1}{\pi} \int_{-\infty}^{\infty} dk\, f_k \frac{1}{\varepsilon_{k+Q} - \varepsilon_k} - \frac{1}{\pi} \int_{-\infty}^{\infty} dk\, f_k \frac{1}{\varepsilon_k - \varepsilon_{k-Q}} \quad (\text{C.4})$$

(C.4) 式の第 1 項

$$= \frac{1}{\pi} \int_{-\infty}^{\infty} dk\, f_k \frac{1}{\varepsilon_{k+Q} - \varepsilon_k} = \frac{1}{\pi} \int_{-\infty}^{\infty} dk\, f_k \frac{1}{\frac{\hbar^2}{2m} Q(2k+Q)}$$

$$= \frac{2m}{\hbar^2} \frac{1}{Q} \frac{1}{\pi} \int_{-\infty}^{\infty} dk\, f_k \frac{1}{2k+Q} \quad (\text{C.5})$$

(C.4) 式の第 2 項

$$= -\frac{1}{\pi} \int_{-\infty}^{\infty} dk\, f_k \frac{1}{\varepsilon_k - \varepsilon_{k-Q}} = -\frac{1}{\pi} \int_{-\infty}^{\infty} dk\, f_k \frac{1}{\frac{\hbar^2}{2m} Q(2k-Q)}$$

$$= -\frac{2m}{\hbar^2} \frac{1}{Q} \frac{1}{\pi} \int_{-\infty}^{\infty} dk\, f_k \frac{1}{2k-Q} \quad (\text{C.6})$$

(C.5) と (C.6) 式とを合わせ，部分積分を使うと，1 次元系の密度応答関数が次のように計算される．

$$\chi(Q) = \frac{2m}{\pi \hbar^2 Q} \int_{-\infty}^{+\infty} dk\, f_k \left[\frac{1}{2k+Q} - \frac{1}{2k-Q} \right]$$

$$= \frac{2m}{\pi \hbar^2 Q} \left[\frac{1}{2} \ln \left| \frac{k+Q/2}{k-Q/2} \right| f_k \right]_{-\infty}^{+\infty} + \int_{-\infty}^{+\infty} dk \ln \left| \frac{k+Q/2}{k-Q/2} \right| \delta(k - k_\mathrm{F})$$

$$= \frac{k_\mathrm{F}}{8\pi \varepsilon_\mathrm{F}} \frac{2k_\mathrm{F}}{Q} \ln \left| \frac{1+Q/2k_\mathrm{F}}{1-Q/2k_\mathrm{F}} \right| = \frac{1}{8\pi} \frac{k_\mathrm{F}}{\varepsilon_\mathrm{F}} \frac{1}{q} \ln \left| \frac{1+q}{1-q} \right| \quad (\text{C.7})$$

上式で，$q \equiv Q/2k_\mathrm{F}$ を導入した．$\chi(Q)$ を $\chi(0)$ で規格化したものを，$\chi_\mathrm{norm}(q)$ と書くと，1 次元の場合には

$$\chi_{\text{norm}}(q) \equiv \chi(Q)/\chi(0) = \frac{1}{2q}\ln\left|\frac{1+q}{1-q}\right| \tag{C.8}$$

となる.

[2次元系の場合]

2次元系についても,1次元系の場合と同じような手続きで積分を行うことができる.ここではおおまかな方針のみを述べることにする.(C.1)式から出発して,1次元系に対するのと同様に,次の結果が導かれる.

$$\chi(\boldsymbol{Q}) = \frac{2}{(2\pi)^2}\int d^2k\, f_k \left[\frac{1}{\varepsilon_{\boldsymbol{k}+\boldsymbol{Q}}-\varepsilon_{\boldsymbol{k}}} - \frac{1}{\varepsilon_{\boldsymbol{k}}-\varepsilon_{\boldsymbol{k}-\boldsymbol{Q}}}\right]$$
$$= \frac{m}{\pi^2\hbar^2 Q}\int_0^\infty dk\, f_k \int_0^{2\pi} d\theta \left[\frac{1}{Q/2k-\cos\theta} + \frac{1}{Q/2k+\cos\theta}\right] \tag{C.9}$$

この式に,公式 $\int_0^\pi d\theta/(a+\cos\theta) = \pi/\sqrt{a^2-1}$ ($a>0$ のとき) を使い,さらに k に関する積分については1次元系の場合と同じように部分積分を使うと,最終的に次式が得られる.

$$\chi_{\text{norm}}(q) \equiv \frac{\chi(Q)}{\chi(0)} = 1 - \frac{\sqrt{q^2-1}}{q}\Theta(q-1) \tag{C.10}$$

この式で,1次元の場合同様,規格化された波数ベクトル $q \equiv Q/2k_{\text{F}}$ を使った.また $\Theta(q-1)$ は階段関数である.

[3次元系の場合]

3次元系に対しては,θ 積分に $\sin\theta$ が含まれるために,2次元系の場合より積分が簡単になる.2次元系に対する (C.9) 式の段階までは同じ手続きで以下のように求められる.

$$\chi(Q) = \frac{m}{\pi^2\hbar^2 Q}\int_0^\infty k\, dk\, f_k \int_0^\pi \sin\theta\, d\theta \left[\frac{1}{Q/2k-\cos\theta} + \frac{1}{Q/2k+\cos\theta}\right] \tag{C.11}$$

θ と k に対する積分を実行して,最終的に次の結果が得られる.

$$\chi_{\text{norm}}(q) \equiv \frac{\chi(Q)}{\chi(0)} = \frac{1}{2} - \frac{1}{4}\frac{q^2-1}{q}\ln\left|\frac{q+1}{q-1}\right| \tag{C.12}$$

C.2 密度応答関数の特異性の起源

付録 C.1 で求められた式から明らかになったように,密度応答関数は次元と関係なく,$q = Q/2k_\mathrm{F} = 1$ で特異性をもつ.ここで Q は,波数ベクトル $\boldsymbol{Q}$ の絶対値である.したがって,1 次元系の場合には,特異性は $Q = \mp 2k_\mathrm{F}$ で現れることになる.どの次元においても $q = 1$ で特異性が出現する事実は,3 つの次元に対する密度応答関数 $\chi_\mathrm{norm}(q)$ を図で表したもの(図 3.8)で顕著に示されている.$q = 1$ における特異性の起源は次のように説明される.

密度応答関数のもとの形((C.1) 式)に戻って考えよう.この式の右辺の各項のうち最も大きな寄与をするのは,
① 分母がゼロに近く,かつ
② 分子がゼロでない

ような項である.この①と②の条件を 1 次元の場合を例にとって考えてみよう.

① と ② の条件は,波数 k がフェルミ波数の近傍にあるとき,
  すなわち $\delta k = \mp 0$ として,

$$
\begin{aligned}
&(1) \quad k = -k_\mathrm{F} + \delta k \text{ で,かつ } Q = 2k_\mathrm{F} \text{ の場合} \\
&(2) \quad k = k_\mathrm{F} + \delta k \text{ で,かつ } Q = -2k_\mathrm{F} \text{ の場合}
\end{aligned}
\tag{C.13}
$$

のときに満たされる.

(1) の場合には,$k = -k_\mathrm{F} + \delta k$,$k + 2Q = +k_\mathrm{F} + \delta k$ となり,分母は

$$
\text{分母} = \varepsilon_{-k_\mathrm{F}+\delta k} - \varepsilon_{+k_\mathrm{F}+\delta k} = \frac{(\hbar)^2}{2m}[(k_\mathrm{F}+\delta k)^2 - (-k_\mathrm{F}+\delta k)^2]
$$

$$
= -\frac{\hbar^2}{2m}(4k_\mathrm{F}\delta k) = -\mathrm{Sign}(\delta k)\mathcal{O}(|\delta k|) \tag{C.14}
$$

となる.ここで,Sign (δk) は δk の符号を意味する.

一方,フェルミ準位近傍ではフェルミ分布関数 $f(\varepsilon)$ は,絶対零度において図 C.1 で示されるような形になるので,分子は

$$
\text{分子} = -[f(\varepsilon_\mathrm{F} - \delta\varepsilon) - f(\varepsilon_\mathrm{F} + \delta\varepsilon)] = -\mathrm{Sign}(\delta\varepsilon) = -\mathrm{Sign}(\delta k) \tag{C.15}
$$

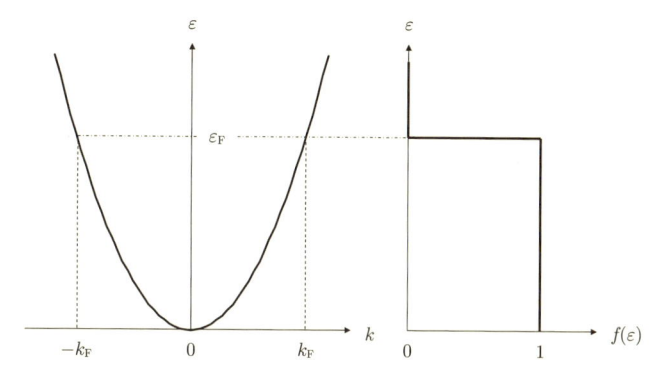

図 **C.1** 自由電子の分散関係とフェルミ分布関数のエネルギー依存性（絶対零度で）
（左）自由電子のエネルギー ε と波数の大きさ k の分散関係．（右）フェルミ分布関数 $f(\varepsilon)$．

となる．ここで，$\delta\varepsilon = (\hbar^2 k_\mathrm{F}/m)\delta k$ である．したがって，該当する項の (C.1) 式への寄与は，$\mathcal{O}(1/|\delta k|)$ と大きいものになる．

(2) の場合にも同様の計算によって，該当する項の寄与は $\mathcal{O}(1/|\delta k|)$ となることが示される．

2次元系や3次元系に対しても，$Q = 2k_\mathrm{F}$ での特異性の理由を示すことができる．

一方，特異性のあり方が図 3.8 で表されるように次元によって異なるのは，フェルミ面のネスティングの様子が次元ごとに大きく異なることによる．これに関しては，3.2.2 小節で説明が与えられる．

D

パイエルス転移の議論で使う積分

第3章でのパイエルス転移の議論では,密度応答関数やギャップ関数を計算する際に,いくつかの積分を行う.ここでは,それらの積分の代表的なものをまとめて解説する.

D.1 いくつかの基本的な積分

以下の積分ではいずれも,エネルギーギャップの大きさ Δ が積分範囲の上限 ϵ_1 より十分小さい(すなわち,$\Delta/\epsilon_1 \ll 1$)として,$\mathcal{O}((\Delta/\epsilon_1)^2)$ の項を1に比べて無視する.

[1] 2次無理関数の積分

$$\mathcal{I}_1(\Delta) = \int_0^{\epsilon_1} \sqrt{\epsilon^2 + \Delta^2} d\epsilon = \frac{1}{2}\left[\epsilon_1^2 + \Delta \ln\left(\frac{2\epsilon_1}{\Delta}\right)\right] \quad (D.1)$$

この結果は次のステップを経て求められる.

$$\begin{aligned}
\mathcal{I}_1(\Delta) &= \int_0^{\epsilon_1} \sqrt{\epsilon^2 + \Delta^2} d\epsilon \\
&= \frac{1}{2}[\epsilon\sqrt{\epsilon^2 + \Delta^2} + \Delta \ln|\epsilon + \sqrt{\epsilon^2 + \Delta^2}|]_0^{\epsilon_1} \\
&= \frac{1}{2}\left[\epsilon_1\sqrt{\epsilon_1^2 + \Delta^2} + \Delta \ln \frac{\epsilon_1 + \sqrt{\epsilon_1^2 + \Delta^2}}{\Delta}\right] \\
&\simeq \frac{1}{2}\left[\epsilon_1^2 + \Delta \ln\left(\frac{2\epsilon_1}{\Delta}\right)\right] \qquad (\mathcal{O}((\Delta/\epsilon_1)^2) \ll 1 \text{ のとき})
\end{aligned}$$

この積分は,絶対零度における電子エネルギーの計算を行う際に現れる(3.2.1

小節).

[2]　2次無理関数の逆数の積分

$$\mathcal{I}_2(\Delta) = \int_0^{\epsilon_1} \frac{1}{\sqrt{\epsilon^2 + \Delta^2}} d\epsilon = \ln\left(\frac{2\epsilon_1}{\Delta}\right) \tag{D.2}$$

この結果は次のステップを経て得られる．

$$\begin{aligned}
\mathcal{I}_2(\Delta) &= \int_0^{\epsilon_1} \frac{1}{\sqrt{\epsilon^2 + \Delta^2}} d\epsilon \\
&= [\ln|\epsilon + \sqrt{\epsilon^2 + \Delta^2}|]_0^{\epsilon_1} \\
&\simeq \ln\left(\frac{2\epsilon_1}{\Delta}\right) \qquad (\mathcal{O}((\Delta/\epsilon_1)^2) \ll 1 \text{ のとき})
\end{aligned}$$

この形の積分は，絶対零度におけるギャップの大きさを見積もるときに必要になる（3.4.2小節）．

[3]　双曲線関数を含む積分

$$\mathcal{I}_3(\alpha) = \int_0^\alpha \frac{1}{x} \tanh x \, dx = \ln(2A\alpha) \tag{D.3}$$

ここで，積分範囲の上限 α は，$\alpha \gg 1$ の場合を考える．

A は，オイラーの定数 γ を使って $A = 2e^\gamma/\pi$ の形に定義される数である．オイラーの定数 γ は，

$$\gamma = \lim_{n \to \infty}\left(1 + \frac{1}{2} + \frac{1}{3} + \cdots + \frac{1}{n} - \log n\right) \simeq 0.57721 \tag{D.4}$$

で与えられる．オイラーの定数が有理数であるのか無理数であるのかは，まだわかっていない．オイラーの定数を代入すると，$A \simeq 1.134$ となる．

この結果は次のように部分積分を実行することによって得られる．

$$\begin{aligned}
\mathcal{I}_3(\alpha) &= \int_0^\alpha \frac{1}{x} \tanh x \, dx \\
&= [\tanh(x)\ln(x)]_0^\alpha - \int_0^\alpha dx \, \text{sech}^2(x)\ln(x) \\
&\simeq \ln(\alpha) - \int_0^\infty dx \, \text{sech}^2(x)\ln(x)
\end{aligned}$$

最後の式の第2項では，積分の上限を $\alpha \gg 1$ から無限大に置き換えた．被積分関数は x の増大とともに十分に早くゼロに収束するので，$x > \alpha$ における被積分関数の値の影響は無視できる．第2項の積分は $\ln(1/2A)$ になることが調べられており，(D.3) 式が導かれる．

この形の積分は，密度応答関数 $\chi(T)$ の温度依存性（3.3.3 小節）や転移温度 T_c（3.4.3 小節）を求める際に必要になる．

D.2　ギャップ方程式

パイエルス転移においては，パイエルス相でのエネルギーギャップの大きさ Δ が秩序パラメーターになる．この秩序パラメーターは温度の関数で，Δ の温度依存性は次の形のギャップ方程式で決められる．

$$\mathcal{I}_4(\Delta, T) = \int_0^{\epsilon_1} d\epsilon \frac{1}{\sqrt{\epsilon^2 + \Delta^2}} \tanh\left[\frac{\sqrt{\epsilon^2 + \Delta^2}}{2k_\mathrm{B} T}\right] = \frac{c}{2g^2 D(\varepsilon_\mathrm{F})} \equiv \mathcal{C} \quad (\mathrm{D.5})$$

ここでは，このギャップ方程式の性質を以下のようなステップを踏んで調べよう．

D.2.1　絶対零度におけるギャップの大きさ

絶対零度における $\Delta_0 \equiv \Delta(0)$ は，(D.5) 式で温度をゼロにすれば求められる．温度ゼロのとき，$\tanh[\sqrt{\epsilon^2 + \Delta^2}/(2k_\mathrm{B} T)] = 1$ になるので，ギャップ方程式は (D.2) 式の形になる．したがって，次の結果が得られる．

$$\ln\left(\frac{2\epsilon_1}{\Delta_0}\right) = \mathcal{C} \tag{D.6}$$

$$\Delta_0 = 2\epsilon_1 \mathrm{e}^{-\mathcal{C}} \tag{D.7}$$

D.2.2　絶対零度に近い有限温度におけるギャップの振る舞い

温度が $T \to 0$ のときの $\Delta(T)$ を見積もるために，$\Delta = \Delta_0 + \delta\Delta$ とおいて，$\delta\Delta$ の振る舞いを調べよう．

D.2 ギャップ方程式

(D.5) 式で

$$E \equiv \sqrt{\epsilon^2 + \Delta^2} \tag{D.8}$$

と書き，さらに $\beta \equiv 1/(k_\mathrm{B} T)$ とおく．温度が絶対零度に近い場合は $\mathrm{e}^{-\beta E} \ll 1$ なので，$\mathrm{e}^{-\beta E}$ をパラメーターにしてテイラー展開することができる．$\mathrm{e}^{-\beta E}$ の 1 次の項までとると，次の形が導かれる．

$$\tanh\left(\frac{\beta E}{2}\right) = \frac{\mathrm{e}^{\beta E/2} - \mathrm{e}^{-\beta E/2}}{\mathrm{e}^{\beta E/2} + \mathrm{e}^{-\beta E/2}} = \frac{1 - \mathrm{e}^{-\beta E}}{1 + \mathrm{e}^{-\beta E}} \simeq 1 - 2\mathrm{e}^{-\beta E} \tag{D.9}$$

(D.9) 式を (D.5) 式に代入して，次の式が得られる．

$$\mathcal{C} = \int_0^{\epsilon_1} \mathrm{d}\epsilon \frac{1}{\sqrt{\epsilon^2 + \Delta^2}} - 2\int_0^{\epsilon_1} \mathrm{d}\epsilon \frac{1}{\sqrt{\epsilon^2 + \Delta^2}} \mathrm{e}^{-\beta E} \tag{D.10}$$

この式の第 1 項は，(D.1) 式を使い，さらに積分で得られた対数を $(\delta\Delta/\Delta_0)$ をパラメーターにして展開し，$(\delta\Delta/\Delta_0)$ の 1 次の項までを残すと次のようになる．

(D.10) 式の第 1 項

$$\begin{aligned}
&= \ln\left(\frac{2\epsilon_1}{\Delta}\right) \\
&= \ln(2\epsilon_1) - \ln(\Delta_0 + \delta\Delta) \\
&= \ln(2\epsilon_1) - \ln(\Delta_0) - \ln(1 + \delta\Delta/\Delta_0) = \ln\left(\frac{2\epsilon_1}{\Delta_0}\right) - \delta\Delta/\Delta_0 \\
&= \mathcal{C} - \delta\Delta/\Delta_0
\end{aligned} \tag{D.11}$$

最後の行を得る際に，(D.6) 式を使った．

一方，(D.10) 式の第 2 項は，第 1 項に比べて $\mathcal{O}(\delta\Delta/\Delta_0)$ のオーダーの項である．したがって，詳細を追求する必要はなく，微小な部分は省略して，最も大きな寄与をする部分だけを残せばよい．その点を考慮して，第 2 項の被積分関数の中で，

$$\sqrt{\epsilon^2 + \Delta^2} \to \sqrt{\epsilon^2 + \Delta_0^2}$$

および，

$$\mathrm{e}^{-\beta E} \to \mathrm{e}^{-\beta\Delta_0}$$

の置き換えを行う．その結果，第 2 項は符合も含めて，

(D.10) 式の第 2 項

$$= -2\mathrm{e}^{-\beta\Delta_0}\int_0^{\epsilon_1}\mathrm{d}\epsilon\frac{1}{\sqrt{\epsilon^2+\Delta_0^2}}$$
$$= -2\mathrm{e}^{-\beta\Delta_0}\ln\left(\frac{2\epsilon_1}{\Delta_0}\right) = -2\mathcal{C}\mathrm{e}^{-\beta\Delta_0} \tag{D.12}$$

と書ける．最後の行で，(D.2) 式と (D.6) 式を使った．

(D.11) 式と (D.12) 式を (D.10) 式に代入すると，絶対零度に近い有限温度におけるギャップの温度依存性が次のように求められる．

$$\frac{\delta\Delta}{\Delta_0} = -2\mathcal{C}\mathrm{e}^{-\beta\Delta_0} \tag{D.13}$$

$\Delta(T)$ の温度勾配は，マイナスでゼロに近い値になる．すなわち $\Delta(T)$ は，$T=0$ での値 Δ_0 からゆるやかに（指数関数的に）減少する．

D.2.3　転移温度

エネルギーギャップ $\Delta(T)$ は温度の増加に伴って単調に減少し，転移温度 T_c のところでゼロになる．逆に言うと，$\Delta(T) = 0$ となる点の温度が，転移温度 T_c である．すなわち，ギャップ方程式 (D.5) に $\Delta(T) = 0$ を代入すれば，転移温度 T_c が以下のように計算できる．

$$\begin{aligned}\mathcal{C} &= \int_0^{\epsilon_1}\mathrm{d}\epsilon\frac{1}{\epsilon}\tanh\left[\frac{\epsilon}{2k_\mathrm{B}T_\mathrm{c}}\right]\\ &= \int_0^{\beta_\mathrm{c}\epsilon_1/2}\mathrm{d}x\frac{1}{x}\tanh(x) = \ln(A\beta_\mathrm{c}\epsilon_1)\end{aligned} \tag{D.14}$$

ここで，(D.3) 式を使った．また，$\beta_\mathrm{c} = 1/(k_\mathrm{B}T_\mathrm{c})$ である．したがって，転移温度 T_c は次のように導かれる．

$$k_\mathrm{B}T_\mathrm{c} = A\epsilon_1\mathrm{e}^{-\mathcal{C}} \tag{D.15}$$

(D.7) 式と (D.15) 式との比較から，絶対零度におけるギャップ Δ_0 と転移温度 T_c とが，次の関係を満たすことがわかる．

$$\frac{\Delta_0}{k_\mathrm{B}T_\mathrm{c}} = \frac{2}{A} = 1.764 \tag{D.16}$$

D.2.4　転移温度近傍での秩序パラメーターの温度依存性

ここでは，転移温度直下におけるギャップ（秩序パラメーター）$\Delta(T)$ の温度依存性を調べよう．転移温度直下では，$\Delta(T)/k_\mathrm{B}T \ll 1$ が満たされる．計算の見通しをよくするために，次のように変数変換を行う．

$$\xi \equiv \frac{\Delta}{2k_\mathrm{B}T} = \frac{\beta\Delta}{2} \tag{D.17}$$

$$x \equiv \frac{\epsilon}{2k_\mathrm{B}T} = \frac{\beta\Delta}{2} \tag{D.18}$$

これらの変数を (D.5) 式に適用すると，次の形が得られる．

$$\mathcal{C} = \int_0^{\beta\epsilon_1/2} \mathrm{d}x \frac{1}{\sqrt{x^2+\xi^2}} \tanh\sqrt{x^2+\xi^2} \tag{D.19}$$

被積分関数のなかの tanh の部分は，部分分数展開で書き直すことができる．

$$\tanh z = 2z \sum_{n=1}^{\infty} \frac{1}{z^2 + [(2n-1)\pi/2]^2} \tag{D.20}$$

これを使うと，(D.19) 式は $z = \sqrt{x^2+\xi^2}$ として以下のように書ける．

$$\begin{aligned}
\mathcal{C} &= \int_0^{\beta\epsilon_1/2} \mathrm{d}x \sum_{n=1}^{\infty} \frac{1}{z^2 + [(2\pi-1)\pi/2]^2} \\
&= \int_0^{\beta\epsilon_1/2} \mathrm{d}x \sum_{n=1}^{\infty} \frac{1}{z^2 + \alpha_n^2} = \int_0^{\beta\epsilon_1/2} \mathrm{d}x \sum_{n=1}^{\infty} \frac{1}{x^2 + \xi^2 + \alpha_n^2}
\end{aligned} \tag{D.21}$$

最後の段階で，$\alpha_n \equiv (2n-1)\pi/2$ とおいた．$\alpha_1 = \pi/2 \simeq 1.6$ で $\mathcal{O}(1)$ の量である．さらに，$n \geq 2$ については，$\alpha_n > \alpha_1$ なので，$\mathcal{O}(1)$ またはそれ以上の大きさの量である．一方，$\xi \equiv \Delta/(2k_\mathrm{B}T) \ll 1$ である．したがって，$(x^2+\xi^2+\alpha_n^2)$ は，$\xi^2/(x^2+\alpha_n^2)$ をパラメーターとして展開できる．$\xi^2/(x^2+\alpha_n^2)$ の 2 次の項までとると次式が得られる．

$$\frac{1}{x^2+\xi^2+\alpha_n^2} = \frac{1}{x^2+\alpha^2}\left[1 - \frac{\xi^2}{x^2+\alpha_n^2} + \mathcal{O}(\xi^4)\right] \tag{D.22}$$

(D.22) 式を (D.21) 式に代入すると，ギャップ方程式は ξ の 2 次の項までを次のように計算できる．

$$\mathcal{C} \equiv C_0 + C_2\xi^2 + \mathcal{O}(\xi^4) \tag{D.23}$$

$$C_0 = \frac{1}{2} \int_0^{\beta\epsilon_1/2} \mathrm{d}x \sum_{n=1}^{\infty} \frac{1}{x^2 + \alpha_n^2}$$

$$= \int_0^{\beta\epsilon_1/2} \mathrm{d}x \frac{1}{x} \left(\frac{x}{2} \sum_{n=1}^{\infty} \frac{1}{x^2 + \alpha_n^2} \right) \tag{D.24}$$

$$C_2 = -\frac{1}{2} \int_0^{\beta\epsilon_1/2} \mathrm{d}x \sum_{n=1}^{\infty} \frac{1}{(x^2 + \alpha_n^2)^2} \tag{D.25}$$

第 0 次の項 C_0 では，非積分関数の中の丸括弧は $\tanh x$ に相当する．さらに，(D.3) 式を使うと，

$$C_0 = \ln(A\beta\epsilon_1) \tag{D.26}$$

C_2 の計算では，まず積分 $\int_0^{\beta\epsilon_1/2} \mathrm{d}x$ と和 $\sum_{n=1}^{\infty}$ の順序を入れ替え，次に積分の上限を無限大にとる．積分範囲を変えることについては，$\beta\epsilon \gg 1$ という条件があるので妥当な手続きになる．積分を実行すると，次の結果が得られる．

$$C_2 = -\frac{1}{2} \sum_{n=1}^{\infty} \int_0^{\infty} \mathrm{d}x \frac{1}{(x^2 + \alpha_n^2)^2} = -\frac{\pi}{4} \sum_{n=1}^{\infty} \alpha_n^3$$

$$= -\frac{\pi}{4} \sum_{n=1}^{\infty} 1 \bigg/ \left(\frac{2n-1}{2} \pi \right)^3$$

$$= -\frac{2}{\pi^2} \sum_{n=1}^{\infty} \frac{1}{(2n-1)^3} \tag{D.27}$$

最後の等号の後の無限和は，変数 3 のゼータ関数 $\zeta(3)$ を使って，$[7\zeta(3)/8]$ で表される．一般にゼータ関数 $\zeta(z)$ は，z が偶数の場合には π の関数になるので $\zeta(z)$ は無理数になる．一方，z が奇数の場合には $\zeta(z)$ が有理数になるか無理数になるかは，まだわかっていない．しかし $z = 3$ の $\zeta(3)$ については無理数であることがアペリーによって証明されており（アペリーの定理），$\zeta(3) \simeq 1.20205$ が求められている．

ギャップ方程式の ξ の 2 次の項の係数 C_2 は，最終的に次の形になる．

$$C_2 \equiv -|C_2| = -\frac{7}{4\pi^2} \zeta(3) \tag{D.28}$$

(D.26) 式と (D.28) 式とを (D.23) 式に代入し，(D.15) 式の結果（すなわち，$\mathcal{C} = \ln(A\beta_\mathrm{c}\epsilon_1)$）も使うことにすると，次の結果が得られる（$\xi$ の 2 次までを

残す).

$$\mathcal{C} = C_0 + C_2\xi^2 = C_0 - |C_2|\xi^2$$
$$\ln(A\beta_c\epsilon_1) = \ln(A\beta\epsilon_1) - |C_2|\xi^2 \tag{D.29}$$

この式から,

$$\xi = \frac{1}{\sqrt{|C_2|}}\left(1 - \frac{T}{T_c}\right)^{1/2} \tag{D.30}$$

が求められる. 変数 ξ は, $\xi = \Delta/k_B T$ であるが, いま対象にしている温度領域は T_c の近傍なので, ξ に含まれる温度を転移温度に置き換えて, $\xi = \Delta/k_B T \to \xi = \Delta/k_B T_c$ ととることができる. この点を考慮すると,

$$\xi = \frac{\Delta}{k_B T} \to \frac{\Delta}{k_B T_c} = \frac{\Delta}{\Delta_0}\frac{\Delta_0}{k_B T_c} = \frac{\Delta}{\Delta_0}\frac{2}{A} \tag{D.31}$$

となる. ここで, (D.16) 式を使った. これらの結果を総合して, 次の関係が導かれる.

$$\frac{\Delta}{\Delta_0} = B\left(1 - \frac{T}{T_c}\right)^{1/2} \tag{D.32}$$

ここで, B は $B \equiv A/2\sqrt{|C_2|}$ で定義される量で, 最終的には $B = 2e^\gamma/\sqrt{7\zeta(3)}$ という形に計算される. オイラーの定数 γ やゼータ関数 $\zeta(3)$ が現れるのは, 計算の途中で双曲線関数の sech や tanh を含む積分を実行するために, これらの関数の無限級数展開を利用したことに起因している.

D.2.5　ギャップ方程式 —— 積分の上限への不依存

ギャップ方程式 ((D.5) 式) には, 積分の上限 ϵ_1 が含まれている. 第 3 章で述べたように, $k_B T \ll \epsilon_1 \ll \varepsilon_F$ を満たす任意の値として導入されている. ここで, ε_F はフェルミエネルギーである.

これまでの議論では, ϵ_1 の詳細には立ち入らず, 任意の値のままにとどめた. しかし実際には, 秩序パラメーター (ギャップの大きさ) $\Delta(T)$ の振る舞いは ϵ_1 の値に依存しないことを, ここで示す.

D.2.3 小節で転移点近傍における秩序パラメーターを調べた際には, 秩序パラメーター Δ と変数 x とを, 温度 $2k_B T$ でスケールしたパラメーター ξ ((D.17) 式) と変数 x ((D.18) 式) を導入した. ここでは, 秩序パラメーター Δ と変

数 x とを,絶対零度における秩序パラメーター Δ_0 でスケールした新しいパラメーター η と変数 y を次のように導入する.

$$\eta \equiv \frac{\Delta}{\Delta_0} \tag{D.33}$$

$$y \equiv \frac{\epsilon}{\Delta_0} \tag{D.34}$$

温度も Δ_0 でスケールして,$t \equiv k_\mathrm{B} T/\Delta_0$ とおく.ギャップ方程式((D.5) 式)を新しいパラメーターと変数を使って書き直すと次のようになる.

$$\mathcal{C} = \int_0^{\exp(\mathcal{C})/2} \mathrm{d}y \frac{1}{\sqrt{y^2+\eta^2}} \tanh\left[\frac{\sqrt{y^2+\eta^2}}{2t}\right] \tag{D.35}$$

積分の上限は (D.6) 式を使って,$\epsilon_1/\Delta_0 \to \mathrm{e}^\mathcal{C}/2$ と変更した.この式は ϵ_1 を含んでいない.言い換えれば,秩序パラメーターの温度依存性は $\mathcal{C} = c/2g^2 D(E_\mathrm{F})$ だけで決まることが,この式で示されたことになる.

E

1次元および3次元結晶の基本ベクトルなど

ここでは，1次元結晶と代表的な3次元結晶のいくつかに関して，基本ベクトル（実空間および逆格子空間におけるもの），最隣接原子の位置と数，最隣接近似におけるエネルギー準位を示す．

E.1　1　次　元　結　晶

図4.3に模式的に描かれている1次元周期結晶を，まず考えよう．原子間距離を R_{nn} とすると，1次元結晶の場合には，$R_{\mathrm{nn}} = a$ である．

> [1次元結晶]
> 1) 実空間における基本ベクトル
> $$a_x = a\bm{e}_x$$
> 2) 逆格子空間における基本ベクトル
> $$b_x = \frac{2\pi}{a}\bm{e}_x$$
> 3) 最隣接格子の位置
> $$\bm{R}_{\mathrm{nn}} = +a\bm{e}_x \text{ および } -a\bm{e}_x$$
> 最隣接原子の数 $z_{\mathrm{nn}} = 2$
> 4) エネルギー準位
> $$\varepsilon_{k_x} = -2\gamma(a)\cos(k_x a)$$
> (E.1)

E.2　単純立方結晶

格子定数 a の単純立方格子に対しては，$R_{\mathrm{nn}} = a$ である．

[単純立方格子]
1) 実空間における基本ベクトル
$$\boldsymbol{a}_1 = a(1,0,0),$$
$$\boldsymbol{a}_2 = a(0,1,0),$$
$$\boldsymbol{a}_3 = a(0,0,1)$$
2) 逆格子空間における基本ベクトル
$$\boldsymbol{b}_1 = \tfrac{2\pi}{a}(1,0,0),$$
$$\boldsymbol{b}_2 = \tfrac{2\pi}{a}(0,1,0),$$
$$\boldsymbol{b}_3 = \tfrac{2\pi}{a}(0,0,1),$$
(E.2)

3) 最隣接原子の位置
$$\boldsymbol{R}_{\mathrm{nn}} = a(\mp 1,0,0), a(0,\mp 1,0), a(0,0,\mp 1)$$
最隣接原子の数 $z_{\mathrm{nn}} = 6$
4) エネルギー準位
$$\varepsilon_{\boldsymbol{k}} = -2\gamma(R_{\mathrm{nn}})[\cos(k_x a) + \cos(k_y a) + \cos(k_z a)]$$
(E.3)

単純立方結晶の逆格子も単純立方格子になり，単位胞は (E.2) 式の基本ベクトルで規定される立方体（一辺 $4\pi/a$）である．第1ブリユアン帯域も逆格子空間中の立方体で，図 4.5(a) で表される形になる．

E.3　体心立方結晶

体心立方格子は，単純立方格子において，各立方体の頂点のみでなく，体心

にも格子点が存在するものである．立方体の一辺を a とすると，立方体ごとに $(0,0,0)$ と $a(\frac{1}{2},\frac{1}{2},\frac{1}{2})$ の 2 つの格子点があることになる．

体心立方格子に対しては，$R_{\mathrm{nn}} = \frac{\sqrt{3}}{2}a$ である．

[体心立方格子]

1) 実空間における基本ベクトル

$$\boldsymbol{a}_1 = \tfrac{a}{2}(-1,+1,+1),$$
$$\boldsymbol{a}_2 = \tfrac{a}{2}(+1,-1,+1),$$
$$\boldsymbol{a}_3 = \tfrac{a}{2}(+1,+1,-1),$$

(E.4)

2) 逆格子空間における基本ベクトル

$$\boldsymbol{b}_1 = \tfrac{4\pi}{a}\tfrac{1}{2}(0,1,1),$$
$$\boldsymbol{b}_2 = \tfrac{4\pi}{a}\tfrac{1}{2}(1,0,1),$$
$$\boldsymbol{b}_3 = \tfrac{4\pi}{a}\tfrac{1}{2}(1,1,0)$$

(E.5)

3) 最隣接原子の位置

$$\boldsymbol{R}_{\mathrm{nn}} = a(\mp 1, \mp 1, \mp 1)$$

最隣接原子の数 $z_{\mathrm{nn}} = 8$

4) エネルギー準位

$$\varepsilon_{\boldsymbol{k}} = -8\gamma(R_{\mathrm{nn}})\left[\cos(\tfrac{k_x a}{2})\cos(\tfrac{k_y a}{2})\cos(\tfrac{k_z a}{2})\right]$$

(E.6)

一辺が a の体心立方結晶の逆格子は，一辺が $4\pi/a$ の面心立方格子になる．面心立方格子というのは，立方体の頂点と各面の中心に格子点があるものを指す．したがって，立方体ごとに 4 個の格子点があることになる．

(E.5) 式の基本ベクトルで規定される単位胞（第 1 ブリユアン帯域）は，逆格子空間中で，図 4.5(b) で表されるような菱形十二面体になる．この単位胞の体積は，一辺が $4\pi/a$ の立方体の 4 分の 1 になる．

E.4 面心立方結晶

立方体の一辺を a とすると,面心立方格子では立方体ごとに $(0, 0, 0)$, $a(0, \frac{1}{2}, \frac{1}{2})$, $a(\frac{1}{2}, 0, \frac{1}{2})$, $a(\frac{1}{2}, \frac{1}{2}, 0)$ の4つの位置に格子点があることになる.

面心立方格子で対しては,$R_{\mathrm{nn}} = \frac{\sqrt{2}}{2} a$ である.

[面心立方格子]
1) 実空間における基本ベクトル
$$\boldsymbol{a}_1 = \tfrac{a}{2}(0, +1, +1),$$
$$\boldsymbol{a}_2 = \tfrac{a}{2}(+1, 0, +1),$$
$$\boldsymbol{a}_3 = \tfrac{a}{2}(+1, +1, 0),$$

2) 逆格子空間における基本ベクトル
$$\boldsymbol{b}_1 = \tfrac{4\pi}{a}\tfrac{1}{2}(-1, +1, +1),$$
$$\boldsymbol{b}_2 = \tfrac{4\pi}{a}\tfrac{1}{2}(+1, -1, +1),$$
$$\boldsymbol{b}_3 = \tfrac{4\pi}{a}\tfrac{1}{2}(+1, +1, -1)$$

(E.7)

3) 最隣接原子の位置
$$\boldsymbol{R}_{\mathrm{nn}} = a(0, \mp 1, \mp 1), a(\mp 1, 0, \mp 1), a(\mp 1, \mp 1, 0)$$

最隣接原子の数 $z_{\mathrm{nn}} = 12$

4) エネルギー準位
$$\varepsilon_{\boldsymbol{k}} = -12\gamma(R_{\mathrm{nn}}) \left[\cos\left(\frac{k_y a}{2}\right)\cos\left(\frac{k_z a}{2}\right) + \cos\left(\frac{k_z a}{2}\right)\cos\left(\frac{k_x a}{2}\right) + \cos\left(\frac{k_x a}{2}\right)\cos\left(\frac{k_y a}{2}\right) \right]$$

(E.8)

一辺が a の面心立方結晶の逆格子は,一辺が $4\pi/a$ の体心立方格子になる.体心立方格子では,立方体ごとに2個の格子点がある.

(E.5) 式で規定される単位胞(第1ブリユアン帯域)は,逆格子空間中で,図

4.5(c) で表されるような形になる. これは正八面体の頂点を切断したものに相当する. この単位胞の体積は, 一辺 $4\pi/a$ の立方体の 2 分の 1 の体積をもつ.

E.5　六方最密結晶

六方最密結晶では, 以下に示す基本ベクトルで定義される平行六面体の頂点と中心に格子点がある. $R_{\mathrm{nn}} = a$ になる.

[六方最密格子]
1) 実空間における基本ベクトル
$$\boldsymbol{a}_1 = a(1,0,0),$$
$$\boldsymbol{a}_2 = a(\tfrac{1}{2}, \tfrac{\sqrt{3}}{2}, 0),$$
$$\boldsymbol{a}_3 = a(0, 0, 2\sqrt{\tfrac{2}{3}}),$$
2) 逆格子空間における基本ベクトル
$$\boldsymbol{b}_1 = \tfrac{2\pi}{a}(+1, -\tfrac{1}{\sqrt{3}}, 0),$$
$$\boldsymbol{b}_2 = \tfrac{2\pi}{a}(0, +\tfrac{2}{\sqrt{3}}, 0),$$
$$\boldsymbol{b}_3 = \tfrac{2\pi}{a}(0, 0, -\tfrac{\sqrt{3}}{2\sqrt{2}})$$
(E.9)

3) 最隣接原子の位置
$$\boldsymbol{R}_{\mathrm{nn}} = a(\mp 1, 0, 0), a(\mp\tfrac{1}{2}, \mp\tfrac{\sqrt{3}}{2}, 0)$$
上記の最隣接原子ベクトルは, 原子ごとに存在するものなので, これらの最隣接原子の数は原子あたり 6 個あることになる.
$$\boldsymbol{R}_{\mathrm{nn}} = a(\mp\tfrac{1}{2}, \mp\tfrac{1}{2\sqrt{3}}, \mp\sqrt{\tfrac{2}{3}}), a(0, \mp\tfrac{1}{\sqrt{3}}, \mp\sqrt{\tfrac{2}{3}})$$
この最隣接原子ベクトルは合計 12 個であるが, これらは単位胞ごとに存在するものなので, 原子あたりに焼き直すと原子ごとに 6 個あることになる. したがって, 原子あたりの最隣接原子の数の合計は $z_{\mathrm{nn}} = 12$ になる.

4) エネルギー準位
$$\varepsilon_{\boldsymbol{k}} =$$
$$-\gamma(R_{\mathrm{nn}})\bigl[2\cos(k_x a) + 4\cos(\tfrac{1}{2}k_x a)\cos(\tfrac{\sqrt{3}}{2}k_y a)$$

$$\left.\begin{aligned}&+4\cos(\tfrac{1}{2}k_x a)\cos(\tfrac{\sqrt{3}}{6}k_y a)\cos(\sqrt{\tfrac{2}{3}}k_z a)\\&+2\cos(\tfrac{1}{\sqrt{3}}k_y a)\cos(\sqrt{\tfrac{2}{3}}k_z a)\right]\end{aligned}$$

(E.10)

　六方最密結晶の逆格子は，逆格子空間における基本ベクトル b_1 と b_2 で定義される三角格子が z 軸の方向に積み重なってできた結晶になる．単位胞（第 1 ブリユアン帯域）は逆格子空間中で，図 4.5(d) で表されるような六角柱の形になる．

F

強束縛近似における電子エネルギー

F.1 単純立方結晶

4.1.3 小節でみたように，単純立方結晶における $1s$ 電子のエネルギー準位は次の式で与えられる．

$$\varepsilon_{\bm{k}} = -2\gamma(a)[\cos(k_x a) + \cos(k_y a) + \cos(k_z a)] \tag{F.1}$$

単純立方結晶の逆格子も単純立方格子になり，第1ブリユアン帯域も逆格子空間中の立方体で，図 4.5(a) で表される形になる．この図に示される対称性の高い点（Γ-X-M-R-Γ）を結ぶ線上での (F.1) 式は次の形になる．ただし，
$\Gamma = (0,0,0)$, $\mathrm{X} = \frac{\pi}{a}(1,0,0)$, $\mathrm{M} = \frac{\pi}{a}(1,1,0)$, $\mathrm{R} = \frac{\pi}{a}(1,1,1)$
である．また単純立方格子に対しては，$R_{\mathrm{nn}} = a$ である．

[1] Γ-X 線上　　　　$(\bm{k} = \frac{\pi}{a}(\mu,0,0), 0 \leq \mu \leq 1)$
　　　$\varepsilon = -2\gamma(a)[2 + \cos(\mu\pi)]$

[2] X-M 線上　　　　$(\bm{k} = \frac{\pi}{a}(1,\mu,0), 0 \leq \mu \leq 1)$
　　　$\varepsilon = -2\gamma(a)\cos(\mu\pi)$

[3] M-R 線上　　　　$(\bm{k} = \frac{\pi}{a}(1,\mu,\mu), 0 \leq \mu \leq 1)$
　　　$\varepsilon = 4\gamma(a) - 2\gamma(a)\cos(\mu\pi)$

[4] R-Γ 線上　　　$(\bm{k} = \frac{\pi}{a}(\mu,\mu,\mu), 1 \geq \mu \geq 0)$
　　　$\varepsilon = -6\gamma(a)\cos(\mu\pi),$

$$\tag{F.2}$$

F.2 体心立方結晶

体心立方結晶における $1s$ 電子のエネルギー準位も 4.1.3 小節で与えられており，次式で表される．

$$\varepsilon_{\boldsymbol{k}} = -8\gamma(R_{\mathrm{nn}}) \left[\cos\left(\frac{k_x a}{2}\right) \cos\left(\frac{k_y a}{2}\right) \cos\left(\frac{k_z a}{2}\right) \right] \quad \text{(F.3)}$$

第 1 ブリユアン帯域は逆格子空間中で，図 4.5(b) で表されるような菱形十二面体になる．この図に示される対称性の高い点（Γ-P-N-H-Γ）を結ぶ線上での (F.3) 式は次の形になる．ただし，

$\Gamma = (0,0,0)$, $\mathrm{P} = \frac{2\pi}{a}(\frac{1}{2}, \frac{1}{2}, \frac{1}{2})$, $\mathrm{N} = \frac{2\pi}{a}(\frac{1}{2}, \frac{1}{2}, 0)$, $\mathrm{H} = \frac{2\pi}{a}(1, 0, 0)$

である．

[1] Γ-P 線上 　　　$(\boldsymbol{k} = \frac{\pi}{a}(\mu, \mu, \mu), 0 \leq \mu \leq \frac{1}{2})$
$\varepsilon = -8\gamma(R_{\mathrm{nn}}) \cos^3(\mu\pi)$

[2] P-N 線上 　　　$(\boldsymbol{k} = \frac{\pi}{a}(\frac{1}{2}, \frac{1}{2}, \mu), \frac{1}{2} \geq \mu \geq 0)$
$\varepsilon = 0$

[3] N-H 線上 　　　$(\boldsymbol{k} = \frac{\pi}{a}(\frac{1}{2} - \mu, \frac{1}{2} + \mu, 0), 0 \leq \mu \leq \frac{1}{2})$
$\varepsilon = +8\gamma(R_{\mathrm{nn}}) \cos^2(\mu\pi)$

[4] H-Γ 線上 　　　$(\boldsymbol{k} = \frac{\pi}{a}(\mu, 0, 0), 1 \geq \mu \geq 0)$
$\varepsilon = -8\gamma(R_{\mathrm{nn}}) \cos(\mu\pi)$

(F.4)

F.3 面心立方結晶

面心立方結晶における $1s$ 電子のエネルギー準位も同様に 4.1.3 小節で与えられており，次式で表される．

$$\varepsilon_{\boldsymbol{k}} = -12\gamma(R_{\mathrm{nn}}) \left[\cos\left(\frac{k_y a}{2}\right) \cos\left(\frac{k_z a}{2}\right) + \cos\left(\frac{k_z a}{2}\right) \cos\left(\frac{k_x a}{2}\right) \right.$$
$$\left. + \cos\left(\frac{k_x a}{2}\right) \cos\left(\frac{k_y a}{2}\right) \right] \tag{F.5}$$

第 1 ブリユアン帯域は逆格子空間中で，図 4.5(c) で表されるような形になる．この図に示される対称性の高い点（Γ-X-W-L-Γ-K-W）を結ぶ線上での (F.5) 式は次の形になる．ただし，

$\Gamma = (0,0,0)$, $\mathrm{X} = \frac{2\pi}{a}(1,0,0)$, $\mathrm{W} = \frac{2\pi}{a}(1,\frac{1}{2},0)$, $\mathrm{L} = \frac{2\pi}{a}(\frac{1}{2},\frac{1}{2},\frac{1}{2})$,
$\mathrm{K} = \frac{2\pi}{a}(\frac{3}{4},\frac{3}{4},0)$

である．

[1] Γ-X 線上 　　　$(\boldsymbol{k} = \frac{2\pi}{a}(\mu,0,0), 0 \leq \mu \leq 1)$
$\varepsilon = -4\gamma(R_{\mathrm{nn}})[1 + 2\cos(\mu\pi)]$

[2] X-W 線上 　　　$(\boldsymbol{k} = \frac{2\pi}{a}(1,\mu,0), 0 \leq \mu \leq \frac{1}{2})$
$\varepsilon = +4\gamma(R_{\mathrm{nn}})$

[3] W-L 線上 　　　$(\boldsymbol{k} = \frac{2\pi}{a}(1-\mu,\frac{1}{2},\mu), 0 \leq \mu \leq \frac{1}{2})$
$\varepsilon = +4\gamma(R_{\mathrm{nn}})\cos^2(\mu\pi)$

[4] L-Γ 線上 　　　$(\boldsymbol{k} = \frac{2\pi}{a}(\mu,\mu,\mu), \frac{1}{2} \geq \mu \geq 0)$
$\varepsilon = -12\gamma(R_{\mathrm{nn}})\cos^2(\mu\pi)$

[5] Γ-K 線上 　　　$(\boldsymbol{k} = \frac{2\pi}{a}(\mu,\mu,0), 0 \leq \mu \leq \frac{3}{4})$
$\varepsilon = -4\gamma(R_{\mathrm{nn}})[\cos^2(\mu\pi) + 2\cos(\mu\pi)]$

[6] K-X 線上 　　　$(\boldsymbol{k} = \frac{2\pi}{a}(1-\mu,\frac{1}{2}+\mu,0), 0 \leq \mu \leq \frac{1}{4})$
$\varepsilon = -4\gamma(R_{\mathrm{nn}})[\cos(\mu\pi)\sin(\mu\pi) - \sin(\mu\pi) - \cos(\mu\pi)]$

$$\tag{F.6}$$

F.4 六方最密結晶

六方最密結晶における 1s 電子のエネルギー準位も同様に 4.1.3 小節で与えられており，次式で表される．

$$\varepsilon_{\boldsymbol{k}} = -\gamma(R_{\mathrm{nn}})\left[2\cos(k_x a) + 4\cos\left(\frac{1}{2}k_x a\right)\cos\left(\frac{\sqrt{3}}{2}k_y a\right)\right.$$
$$+4\cos\left(\frac{1}{2}k_x a\right)\cos\left(\frac{\sqrt{3}}{6}k_y a\right)\cos\left(\sqrt{\frac{2}{3}}k_z a\right)$$
$$\left.+2\cos\left(\frac{1}{\sqrt{3}}k_y a\right)\cos\left(\sqrt{\frac{2}{3}}k_z a\right)\right] \quad \text{(F.7)}$$

第1ブリユアン帯域は逆格子空間中で，図4.5(d)で表されるような六角柱になる．

この六角柱の対称性の高い点 (H-L-A-Γ-H-K-M-Γ) を結ぶ線上での (F.7) 式は，次の形になる．ただし，

$\Gamma = (0,0,0)$, H $= \frac{2\pi}{a}(\frac{1}{3}, \frac{1}{\sqrt{3}}, \frac{\sqrt{3}}{4\sqrt{2}})$, K $= \frac{2\pi}{a}(\frac{1}{3}, \frac{1}{\sqrt{3}}, 0)$,
M $= \frac{2\pi}{a}(0, \frac{1}{\sqrt{3}}, 0)$, L $= \frac{2\pi}{a}(0, \frac{1}{\sqrt{3}}, \frac{\sqrt{3}}{4\sqrt{2}})$, A $= \frac{2\pi}{a}(0, 0, \frac{\sqrt{3}}{4\sqrt{2}})$

である．

[1] Γ-H 線上 　　　　$(\boldsymbol{k} = \frac{2\pi}{a}(\frac{1}{3}\mu, \frac{1}{\sqrt{3}}\mu, \frac{3}{4\sqrt{2}}\mu), 0 \leq \mu \leq 1)$
$\varepsilon = -\gamma(R_{\mathrm{nn}})[2\cos(\frac{2\pi}{3}\cdot\mu) + 4\cos(\frac{\pi}{3}\cdot\mu)\cos(\pi\cdot\mu)$
$\quad +\{4\cos^2(\frac{\pi}{3}\cdot\mu) + 2\cos(\frac{2\pi}{3}\cdot\mu)\}\cos(\frac{\pi}{2}\cdot\mu)]$

[2] H-K 線上 　　　　$(\boldsymbol{k} = \frac{2\pi}{a}(\frac{1}{3}, \frac{1}{\sqrt{3}}, \frac{\sqrt{3}}{4\sqrt{2}}\mu), 1 \geq \mu \geq 0)$
$\varepsilon = +3\gamma(R_{\mathrm{nn}})$

[3] K-M 線上 　　　　$(\boldsymbol{k} = \frac{2\pi}{a}(\frac{1}{3}\mu, \frac{1}{\sqrt{3}}, 0), 1 \geq \mu \geq 0)$
$\varepsilon = -\gamma(R_{\mathrm{nn}})[2\cos(\frac{2\pi}{3}\cdot\mu) - 2\cos(\frac{\pi}{3}\cdot\mu) - 1]$

[4] M-Γ 線上 　　　　$(\boldsymbol{k} = \frac{2\pi}{a}(0, \frac{1}{\sqrt{3}}\mu, 0), 1 \geq \mu \geq 0)$
$\varepsilon = -\gamma(R_{\mathrm{nn}})[2 + 4\cos(\pi\cdot\mu) + 4\cos(\frac{\pi}{3}\cdot\mu) + 2\cos(\frac{2\pi}{3}\cdot\mu)]$

[5] H-L 線上 　　　　$(\boldsymbol{k} = \frac{2\pi}{a}, (\frac{1}{3}\mu, \frac{1}{\sqrt{3}}, \frac{\sqrt{3}}{4\sqrt{2}}), 1 \geq \mu \geq 0)$
$\varepsilon = -\gamma(R_{\mathrm{nn}})[2\cos(\frac{2\pi}{3}\cdot\mu) - 4\cos(\frac{\pi}{3}\cdot\mu)]$

[6] L-A 線上 　　　　$(\boldsymbol{k} = \frac{2\pi}{a}, (0, \frac{1}{\sqrt{3}}\mu, \frac{\sqrt{3}}{4\sqrt{2}}), 1 \geq \mu \geq 0)$
$\varepsilon = -\gamma(R_{\mathrm{nn}})[2 + 4\cos(\pi\cdot\mu)]$

[7] A-Γ 線上 　　　　$(\boldsymbol{k} = \frac{2\pi}{a}(0, 0, \frac{\sqrt{3}}{4\sqrt{2}}\mu), 1 \geq \mu \geq 0)$

$$\varepsilon = -\gamma(R_{\mathrm{nn}})[6 + 6\cos(\tfrac{\pi}{2} \cdot \mu)] \tag{F.8}$$

文　献

1) C. Kittel, *Introduction to Solid State Physics* (John Wiley & Sons, 1971), N.W.Ashcroft and N.D.Mermin, *Solid State Physics* (Saunders College Publishing, 1981) など
2) T. E. Faber, *Theory of Liquid Metals* (Cambridge Press, 1972)
3) R.E.Peierls, *Quantum Theory of Solids* (Clarendon Press, 1956), 第5章
4) M.J.Cohen, L.B.Coleman, A.F.Garito and A.J.Heeger, Phys.Rev. **B10**, 1298 (1974)
5) S.Etemad, Phys.Rev. **B13**, 2254 (1976)
6) T.Ishiguro, S.Kagoshima and H.Anzai, J.Phys.Soc.Jpn. **41**, 351 (1976)
7) M.J.Cohen and A.J.Heeger, Phys.Rev. **B16**, 688 (1976)
8) 小野嘉之「金属絶縁体転移」朝倉書店 (2002)
9) 鹿児島誠一「一次元電気伝導体」裳華房 (1982)
10) 鹿児島誠一「低次元導体」裳華房 (2000)
11) M. Tinkham, *Introduction to Superconductivity* (McGraw-Hill, 1975)
12) T.E.Phillips, T.J.Kistenmacher, J.P.Ferraris and D.O.Cowan, J.Chem.Soc.Chem.Commun. 471 (1973)
13) T.J.Kistenmacher, T.E.Phillips and D.O.Cowan, Acta.Cryst. **B30**, 763 (1974)
14) A.Andrieux, H.J.Schulz, D.Jerome and K.Bechgaard, J.de.Physique Lett. **40**, L-385 (1979)
15) A.Andrieux, H.J.Schulz, D.Jerome and K.Bechgaard, Phys.Rev.Lett. **43**, 227 (1979)
16) S.Megtert, R.Comes, C.Vetier, R.Pynn and A.F.Garito, Solid State Commun. **31**, 977 (1979)
17) K.Kanoda, J.Phys.Soc.Jpn **76**, 033701 (2007)
18) A. Morita, Appl. Phys. **A39**, 227-242 (1986) (レビュー)
19) Y.Takao, H.Asahina and A.Morita, J.Phys.Soc.Jpn. **50**, 3362-3369(1981)
20) H.Asashina, K.Shindo and A.Morita, J.Phys.Soc.Jpn. **51**, 1193-1199(1982)
21) H. Iwasaki, T. Kikegawa, T. Fujimura, S. Endo, Y. Akahama, T. Akai, O. Shimomura, S. Yamaoka, T. Yagi, S.Akimoto and I. Shirotani, Proc. X[th] AIRPT High Pressure Conf. 1985 (Amsterdam)
22) M.Okajima, S.Endo, Y.Akahama and S.Narita, J.J.Applied Physics **23**, 15-19(1984)
23) K.Akahama and H.Kawamura, Phys.Stat.Sol.(b) **223**, 349-353(2001)
24) A.San Miguel, H.Libotte, J.P.Gaspard, M.Gauthier, J.P.Itié and A.Polian, Eur.

Phys. J. **B17**, 227 (2000)
25) A.S.Balchan and H.G.Drickamer, J.Chem.Phys. **34**, 1948 (1961)
26) B.M.Riggleman and H.G.Drickamer, J.Chem.Phys. **38**, 2721 (1963)
27) B.M.Riggleman and H.G.Drickamer, J.Chem.Phys. **37**, 446 (1962)
28) T.Yamaguchi, K.Shimizu, N.Takeshita, M.Ishizuka, K.Amaya and S.Endo, J.Phys.Soc.Jpn **63**, 3207 (1994)
29) N.Orita, K.Niiseki,K.Shindo and H.Tanaka, J. Phys. Soc. Jpn. **61**, 4501-4510 (1992)
30) D.R.Hamann, M.Schlutter and C.Chaing, Phys.Rev.Lett. **43**, 1494 (1979)
31) W.Kohn and L.J.Sham, Phys.Rev. **140**, A1133 (1965)
32) Y.Fujii, K.Hase, N.Hamaya, Y.Ohishi, A.Onodera, O.Shimomura and K.Takemura,Phys.Rev.Lett. **58**, 796-799 (1987)
33) M. Pasternak, J. N. Farrel and R. D. Taylor, Phys. Rev. Lett. **58**, 575-578 (1987)
34) H. Olijnyk, W. Li and A. Wokaun, Phys. Rev. **B50**, 712-716 (1994)
35) K. Takemura, K. Sato, H. Fujihisa and M. Onoda, Nature **423**, 971-974 (2003)
36) T. Kume, T. Hiraoka, Y. Ohya, S. Sasaki and H. Shimizu, Phys. Rev. Lett. **94**, 065506(1-4) (2005)
37) K. Takemura, S. Minomura, O. Shimomura and Y .Fujii, Phys. Rev. Lett. **45**, 1881-1884 (1980)
38) K. Takemura, S. Monomura, O. Shimomura, Y. Fujii, and J. D. Axe, Phys.Rev. **B26**, 998-1004 (1982)
39) David A. Young, *Phase Diagrams of the Elements* (University of California Press, Berkeley, 1991), p.142.
40) A. San-Miguel, H. Lohotte, M. Gauthier, G. Aquilanti, S.Pascarelli and J.Gaspard, Phys. Rev. Lett. **99**, 015501(1-4) (2007)
41) H. Fujihisa, Y. Fujii, K. Takemura and O. Shimomura, J. Phys. Chem. Solids **56**, 1439-1444 (1995)
42) K.Shimizu, K.Amaya and S.Endo, High Pressure Science and Technology; Proceedings of the Joint XV AIRAPR and XXVIII EHPRG International Conference, Warsaw, Poland 1995, ed. W.Trseciakowski (World Scientific, 1996) p.498.
43) D. Duan, Y. Liu, Y. Ma, Z. Liu, T. Cui, B. Liu and G. Zou, Phys. Rev. **B76**, 104113(1-8) (2007)
44) S.C. Keeton and T.L.Loucks, Phys.Rev. **152**, 548-555 (1966)
45) M.Inui, X.Hong and K.Tamura, Phys.Rev. **B68** 094108(1-9) (2003)
46) G.Schönherr, R.W.Shumutzler and F.Hensel Phyl.Mag. **B40** 441 (1979)
47) F.Yonezawa, Y.Ishida, F.Martino and S.Asano, *Liquid Metals 1976*, eds. R.Evans and D.A.Greenwood (Inst. of Phys., Bristol and London),p.385.
48) Y.Ishida and F.Yonezawa, Prog.Theor.Phys. **49**, 731 (1973)
49) S.Asano and F.Yonezawa, *Liquid Metals 1976*, eds. R.Evans and D.A.Greenwood (Inst. of Phys., Bristol and London), p.305.
50) Y.Ishida, S.Asano and F.Yonezawa, J.de.Phys. **41** C4-81 (1981)
51) H.Ohtani, T.Yamaguchi and F.Yonezawa, J.Phys.Soc.Jpn. **67**, 2807 (1998)

52) F.Yonezawa, H.Ohtani and T.Yamaguchi, J.Phys. Condensed Matter **10**, 11419 (1998)
53) F.Yonezawa, H.Ohtani and T.Yamaguchi, *The Physics of Complex Liquids*, eds. F.Yonezawa, K.Kaji, M.Doi and T.Fujiwara (World Scientific, 1998) p.48
54) F.Yonezawa, H.Ohtani and T.Yamaguchi, J.Non-Cryst. Solids **250/252** 510 (1999)
55) T.Yamaguchi, H.Ohtani and F.Yonezawa, J.Non-Cryst. Solids **250/252** 437 (1999)
56) H.Ohtani, T.Yamaguchi and F.Yonezawa, J.Non-Cryst. Solids **250/252** 428 (1999)
57) H.Ohtani, T.Yamaguchi and F.Yonezawa, Prog.Theor.Phys. Supplement, **138**, 247 (2000)
58) H.Ohtani, T.Yamaguchi and F.Yonezawa, RIKEN Review **29**, 103 (2000)
59) H.Ohtani, T.Yamaguchi and F.Yonezawa, J.Phys.Soc.Jpn. **69**, 3885 (2000)
60) F.Yonezawa, H.Ohtani and T.Yamaguchi, Physica **B296**, 289 (2001)
61) F.Yonezawa, H.Ohtani and T.Yamaguchi, J.Non-Cryst. Solids **293/295**, 199 (2001)
62) S.Hosokawa, T.Kuboi and K.Tamura, Ber.Bunsenges. Phys.Chem. **80**, 27 (1997)
63) S.Hosokawa and K.Tamura, J.Non-Cryst. Solids **117/118**, 489 (1990)
64) H.P.Seyer, K.Tamura, H.Hoshino, H.Endo and F.Hensel, Ber. Bunsenges. Phys. Chem. **90**, 587 (1986)
65) H.Ikemoto, I.Yamamoto, M.Yao and H.Endo, J. Phys. Soc. Jpn. **63**, 1611 (1994)
66) K.Tamura, J.Non-Cryst. Solids **117/118**, 450 (1990)
67) M.Inui, Y. Oh'ishi, I.Nakaso, M.H.Kazi and K.Tamura, J.Non-Cryst. Solids **250/252**, 531 (1999)
68) W.W.Warren Jr. and R.Dupree, Phys.Rev. **B22** 2257 (1980)
69) W.Freyland and M.Cutler, J.Chem.Soc. Faraday Trans. **76**, 756 (1980)
70) J.C.Perron, J.Rabit and J.F.Rialland, Philos.Mag. **B46**, 321 (1982)
71) 大谷寛明 Ph.D. Thesis, 慶應義塾大学「液体カルコゲンの金属非金属転移の理論的研究」2000
72) P.W.Anderson, Phys.Rev. **102**, 1008 (1958)
73) E.Abrahams, P.W.Anderson, D.C.Licciardello and T.V.Ramakrishnan, Phys.Rev. Lett. **42**, 673 (1979)
74) D.J.Thouless, Phys. Rept. **13C**, 93 (1975)
75) D.J.Licciardello and D.J.Thouless, J.Phys. **C8**, 4157 (1975)
76) D.J.Thouless, Phys.Rev.Lett. **39**, 1167 (1975)
77) A.Lagendijk, B.Tiggelen and D.S.Wiersma, Physics Today **62**, 24 (2009)
78) D.S.Wiersma, P.Bartolini, A.Lagendijk and R.Righini, Nature **390**, 671 (1997)
79) A.A.Chabanov, M.Stoytchev and A.Z.Genack, Nature **404**, 850 (2000)
80) T.Schwartz, G.Bartal, S.Fishman and M.Segev, Nature **446**, 52 (2007)
81) H.Hu, A.Strybulevych, J.H.Page, S.E.Skipetrov and B.A.van Tiggelen, Nat.Phys. **4**, 945 (2008)

82) J. H. de Boer and E. J. Verwey, Proc.Phys.Soc. **A49**, 59-71 (1937)
83) J. C. Slater, Phys.Rev. **52**, 198 (1937)
84) N. F. Mott, Proc.Phys.Soc. **62**, 416-422 (1949)
85) N. F. Mott, *Metel-insulator transitions*, 2nd ed. (Taylor & Francis, 1990), London UK
86) J. Hubbard, Proc.Roy.Soc.Lond. **A276**, 238-156 (1963)
87) J. Hubbard, Proc.Roy.Soc.Lond. **A281**, 401-419 (1964)
88) F.Yonezawa, Phys.Rev. **B7**, 5170 (1973)
89) F.Yonezawa and K. Morigaki, Prog. Theor. Phys. Supplement No.53, 1-76 (1973)
90) H. Yokoyama, T. Miyagawa and M. Ogata, J.Phys.Soc.Jpn, **80**, 084607(2011)
91) M. Imada, A. Fujimori, and Y. Tokura, Rev.Mod.Phys. **70**, 1039-1263 (1998)
92) Y. Kawakami, S. Iwai, T. Fukatsu, M. Miura, N. Yoneyama, T. Sasaki and N. Kobayashi, Phys.Rev.Lett. **103**, 066403 (2009)
93) Y. Kawasugi, H. M. Yamamoto, N. Tajima, T. Fukunaga, K. Tsukagoshi and R. Kato, Phys.Rev. **B84**, 125129(2011)
94) S. Iwai, M.Ono, A. Maeda, H. Matsuzaki, H. Kishida, H. Okamoto and Y. Tokura, Phys.Rev.Lett. **91**, 057401 (2003)
95) T. Sasaki, N. Yoneyama, Y. Nakamura, N. Kobayashi, Y. Ikemoto, T. Moriwaki and H. Kimura, Phys.Rev.Lett. **101**, 206403(2008)
96) H.Fritzsche and M.Cuevas, Phys.Rev. **119**, 1238-1245 (1960)
97) M. Watanabe, Y. Ootuka, K. M. Itoh and E. E. Haller, Phys.Rev. **B58**, 9851 (1998)
98) K. M. Itoh, M. Watanabe, Y. Ootuka and E. E. Haller, Ann.Phys.(Leipzig) **8**, 631 (2000)
99) A. G. Zabrodskii and A. G. Andreev, Pis'ma Zh.Eksp.Thor.Fiz. **58**, 809 (1993)
100) K. Sano, T. Sasaki, N. Yoneyama, and N. Kobayashi, Phys.Rev.Lett. **104**, 217003 (2010)
101) J. Analytis, A. Ardava, S. J. Blundell, R. L. Owen, E. F. Garman, C. Jeynes and B. J. Powell, Phys.Rev.Lett. **96**, 177002 (2006)
102) P. P. Edwards, M. T. J. Lodge, F. Hensel and R. Redmer, Phil.Trans.Roy.Soc. **A368**, 941-965 (2010)
103) A. F. Ioffe and A. R. Regel, Prog. Semicond. **4**, 239 (1960)
104) F.Yonezawa, S.Sakamoto and M.Hori, Phys. Rev. **B40**, 636 (1989)

索　引

欧　文

α スズ　140

body-centered cubic：bcc　91

charge density wave：CDW　71
coherent potential approximation：CPA　193

d 電子　186
　　——を価電子にもつ遷移金属酸化物　193

face-centered cubic：fcc　91
FET 誘起モット転移　197
field-effect transistor：FET　196

hexagonal closest packed structure：hcp　91

κ–(BEDT-TTF)$_2$Cu[N(CN)$_2$]Cl　196

LP バンド　149

n 型不純物半導体　33, 163, 179
[Ni(chxn)$_2$Br]Br$_2$　196

p 型不純物半導体　33

simple cubic：sc　91

TSeF-TCNQ　70
TTF-TCNQ　67

X 線　209
X 線回折　118, 158
X 線照射　196, 200
$(x_e, 2\mathcal{V}/\mathcal{I})$ 面上　193
$(x_h, 2\mathcal{V}/\mathcal{I})$ 面上の相図　193
(x_h, T) 面上の相図　195

ア　行

アクセプター濃度　199
アクチノイド（$5f$ 電子を価電子にもつ）　193
圧力　102
アルミニウム　101
アンサンブル平均　190
アンダーソン　163
　　——の理論　166
アンダーソン局在　133, 162, 178, 183
アンダーソン転移　42, 161

閾値　213
1 次元系と 2 次元系における電子局在　177
1 次元結晶　89, 231
1 電子シュレーディンガー方程式　21, 28
1 電子描像　206

248 索引

一様分布をもつ対角不規則系 189
移動積分 85
移動度 26
　——が有限 206
移動度端 42, 178, 179, 181
井戸型ポテンシャル 167

ヴェルウェイ 186

液体セレン 143
エネルギーギャップ 31, 62, 110
エネルギー準位 86, 231-235
　——の広がり 86
エネルギー準位差 103, 135, 147
エネルギー帯（エネルギーバンド） 31
　——の重なりかた 97
遠赤外光を照射 196

オーム 3
　——の法則 3
オンサイトでの電子間の斥力 188
温度 102
温度-圧力相図 123

カ 行

回折強度 158
階段関数 53
化学ポテンシャル 98
格 91
核磁気共鳴実験 159
重なり積分 85, 167, 171
　——の減少 152
　——の増大 152
仮想結晶 143, 148
活性化型伝導 112
カットオフ波長 17, 20

価電子帯 32, 111, 115
環境条件 102
緩和時間 14, 35, 162

擬 1 次元ハロゲン架橋金属錯体 196
機構 205
希土類化合物 186
希土類金属 193
希土類金属化合物 189
　——の f 電子 189
基本単位胞 29
逆格子 208
逆格子空間 29, 208
　——における基本ベクトル 89, 231-235
逆格子ベクトル 208
ギャップ関数 222
ギャップ方程式 62, 64, 224, 229
境界条件の摂動への応答 174
強結合表示 164
強相関電子系 193
　——の相図 192
強束縛近似 87
　——における電子エネルギー 237
強束縛表示 190, 193
共有結合の長さ 137
局在 171, 178
局在絶縁相 201
局在絶縁体 206
巨視的な性質 175
金 101
金属 5, 6, 102, 185
　——（広義の） 38
　——の条件 26, 132
　——の代表選手 203
　——のマクロな記述 207
　——のミクロな記述 206

金属結合　7
金属相　201
金属電子論　12
金属–非金属転移　38, 40, 103, 132, 162, 178, 179, 205, 211, 216
金属–非金属転移点　203

空間格子　28, 208
空間充填率　213, 214
鎖の長さ n　159
久保–グリーンウッド公式　174
繰り込まれたロケータ　169
繰り込み群関数　176
繰り込み群の方法　175
繰り込み変換　175
グリュナイゼン　37
クロネッカーのデルタ記号　209
クーロン斥力　186

結合角　107, 144
結合軌道　112, 136
結合準位　137, 146
結合バンド　146
結晶が膨張　202
結晶格子の周期　47
結晶の基本ベクトル　89, 231
結晶変態　48
ケーリー・トリー　170
ゲルマニウム　140
原子間距離が減少　105
原子間距離が増加　105
原子軌道の線形結合　83
原子個数密度　202
原子体積　13
原子の数密度　103
原子配置　158

元素金属　8
――のエネルギーバンド　99
元素周期表（300 GPa における推定の）　203
元素物質　205

高温極限　36
高温高圧下でのセレン　156
高温高圧での液体　105, 152
高温高圧の液体セレン　159
高温高圧流体　201, 202
――の電気伝導度　203
高温超伝導　193
高温超伝導発現機構　195
高温超伝導物質　193
光学ギャップ　154, 157
光学的性質　113
格子系　59
格子欠陥　161
格子点の数　194
格子歪み　58
構造相転移　118
交流電気伝導度　157
黒リン　105, 107
――のエネルギー準位　109
個数演算子　190
固体物理学　185
骨格（スケルトン）だけの経路　169
古典的パーコレーション　180
コネクティヴィティ　169
コヒーレントポテンシャル近似　193
孤立原子　82
孤立原子対　146
孤立原子対バンド　146
混成軌道関数　140
コンダクタンス　3, 174

サ 行

最小金属伝導度　181, 182
最稠密な三角格子　94
最隣接原子間の距離　89
最隣接原子数　158
最隣接サイト間距離　214
最隣接サイト数　214
サウレス数　173, 174
鎖間距離　150
3回らせん　145
3回らせん鎖　148
三角格子　172, 212
3次元結晶　89
散乱断面積　36
残留抵抗　38

時間依存のある　51
自己エネルギー　169
実空間格子の基本ベクトル　209
実空間における基本ベクトル　231–235
ジーメンス　3
斜方晶系　111, 116
斜方晶系ヨウ素構造　122, 126
周期性　208
　──のない　213
周期的　174
　──な摂動　63
　──な並進対称性がない　213
周期ポテンシャル　29
臭素　122
自由電子　8
自由電子モデル　16
充填率　215, 216
充満帯　31
シュレーディンガー方程式　51, 87, 164, 165
準1次元金属　71
準位差　95, 102
準結晶　213
常磁性共鳴　163
状態密度　22, 61, 161
　──が有限　206
消滅演算子　189, 190
シリコン　140
真性半導体　6, 33
真性半導体領域　69

水銀　5, 127
スケーリング則　175
スケーリング理論　173, 178
裾の状態　178
スピン拡散　163
スピン自由度　192
スピン密度波　74

正孔　32
　──の谷　111
正孔濃度　196
整合性　74
整合性ロッキング　78
生成演算子　190
正方格子　118, 172, 212
赤外線吸収スペクトル　113
赤外線反射率　114
セシウム　202
絶縁体　5, 6, 33, 186
絶対零度におけるギャップの大きさ　224
摂動　59
狭いギャップの半導体　135
遷移金属　162
遷移金属化合物　186

索　　引　　　　　　　　251

遷移金属カルコゲナイド　71
遷移金属酸化物　186, 189
　──の d 電子　189
線形結合　164

相転移の臨界現象　175
相反系の基本ベクトル　208, 209
粗視化　175
ゾンマーフェルトの公式　25

タ 行

第一原理擬ポテンシャル法　125
第一原理計算　124
第1ブリユアン帯域　29, 45, 49, 87, 90, 91
第2ブリユアン帯域　49
第2量子化された生成演算子　189
第3ブリユアン帯域　49
対角的不規則性　166, 193
体心斜方結晶　117
体心立方結晶（格子）　91, 92, 172, 233, 238
タイプIのブロッホ–ウィルソン転移　103, 106, 119, 125, 131
タイプIIのブロッホ–ウィルソン転移　103, 138, 142, 151
ダイヤモンド格子　172
ダイヤモンド構造　140
単一パラメータースケーリング　175
単原子相　124
単純立方結晶（格子）　90, 91, 172, 232, 237
弾性エネルギー　61
　──の変化　59
炭素　140
単層のパッカード構造　109

秩序パラメーター　57, 58
中間相　122
中性子回折　158
中性子線　209
超イオン伝導体　8
超臨界領域　202
直接ギャップ　110
直接バンドギャップ　111
直流電気伝導度　157

対分布関数　158
つながり度　170
強いクーロン反発力　187
強め合う干渉　161

低温極限　37
定比化合物　141
デバイ温度　36
転移温度　65, 77, 226
展開係数　164
電界効果トランジスタ　196
電荷密度波　71
　──のゆらぎ　76
電気抵抗　3
電気伝導性　156
電気伝導度　2, 156, 175, 182
　──に対する等高線　154
　──の温度係数　199
　──の温度係数が正でない　207
電気を流す　207
電子　32
　──のグリーン関数　190
　──の谷　111
電子移動錯体　68
電子間相互作用　185, 193, 206
電子–格子相互作用　72

電子数　194
電子数密度　12, 22, 26, 89, 192
電子線　208, 209
電子相関　185, 193, 206
　　――のある系　190
　　――の強さを変える　195
伝導キャリア　194, 196
伝導キャリア注入　196
伝導キャリア濃度　195
伝導帯　32, 115
伝導電子　32
電場　208
電流密度　3, 15

銅　101
銅酸化物　193
等密度線　130, 153, 154
閉じたループ　170
ドナー　163
ドープ　196
ド・ボア　186
ドルーデモデル　13
ドルーデ理論　12

ナ 行

ナトリウム　99

2原子分子　83
　　――のエネルギー準位　85
2体分布関数　158
二面角　144

ネスティング　55, 221

ハ 行

配位数　213

パイエルス　186
パイエルス絶縁体　62, 67, 124
パイエルス転移　40, 44, 49, 222
パイエルス歪み　117
パイ軌道　68
パウリの排他則　187
薄膜単結晶　196
パーコレーション　43, 211
　　――のサイト問題　212
パーコレーション閾体積　213, 216
パーコレーション閾値　211–213, 216
波数　90
パッカード層　107, 112
波動関数　208
ハバード　189
ハバード・ハミルトニアン　193
ハミルトニアン　189
ハロゲン　105, 115
反強磁性的　189
　　――な相互作用　189
半群　175
反結合軌道　112, 136
反結合準位　137, 146
反結合バンド　146
反周期的　174
半導体　6
バンドギャップ　147
　　――の出現　106
バンド交差　106, 134
バンド制御　195
バンド絶縁体　206
バンドの状態密度の裾　178
バンドの広がりと重なり（交差）　95
バンド幅　95, 102, 103, 135
　　――の減少　152
　　――の増加　152

――を変える 195

光励起 196
非局在 168, 171
非金属 38, 102, 117, 185
非金属相 206
非結合電子対 146
非周期的 213
歪みエネルギー 58
非対角項 190
比抵抗 3, 112, 125
比電気抵抗 2, 3

ファン・デル・ワールス型 108, 116, 148
ファン・デル・ワールス相互作用 110
フィリング制御 195
フェルミ 161
フェルミエネルギー 21, 22, 136
フェルミ温度 22, 53
フェルミ気体 20, 21
フェルミ準位 98, 179
フェルミ速度 22
フェルミ–ディラック分布 20
フェルミ波数 22
フェルミ分布 60
フェルミ面 34, 221
不規則系における拡散の不在 162
不規則性の大きさ 178, 200
不規則性の程度 167
不規則二元合金 189
不純物 161
不純物帯 163
不純物半導体 33, 163, 179
不整合相 124
不対スピン 159
物性物理学 1

部分的な原子置換 196
ブラヴェ格子 28, 208
プラズマ角振動数 19
プラズマ振動 17
ブラッグ条件 29, 161, 209, 210
ブラッグ面 29
プランクの量子仮説 185
フーリエ級数 208
ブリユアン帯域 29
不連続 181
――な転移 182
ブロッホ–ウィルソン転移 40, 102, 134
ブロッホ電子 27, 29
分散関係 46, 73
分子解離 117
分子軌道 84
分布の幅 167, 189

平均原子数密度 158
平均自由行程 23, 162
平面充填 213
ベーテ格子 170
変分計算 84
ペンローズ格子 213

膨張 152
膨張液体 135
膨張した仮想結晶 105, 148
膨張したセレン 142, 143, 151
――の仮想結晶 150
補償 197
ポテンシャル 28
――の振幅 59
――のゆらぎ 133
ボルツマン定数 21
ボルツマン方程式 24

ホール定数 15, 17, 196
ホール電場 16

マ 行

マクロな輸送理論 176
マティーセンの規則 36

密度応答関数 50, 51, 217
——の特異性 220

面心立方結晶（格子） 91, 93, 172, 234, 238

モット 186
モット絶縁相 201
モット絶縁体 188, 189, 193, 196, 206
モット転移 42, 180, 185

ヤ 行

融解温度 39
有機 2 量体モット絶縁体 196
有限温度 205
有限個原子分子 89
有限な値 181
有限のらせん鎖 159
有効質量 35

ヨウ素 115

ラ 行

ラウエ条件 29, 161, 209, 210

ラプラス変換 168
ランタノイド（$4f$ 電子を価電子にもつ） 193

理想結晶 161
立方晶系閃亜鉛鉱構造 141
粒子線 209
量子力学 185
良導体 5
菱面体晶系 111
臨界圧力 129
臨界温度 129, 154
臨界指数 181, 183
臨界密度 129

ルビジウム 202

励起型の伝導 205
レーザー光照射 196
連続的な金属→非金属転移 181
連続微分可能 175

ロケータ 169
ロッキング 74
六方格子 172
六方最密結晶（格子） 94, 235, 239
六方最密構造 91
六方晶系 144
六方晶系テルル構造 143
ローレンツ力 16

著者略歴

米沢富美子（よねざわ ふみこ）
- 1938 年　大阪府に生まれる
- 1966 年　京都大学大学院理学研究科
　　　　　博士課程修了
- 1983 年　慶應義塾大学教授
- 現　在　慶應義塾大学名誉教授
　　　　　理学博士

金属-非金属転移の物理

2012 年 10 月 15 日　初版第 1 刷

定価はカバーに表示

著　者　米　沢　富　美　子
発行者　朝　倉　邦　造
発行所　株式会社　朝　倉　書　店
　　　　東京都新宿区新小川町 6-29
　　　　郵便番号　162-8707
　　　　電　話　03(3260)0141
　　　　FAX　03(3260)0180
　　　　http://www.asakura.co.jp

〈検印省略〉

© 2012　〈無断複写・転載を禁ず〉　　中央印刷・渡辺製本

ISBN 978-4-254-13110-9　C 3042　　Printed in Japan

JCOPY　<(社)出版者著作権管理機構 委託出版物>

本書の無断複写は著作権法上での例外を除き禁じられています．複写される場合は，そのつど事前に，(社)出版者著作権管理機構（電話 03-3513-6969，FAX 03-3513-6979，e-mail: info@jcopy.or.jp）の許諾を得てください．

戸田盛和著
物理学30講シリーズ9
物 性 物 理 30 講
13639-5 C3342　　　　A 5 判 240頁 本体3800円

〔内容〕水素分子／元素の周期律／分子性物質／ウィグナー分布関数／理想気体／自由電子気体／自由電子の磁性とホール効果／フォトン／スピン波／フェルミ振子とボース振子／低温の電気抵抗／近藤効果／超伝導／超伝導トンネル効果／他

大貫惇睦・浅野　肇・上田和夫・佐藤英行・
中村新男・高重正明・三宅和正・竹田精治著
物　性　物　理　学
13081-2 C3042　　　　A 5 判 232頁 本体4000円

物性科学，物性論の全体像を的確に把握し，その広がりと深さを平易に指し示した意欲的入門書。〔内容〕化学結合と結晶構造／格子振動と物性／金属電子論／半導体と光物性／誘電体／超伝導と超流動／磁性／ナノストラクチャーの世界

前東大守谷　亨著
物理の考え方1
磁　性　物　理　学
—局在と遍歴，電子相関，スピンゆらぎと超伝導—
13741-5 C3342　　　　A 5 判 164頁 本体3400円

磁性物理学の基礎的な枠組みを理解するには，電子相関を理解することが不可欠である。本書では，遍歴モデルに基づく磁性理論を中心にして，20世紀以降電子相関の問題がどのように理解されてきたかを，全9章にわたって簡潔に解説する。

前学習院大川畑有郷著
物理の考え方3
固　体　物　理　学
13743-9 C3342　　　　A 5 判 244頁 本体3500円

過去の研究成果の独創性を実感できる教科書。〔内容〕固体の構造と電子状態／結晶の構造とエネルギー・バンド／格子振動／固体の熱的性質—比熱／電磁波と固体の相互作用／電気伝導／半導体における電気伝導／磁場中の電子の運動／超伝導

東邦大小野嘉之著
朝倉物性物理シリーズ1
金　属　絶　縁　体　転　移
13721-7 C3342　　　　A 5 判 224頁 本体4500円

計算過程などはできるだけ詳しく述べ，グリーン関数を付録で解説した。〔内容〕電子輸送理論の概略／パイエルス転移／整合と不整合／2次元，3次元におけるパイエルス転移／アンダーソン局在とは／局在-非局在転移／弱局在のミクロ理論

東大家　泰弘著
朝倉物性物理シリーズ5
超　　　伝　　　導
13725-5 C3342　　　　A 5 判 224頁 本体4200円

超伝導に関する基礎理論から応用分野までを解説。〔内容〕超伝導現象の基礎／超伝導の現象論／超伝導の微視的理論／位相と干渉／渦糸系の物理／高温超伝導体特有の性質／メゾスコピック超伝導現象／不均一な超伝導／エキゾチック超伝導体

東北大齋藤理一郎著
現代物理学[基礎シリーズ] 6
基　礎　固　体　物　性
13776-7 C3342　　　　A 5 判 192頁 本体3000円

固体物性の基礎を定量的に理解できるように実験手法も含めて解説。〔内容〕結晶の構造／エネルギーバンド／格子振動／電子物性／磁性／光と物質の相互作用・レーザー／電子電子相互作用／電子格子相互作用，超伝導／物質中を流れる電子／他

東北大髙橋　隆著
現代物理学[展開シリーズ] 3
光　電　子　固　体　物　性
13783-5 C3342　　　　A 5 判 144頁 本体2800円

光電子分光法を用い銅酸化物・鉄系高温超伝導やグラフェンなどのナノ構造物質の電子構造と物性を解説。〔内容〕固体の電子構造／光電子分光基礎／装置と技術／様々な光電子分光とその関連分光／逆光電子分光と関連分光／高分解能光電子分光

東北大豊田直樹・東北大谷垣勝己著
現代物理学[展開シリーズ] 6
分子性ナノ構造物理学
13786-6 C3342　　　　A 5 判 196頁 本体3400円

分子性ナノ構造物質の電子物性や材料としての応用について平易に解説。〔内容〕歴史的概観／基礎的概念／低次元分子性導体／低次元分子系超伝導体／ナノ結晶・クラスタ・微粒子／ナノチューブ／ナノ磁性体／作製技術と電子デバイスへの応用

前東大竹内　伸・東大枝川圭一・東北大蔡　安邦・
東北大木村　薫著
準　結　晶　の　物　理
13109-3 C3042　　　　B 5 判 136頁 本体3500円

結晶およびアモルファスとは異なる新しい秩序構造の無秩序固体である「準結晶」の基礎から応用面を多数の幾何学的な構造図や写真を用いて解説。〔内容〕序章／準結晶格子／準結晶の種類／構造／電子物性／様々な物性／準結晶の応用の可能性

上記価格（税別）は 2012 年 8 月現在

付表 2.1　基礎物理定数

物理量	記号	数値	単位
真空中の光速	c	299 792 458	m s^{-1}
真空の透磁率	μ_0	$4\pi \times 10^{-7}$	N A^{-2}
真空の誘電率 $1/\mu_0 c^2$	ε_0	$8.854\,187\,817\cdots \times 10^{-12}$	F m^{-1}
素電荷	e	$1.602\,176\,53(14) \times 10^{-19}$	C
電子の質量	m_e	$9.109\,3826(16) \times 10^{-31}$	kg
ボーア半径	a_H	$0.529\,177\,2108(18) \times 10^{-10}$	m
アボガドロ数	N_A	$6.022\,1415(10) \times 10^{23}$	mol^{-1}
ボルツマン定数	k_B	$1.380\,6505(24) \times 10^{-23}$	J K^{-1}
プランク定数	h	$6.626\,0693(11) \times 10^{-34}$	J s
$h/2\pi$	$\hbar$	$1.054\,57168(18) \times 10^{-34}$	J s

付表 2.2(a)　本書で使われる計量単位

物象の状態の量	名称	記号
長さ	メートル	m
質量	キログラム	kg
時間	秒	s
温度	ケルビン	K
	セルシウス度	℃
密度	キログラム毎立方メートル	kg/m^3
力	ニュートン	N
圧力	パスカル	Pa
仕事	ジュール	J
電気量	クーロン	C
電流	アンペア	A
電圧	ボルト	V
電場の強さ	ボルト毎メートル	V/m
電気抵抗	オーム	Ω
電気のコンダクタンス	ジーメンス	S
電気容量	ファラド	F

付表 2.2(b)　単位の間の関係

$1\,\text{S} = 1/1\,\Omega$
$1\,\text{C} = 1\,\text{A} \times 1\,\text{s}$
$1\,\text{V} = 1\,\text{J}/1\,\text{C}$